體驗經濟時代

10週年修訂版

人們正在追尋更多意義，更多感受

The Experience Economy, Updated Edition

約瑟夫·派恩 B. Joseph Pine II
詹姆斯·吉爾摩 James H. Gilmore 著

夏業良、魯煒、江麗美 譯

經營管理101

體驗經濟時代（10週年修訂版）
人們正在追尋更多意義，更多感受

作　　　者	約瑟夫·派恩（B. Joseph Pine II）＆詹姆斯·吉爾摩（James H. Gilmore）
譯　　　者	夏業良、魯煒、江麗美
責任編輯	林博華
行銷業務	劉順眾、顏宏紋、李君宜

發 行 人	涂玉雲
出　　版	經濟新潮社
	104台北市中山區民生東路二段141號5樓
	電話：（02）2500-7696　傳真：（02）2500-1955
	經濟新潮社部落格：http://ecocite.pixnet.net
發　　行	英屬蓋曼群島商家庭傳媒股份有限公司城邦分公司
	104台北市中山區民生東路二段141號2樓
	客服服務專線：02-25007718；25007719
	24小時傳真專線：02-25001990；25001991
	服務時間：週一至週五上午09:30~12:00；下午13:30~17:00
	劃撥帳號：19863813　戶名：書虫股份有限公司
	讀者服務信箱：service@readingclub.com.tw
香港發行所	城邦（香港）出版集團有限公司
	香港灣仔駱克道193號東超商業中心1樓
	電話：852-25086231　傳真：852-25789337
	E-mail: hkcite@biznetvigator.com
馬新發行所	城邦（馬新）出版集團 Cite (M) Sdn Bhd
	41, Jalan Radin Anum, Bandar Baru Sri Petaling,
	57000 Kuala Lumpur, Malaysia.
	電話：603-90578822　傳真：603-90576622
	E-mail: cite@cite.com.my
印　　刷	宏玖國際有限公司
初版一刷	2013年1月17日

城邦讀書花園
www.cite.com.tw

ISBN：978-986-6031-27-4

售價：420元

〈出版緣起〉
我們在商業性、全球化的世界中生活

經濟新潮社編輯部

跨入二十一世紀，放眼這個世界，不能不感到這是「全球化」及「商業力量無遠弗屆」的時代。隨著資訊科技的進步、網路的普及，我們可以輕鬆地和認識或不認識的朋友交流；同時，企業巨人在我們日常生活中所扮演的角色，也是日益重要，甚至不可或缺。

在這樣的背景下，我們可以說，無論是企業或個人，都面臨了巨大的挑戰與無限的機會。

本著「以人為本位，在商業性、全球化的世界中生活」為宗旨，我們成立了「經濟新潮社」，以探索未來的經營管理、經濟趨勢、投資理財為目標，使讀者能更快掌握時代的脈動，抓住最新的趨勢，並在全球化的世界裏，過更人性的生活。

之所以選擇「經營管理─經濟趨勢─投資理財」為主要目標，其實包含了我們的關注：「經營管理」是企業體（或非營利組織）的成長與永續之道；「投資理財」是個人的安身之道；而「經濟趨勢」則是會影響這兩者的變數。綜合來看，可以涵蓋我們所關注的「個人生活」和「組織生活」這兩個面向。

這也可以說明我們命名為「經濟新潮」的緣由──因為經濟狀況變化萬千，最終還是群眾心理的反映，離不開「人」的因素；這也是我們「以人為本位」的初衷。

　　手機廣告裏有一句名言：「科技始終來自人性。」我們倒期待「商業始終來自人性」，並努力在往後的編輯與出版的過程中實踐。

歡愉的智慧
──體驗經濟的核心競爭力

李仁芳

Sorrow Is Wisdom.

......

A Thing of Beauty Is A Joy Forever.

——John Keats

The Mark of The Developed Intellect Is That It Can Accommodate
Two Contradictory Ideas At The Same Time.

——F. Scott Fitzgerald

二十一世紀第一個十年的產業台灣，首要議題是什麼呢？

從「製造優勢」的台灣，如何迅敏精悍地轉進「設計創新」的台灣，從「沙，用力擰也會擠出水來」、「追根究底合理化」，仰賴紀律、勤奮勞動力作競爭條件的「苦力經濟體」，朝向靠創造力與創新等智慧資本取勝的「體驗經濟體」──應該是千禧年跨世紀之後第一個十年，產業台灣的首要議題吧！

能跳脫資金優勢、原料優勢與製造優勢的舊思維（「苦力經濟」的中心信仰），而奮力掌握想像力、靈感巧思與創造力的智價優勢新

思維者（「體驗經濟」的中心信仰），在新世界終將掌控產業權勢舞台新中央。

在智價新世紀的體驗經濟創新經營中，產業經濟與企業經營已經有了嶄新的關注焦點。

雖然以往對資金、原料與生產作業效益的追求沒有停歇，但是今天「體驗經濟」企業額外關注追求的，是一種微妙、較難掌控、但絕對重要的新趨勢——那就是公司創造力的管理流程——這個流程的焦點在於公司有意識地以服務為舞台，以產品為道具，使顧客融入其中，而產生出畢生難忘的「體驗」。

具備創意再生能力的體驗型企業，經營方式**源自創意與文化積累，融入知識與美學**，向顧客展示體驗，不僅是要娛樂顧客，還要使他們參與其中，學習新穎而多元的體驗活動，感動顧客心靈，創造生活愉悅的價值，使顧客轉變成吮蜜的小孩，吻出生命中春天的甜度。

任何具有說服力的體驗，其**甜美之處，是將娛樂、教育、逃避現實、審美這四大領域融入原本尋常的空間**——就像仙女魔棒的一點——將之轉換成一個讓顧客產生記憶的地方，一個有助於創造記憶的戲劇性場景，一個生命經驗中的新舞台……

日本京都嵐山——嵯峨野一帶有一家傳到第三代的頂級京料理懷石料亭——吉兆。料亭入口在渡月橋下大堰川上游川邊。

一進門，大氣開闊的庭園中，青竹翠綠，金陽點點，清風徐來，令人自然寬懷飄逸起來。

前菜呈現在扇形細磁淺盤上，盤面還書寫著俳句詩文。

扇形器皿又盛放在極嬌艷鮮紅的漆器圓盤上，圓盤下則是一方光

可鑑人的黑亮光滑漆盤。

　　一對玉筷端莊地斜靠在綠葫蘆造型的小靠座上，筷子上底面朝上覆蓋著一個喝清酒的小淺杯。

　　穿著西陣織秀麗錦鍛和服的女侍從你左後方侍候上菜，輕聲細語，柔軟的關西京腔，每次上前一定在你左後方兩步稍停，鞠躬行禮，再趨前上菜或倒酒，一樣細語呢喃，執禮恭謹。

　　深情在睫，孤意在眉。京女雅豔，果然不同凡響。

　　這場服務表演一開場，就有令人印象深刻的體驗——

　　首先，優雅的「京女」女侍，用極細緻的京磁杯上櫻花茶，讓客人清涼解熱，舒緩心情。要上頂級的大吟釀清酒時，女侍卻示意客人自行翻轉玉筷上的酒杯。

　　客人一邊懷疑何以女侍這次沒有體貼入微地替客人服務，一邊翻轉杯子，卻眼睛一亮，驚喜地發現艷紅的漆器酒杯杯底沾粘著一瓣雪白的櫻花花瓣。

　　女侍看到客人又驚又喜的眼神，這才笑容可掬地上前輕輕倒出溫到恰好溫度的大吟釀清酒到客人酒杯中，溫暖微冒酒煙的大吟釀清酒將雪白的櫻花瓣漸漸浸潤浮起，就像皮膚白晰的京女在透明無色的溫泉中恣意泡湯……

　　在這樣的料亭中用饌，桌上的顏色、氣味、嗅覺、聽覺、觸覺、口感、視覺、氣泡……客人的感官、官能都被動員起來。

　　如果你有幸，再能與心愛的人在「吉兆」共餐，體驗慢慢吃、慢慢愛的 Art de Vivre，你肯定是地球上最幸福的一個人。

這個幸福的代價大約是台北「新都里」「備前」套餐價格的三倍。

如果你問去過吉兆，體驗過這種幸福享受的人說：

「值得嗎？」

他們一定意猶未盡、誠懇而熱切地回答說：

「絕對值得！」

眼神中還閃現著歡愉的回憶。

如果你就原材料收費，你就是初級產品企業；

如果你就有形產品收費，你就是商品企業；

如果你就你的活動收費，你就是服務企業；

如果你就你與顧客相處的時間收費，你就是體驗企業；

如果你就顧客所獲得的榮耀與喜悅（Glory & Delight）收費，你就是轉型企業。

無論從就業貢獻或從GDP的成長率或從消費者物價指數上漲率各面向觀察，

初級產品（原料）部門比不上工業產品部門；

工業產品部門比不上服務部門（第三產業）；

服務部門又比不上體驗部門（第四產業）。

台北一家「探索潛藏在植物與身體深處的能量和美感」的芳香療法機構──「肯園」，很可能是台灣「體驗經濟」的先驅者。

走向肯園的巷道，在徐徐的微風中，兩邊的行道樹款擺起舞，在跳躍不已的光影與樹影之間，同時傳來陣陣似曾相識的香氣。

　　進入肯園,首先,豐富的植物種類,造就了兩個綠色世界,各色草木自在地盤踞這兒的前庭後院,給人帶來驚豔的視覺印象——建築與室內設計大量的「留白」,通透的空間感源自大量採用玻璃隔間所營造的效果,到處的**陽光、空氣、花**……

　　室內、室外加起來超過三十種的植物,多數富含香氣,像是前庭的白花緬梔、白玉蘭,到手香、薄荷、馬櫻丹,桂花等等。

　　肯園對客人運用精油,因為精油的「**氣味比聲音、影像更能振裂心弦。**」

　　肯園也對客人運用按摩,「因為身體的動作不僅是肌肉骨骼的伸展而已,更是**靈魂的收縮與舒張。**」

　　肯園人本身也進修舞蹈、書法、素描等課程,因為「覺得按摩的時候,**自己的手像是在跳舞,身體就是它的舞台。**」

　　通透、自由的肯園空間,但又充盈著人間的溫暖。那是源自此空間中活動的人們所散發的熱力,加上植物吞吐碳氧的能量,以及各角落到處可見的蠟燭薰燈,**融合而成的一股人間暖意。**

　　然而體驗型企業要如何為創意與創新理出空間?如何將體驗型企業打造成一個創新之泉不斷湧現的組織平台?這樣的平台又需要形塑怎樣的文化氛圍?

　　事實上,創新需要動員內心深處最深刻的理智與情感資源。如果企業文化氛圍只鼓勵組織成員追索 Know What、Know How,以至於 Know Why 的知識上的好奇心,但文化氛圍中卻缺少**對同仁 Care Why 的支持**,與對同仁本人和顧客 Care 的溫暖與慈心,這樣的智價創新

企業競爭力是不能持久的。

創意空間設計者誠品吳清友不只關切台灣買書人的瀏覽閱讀空間，也為工作夥伴提供了明心見性、開闊大氣的創意辦公環境。

最新鮮的洞察力來自最天真的心靈。

最具創新震憾力的靈感（inspiration）孕育自最溫柔的胎床。

新的聲音與新的視野的孕育，需要溫暖與紀律、歡愉與智慧間適當的拿捏與平衡。

成熟睿智心靈的最佳表徵，就是能安逸自在地同時諧調兩種看似相互矛盾的意念。

就高附加價值的體驗經濟而言，無論是高創造力的國家經濟、產業聚落或企業組織，其最微觀、最基本的組成單元還是歸結到高創造力的個人。

對這群「不同凡想」（Defy the crowd, Defy the rule）的高創造力個人綜合觀察，可以看到他們共通的氣質——

自在、專注、熱情、以及，歡愉。

日本富士通公司前會長Taiyu Kobayashi說：「在安逸的環境中，一個人很難敏銳地思考。智慧是由站在斷崖邊緣並掙扎著求生存的人身上擠出來的，缺少這種掙扎，我們將無法趕上IBM。」

看起來小林會長似乎在強調創新需要紀律與智慧，但其實創新更需要溫暖（Care）與歡愉。創新力高強的組織平台與文化中充盈著溫暖的光影與歡愉的氛圍。

溫暖孕育熱情，歡愉才會自在──

創新需要自在。

自在需要專注。

專注需要熱情。

熱情則帶來歡愉並引領你朝向發現之旅。

發自內心深處，澎湃不由自已的熱情引領創新者朝向發現之旅勇往前進，向沒有海圖的未知海域探索與學習。

就像凱撒的豪語：「讓骰子擲定，我橫渡盧必孔。」

他，一意前航。

對創新者而言，每一個工作天都有新的期待，新的發現，每天都充滿了生活與工作上創新的驚喜。

千禧年跨世紀之交，台灣各界「知識經濟」、「智價經濟」的呼聲響徹雲霄。

但是很少聽人提起「體驗經濟」、「美學經濟」的組織平台與文化該如何佈建。

很少人思考，習於仰賴紀律、勤奮勞動力的產業台灣「苦力經濟體」，如何落實轉向仰賴自在、歡愉、熱情與創造力的產業新台灣「體驗經濟體」。

我們一向喜歡高談策略、理性、知識與智慧。但也一向很少知覺到孕育「體驗經濟」創造力的組織平台所亟需的溫暖光影與美麗空間。

是的，策略是智慧，但智慧有時是憂鬱的。美麗才是歡愉。

對創新經營的組織平台與文化孕育來說，**美麗的事物是永恆的歡**

愉,是自在與專注之泉,更是激發創新與創造力的永不止熄的熱情之火。

知識與智慧是「知識論」的範疇,體驗與歡愉則屬「美學」的領域,但是我們不禁覺得——

其實,**歡愉也是一種智慧**,一種非常有益於體驗型創新的智慧。

原來,美學與知識,歡愉的體驗與智慧的追尋,在孕育體驗型創新的組織平台與文化中正是一個母親的兩個孿生兒女。

(本文作者為國立政治大學科技管理研究所教授)

jflee@nccu.edu.tw

http://www.wretch.cc/blog/jflee

體驗經濟與台灣經濟轉型

盧希鵬

　　我開玩笑地說：「老師這個行業，已經從製造業進化成服務業。製造業只要賣身，服務業除了賣身，還要賣笑」。隨著體驗經濟的普及，學校更進一步地超越了賣身與賣笑的商品與服務。

　　此話怎講？

　　製造業講求的是品質與效率，所以過去老師只要花很多時間備課，希望能在最短的時間，教導學生最多的東西，結果學生畢業以後，一個都記不住。因為供過於求，學生學不來這麼多東西。

　　接著老師這個行業就成了服務業，老師除了花很長的時間備課之外（賣身），還要開始講求愛的教育（賣笑），明明對笨學生火冒三丈，還要和顏悅色地跟學生說：你好棒。這在管理學上稱做「情緒勞務」（emotional labor），一個客服人員剛跟女友吵架，遇到客人求助，要馬上破涕為笑，這些都是「賣笑」的例子。不過，不管老師怎麼笑，學生們還是睡，因為，一堂課如果讓學生「無感」，現在的學生還是聽不下去。

　　體驗經濟在十多年前被提出後，教育就更進一步地成為娛樂業了。在講課的過程，除了講求課程品質，以及微笑服務外，還要讓學生「有感」。這點就很難了，品質與微笑的控制權在老師（廠商），有沒有感覺，主導權卻在學生（客戶）。就像有些男生做盡天下浪漫的事，女生還是無感。有些男生只要做一點點事，就會讓女生終生難忘。就像我曾經跟林志玲握過手，短短二十秒，這個感覺就讓我終生難忘。感覺是件很奇妙的事，因人而異，所以廠商開始要學習與客戶共創有感的經濟。

　　像是星巴克咖啡，你覺得你自己是星巴克咖啡的客戶，還是星巴克的產品？我跟學生說，你是星巴克的客戶、也是星巴克的產品。我為什麼喜歡到星巴客喝咖啡？不只是因為咖啡豆的品質，也不只是星巴克的服務，而是星巴克給我的感覺，而這個感覺，除了星巴克的裝潢，還包括了坐在我旁邊那位客戶的表現。如果有一天，有人在星巴克中打麻將，或是來了一群遊民，星巴克的感覺可能就變了調。星巴克之所以成為星巴克，是因為有品味的你，也坐在星巴克中。不知不覺中，你也成為星巴客產品的一部分。

　　同樣的，學生到底是我的客戶還是我的產品？如果是產品，我們就要做嚴格的品質管控，品質不良的學生就要挑出來，不能讓他們輕易畢業。如果是客戶，我們就需要滿足客戶的需求，客戶滿意是我們追求的目標。直到最近，我發現學生不是客戶，也不是產品，而是共同創造學校價值的「夥伴」。沒有學生就沒有學校，一個學校給你的感覺，除了學校，更是你旁邊的那些同學所決定，所以召進來的學生素質，主要決定了學校的感覺。

　　如果依照Pine and Gilmore的體驗經濟學，更高附加價值的卻是「轉型」，客戶因為你的服務而改變生命，讓顧客很驕傲地成為你的產品。我有朋友的小孩申請到劍橋大學博士班，我朋友預估這可能要花他五百萬台幣，但是他說他即使借錢都要讓孩子去讀。絕不是因為劍橋大學的教學品質，也不是行政服務滿意，更不是校園體驗，而是因為讀了劍橋，成了劍橋大學校友後，未來一輩子都可以抬頭挺胸地說我是劍橋畢業的。讀劍橋有沒有比較強我不知道，但我知道，如果我是劍橋人，走起路來就會有風。這就是一種轉變，讓人願意花幾百萬去購買。

　　體驗經濟強調，感覺是可以賣錢的。LV的包包之所以賣這麼貴，賣的不單單是商品品質、也不只是服務滿意、更是一種貴婦人的價值感。結果台灣的高品質包包用打火機燒不壞，但在夜市裏卻只能賣1000元。而即使一個普通的LV包，卻能輕易地賣到上萬元，因為後者賣的是一種快樂的價值感與富足感。

　　幾年前我在美國進修，春假時我兩個讀小學的孩子建議我們到佛羅里達的迪士尼去玩。我心想：「我的媽呀，這一定是一個炎熱排隊的假期，而且我這個年紀，已經排斥所有有離心力的遊戲。更重要的是，這一趟旅行，可能要花我二十萬台幣。」但是，我還是去了，我很清楚我這次買的絕不是離心力，而是一種「溫馨」的感覺。我跟自己說，在這次的假期中，絕對不能發孩子們的脾氣，不然這二十萬就丟到水溝裏了。我願意花幾千元買遊樂場的門票，但是這一次，我願意花二十萬，並且面帶微笑，買一個溫暖的感覺，以及溫馨的回憶。

　　台灣的經濟目前正在調整結構。過去，我們強調低附加價值的商品與服務，強調賣那幾千元的門票，以及用打火機燒不壞的包包。未來台灣經濟若要更為富裕，就要開始強調「有感經濟」，學習賣貴婦人的感覺以及溫馨的回憶。體驗經濟出版十餘年後，欣見兩位作者回顧這十年來的發展，對體驗經濟做了些修正。我個人的觀察呼應作者的意見，果然，體驗所帶來的價值，遠遠超越商品與服務。

（本文作者為國立台灣科技大學管理學院院長）

體驗，是為了創新想像力！

孫瑞穗

序曲：沒有體驗，無法想像，所以我們試著走出房間

　　著名的法國文化理論家賀龍·巴赫德（Roland Barthes）在論述他的快感理論時曾經提到他喜愛的休閒活動之一，就是去巴黎城裏的酒吧看脫衣舞秀。他說：

　　　　一個脫衣舞孃最性感的時刻，莫過於在她脫光之前的表演過程。

　　第一次讀到這句話時，覺得他用這個例子來說明領會快感莫過於享受過程，簡直妙極了。我一方面拍案叫絕，一方面卻也對他所描繪的境界感到遲疑。

　　為什麼呢？很簡單，因為我沒看過，缺乏「體驗」。

　　在一般日常生活裏，被排除了可以「看」脫衣舞的「權力」的女性，在她的想像世界裏不容易也不會有那個「可以通過視覺來享受快感的位置」。相反地，她可能更因為身為女性常被社會要求去扮演那個脫衣舞孃的角色，一個取悅他人目光的客體，而被限制住了其他可能的經驗與感受。

　　社會位置往往直接限制住了我們在現實中的體驗，而體驗的限

制，往往是讓人在展開想像時遲疑和不確定的主要原因。然而，我們多少看過服裝表演秀，所以大概可以「試著去揣想」巴赫德所說的愉悅境界。為了享受愉悅，我們必須逾越被社會限定的性別位置，勇敢地從自己的皮膚走出去。

為了增加體驗，我們走進戲劇化的生活場景

體驗就是體驗，體驗無法被概念取代。正因為體驗中隱含了一個不可化約的，物質的身體。它是我們感受力的基礎，儲存著我們的生命記憶和經驗，因而成為活化想像力背後潛在的智庫。

當一群青少年打扮得跟漫畫上的人物一樣走出書本時，他們一面享受彼此造就的立體「動畫」，也同時生動地組成讓你我賞心悅目的城市街景。而當上班族脫下工作西裝，撩起褲管和衣袖，走到田裏去採草莓吃的時候，不但因為勞動之後得到的水果吃起來特別香甜，也因為身體親臨而可以更接近家鄉的土地。當歌迷走進約翰藍儂博物館，看著小野洋子和藍儂的家居生活照，摸著披頭四的黑膠唱片，七〇年代裏反叛青年與文化解放運動的情懷變得更具象了。樂迷和影迷再也不能在抽象的音樂或影像中滿足了，他們必須看到主角為他們現場演出，在酣暢淋漓的汗水與淚水中達到感官的全面滿足。

當我起身走進了酒吧，可以讓一位猛男舞弄他的身體來取悅我並讓我領會到一種觀看快感時，我所處的性別位置已經變得不一樣了。這便是增加體驗之後，為身體和視野所開拓出來的可能性。而當我的感受位置有所改變，體驗越來越多元時，體驗會協助我去開展身體，開拓感受力，並回過頭來豐富我的生命經驗。

尤其是，當讀者脫離那被沉重工作擠壓之後幾近衰竭的感官，那

被教律和傳媒日以繼夜轟炸規訓而來的意象之後，適當而多元的體驗，讓我們得以從千篇一律的勞動生活中逃逸。不同的是，這回逃逸的，不只是吃喝，還是玩樂。逃到故事裏去尋找自我，那個被工作壓抑得不成人形的自我。

體驗經濟，是一種創意市場，帶動新樂活運動

體驗經濟其實正是一種創意產業，是八〇年代以來歐美因為全球經濟危機之後的轉型經濟類型之一。它也是一種新的商品消費趨勢，引發新的樂活運動。

本書的作者們，一個來自管理學界學者，一個來自市場管理顧問，都是歷經九〇年代美國加州網絡經濟泡沫化危機的市場前線行動者。在這一波新經濟危機之後想對管理界和商業界傳達一種新商品市場理念，那就是，消費商品從今而後不能只是販賣商品實體而已，而是要把鎂光燈轉到「提供商品與服務的過程」。因此，提供消費和服務的一方，必須重新關照消費者的身體感受，重新安排消費過程中的種種細節，讓消費者可以感受到新的文化經驗，因而領悟新的消費意義。

換言之，購買的人，不只是想「買東西」而已，他們想要「買個感覺」，「買個故事」，甚至「買個認同感」。因此，商品提供者需要安排許多故事情節，循循善誘，讓消費者如同走上充滿故事和象徵的舞台上，自我表演，自我享受。

更有趣的是，這個消費新趨勢不但會改變消費者的「消費方式」，而且還會回過頭來改變「商品的生產模式」。主題遊樂園是最具代表性的，比如說我們熟悉的迪士尼樂園。它讓一個成年人，也可以回歸小孩的天真，親身進入童話世界，或者乾脆躍身冒險世界，與

海盜廝殺作樂。

　　主題遊樂園後來漸漸變成消費地景中非常重要的概念，也漸漸影響城市中的各種個人消費空間。一個強調養生的休閒中心，一個泰國按摩院，或一座日本式溫泉鄉，都會提供不同的服飾，道具，音樂，語言，燈光和地景，讓你如同進入時光隧道，也學習新的異國文化。而提供休閒服務給城市觀光客的鄉野民宿，他們的日常生活本身就是活生生的劇場。

揭開文化重組的序幕：換你來演出

　　新的體驗經濟不但改變服務過程和消費習慣，也讓消費者有機會通過消費來學習。它因此也使得「文化」這個元素，在消費過程中扮演了前所未有的關鍵性角色。這不但是既有傳統文化演出的機會，而且也是重組新興文化的契機。不管是傳統的，前衛的，詭異的，邊緣的，越界的，人們在消費中渾身解數地演出。

　　我記得啟蒙主義重要的哲學家狄卡爾曾為現代生活下了一個重要的註腳：「我思，故我在。」

　　通過體驗經濟洗禮後的二十一世紀中的我們，在想像力被新體驗所開創後，可以改口這麼說了：

　　「我消費，故我在。我，就是我所消費的。而快活，就在消費過程中。」

（本文作者為社會文化評論者，
曾任台灣藝術大學文化創意產業學程教師）

目　次

超越商品與服務
Beyond Goods and Services

商品和服務已經不敷使用。這句話是1999年出版的《體驗經驗時代》精裝本封面上的一個小標題（就在副標題下面）。也許看過這句話的人不多，也沒把它放在心上。這本書出版之後，被翻譯成十五國的語言，而且全世界有超過三十萬人購買這本書，儘管如此，這本書的主旨還是沒有撼動夠多的企業領導人（以及決策者），讓真正嶄新的──而且人們迫切需要的──經濟新秩序全面開展。太多高階經理人（和政界人士）在心態上依然依賴商品的製造與服務的送達，因此限制了轉移的腳步，無法讓更多充滿活力的企業產生，提供體驗（以便造就更強健的國家經濟）。所以，讓我們在這裏用最嘹亮的聲音說：**商品和服務已經不足以促進經濟成長，創造新的工作，維持經濟繁榮**。要落實營業額的成長，增加就業機會，體驗的設計必須被視為一種經濟產出。的確，這世上充滿了太多難以區別的商品（goods）和服務（service），因此創造價值的機會就在體驗上的安排。

個別企業家的行動就證實了這個論點。過去二十年來，有些領先改革體驗的領導者，拿他們來和失敗的對手企業（幾乎可以說是整個產業）相對比，後者不是錯失了我們的經濟訊息，就是對它視而不見。拿零售業來說，無數的連鎖店都在這段時間敗亡，因為他們堅持單純地銷售完成的商品。沃爾瑪（Walmart）和線上購物吃光了他們的午餐。然而像熊熊夢工場（Build-A-Bear Workshop）這樣的體驗卻在不斷發光發熱。在1999年，創辦人瑪克辛·克拉克（Maxine Clark）的第一家製作玩具熊的工作坊才剛開張。當時傳統零售專家告訴她，

開這種店真是蠢透了，但克拉克的靈感是得自於《哈佛商業評論》（*Harvard Business Review*）1998年7/8月號的文章：〈歡迎光臨體驗經濟〉。今天，熊熊夢工場單單在美國，就開了三百多家獲利甚豐的分店，全世界則有將近五百家——在所有的店裏，消費者都可以大量客製他們自己的玩具熊，得到怡人的零售工廠體驗。

同樣的，快樂・羅蘭（Pleasant Rowland）在1998年才在芝加哥開了她的第一家美國女孩樂園（American Girl Place）。剛開始她只是把她的美國女孩洋娃娃——每一個娃娃都代表著美國歷史上的某一個時期——當成是一個較廣大的閱讀與培養人格體驗的一個道具。然而隨著越來越多的美國女孩加入經營陣容，美國女孩在美泰兒（Mattel）大放光芒，而後者則是正在掙扎著要更新它的芭比娃娃和其他的玩具（這在今天大多數的美國女孩與男孩眼中，已經不過是個商品而已）。那麼在每一個購物中心和開發商眼中，還有哪些商店是值得艷羨的？蘋果電腦。為什麼？顧客蜂擁進入蘋果商店，但他們顯然不只是為了他們的產品，還有商店裏的體驗，他們每平方呎的銷售業績遠遠高於那些傳統的零售業者。

有趣的是，蘋果研究過像麗池卡爾登（Ritz-Carlton）和其他的各種精品酒店，好創造它的革命性的新式零售門面。（以前捷威〔Gateway〕曾經嘗試透過零售店直接銷售的方式，就像戴爾電腦〔Dell〕也試過用導覽機，但是二者都欠缺有關體驗的設計，他們選擇保留傳統的商品足跡。）因此，在蘋果商店裏的體驗，很接近大飯店的大廳。在蘋果的店內天才吧（Genius Bars）、iPod工作室和教室半圓形劇場裏的體驗，都很類似高級精品酒店裏的大廳、門房與會客

廳。更何況,這些「名牌」飯店在他們自己那一行裏,都扮演著改變競爭態勢的角色。由於比爾‧金普頓(Bill Kimpton)、伊恩‧施拉格(Ian Schrager)、奇普‧康利(Chip Conley)和其他精品飯店業者的出現,今天的連鎖飯店業者再也不能單只提供基本的服務,而不管客人的體驗。從具備社交功能的大廳的裝潢,到提供可以讓客人得到較佳睡眠品質的床(施拉格首創前者,而威斯汀〔Westin〕的「天堂一般的床」則在後者居功厥偉),今日的飯店業者顯然是根據體驗在創造新的價值。

接著看看「雜耍特攻隊」(Geek Squad)。1999年《體驗經濟時代》剛出版時,該公司的創辦人羅伯‧史帝芬斯(Robert Stephens)在他的二十四小時電腦任務支援部隊上,聘請了大約十名「特務」。今天,由於雜耍特攻隊的併購與百思買(Best Buy)的釋出,雜耍特攻隊目前有超過兩萬四千名成員——包括特務、雙面間諜、以及(百思買店裏的)情報員——在全世界安排吸引人的安裝與維修體驗。我們在本書中規畫的體驗原則,尤其「工作就是劇場」的說法,沒有其他的公司做得比雜耍特攻隊更徹底。雜耍特攻隊之所以為雜耍特攻隊,就表現在他們主題式的衣著上(這是其他服務提供者會嗤之以鼻的做法),它呈現出一種可觸知的價值——對顧客、員工和股東而言都是如此——表示你有創新的能力,因為你大膽將服務當成舞台,產品當成道具,讓它們一同締造出迷人的體驗。想像一下有無數的市場區隔較小的服務業(fragmented service)——洗車業、居家裝潢、庭園造景、洗衣店、家教老師等等——可以像雜耍特攻隊一樣,因為具備體驗的心態而獲益。

自從2008年的金融風暴之後，許多較先進的行業發現自己在經濟上有如一灘死水，那是因為他們無法像這些公司一樣，做出體驗上的改革。工業經濟曾經風光一時。新產品的創新與生產曾經點燃這個世界的先進經濟。但是時至今日，已經很難再有真正革新的——因此很難遇到——新產品；大多數產品的變化都只是強化現有的產品類別，或是加以修改，而不是創造出全新的類型。（消費性電子產品和醫療科技則是兩個顯著的例外；但是想一想，當顧客購買這些產品時，他們大多不是重視產品本身，而是它為人們帶來的體驗與轉型。）即使當某人發明了一項真正的新產品，製造商還是會直覺地設法把需要進行的工作自動化，盡速擴大規模。即使營業額可能跟著成長，但這些製造商為這世界增加的新工作依然寥寥無幾。

服務經濟也是一如想像的岌岌可危。任何我們看到的真正服務業的成長——政府的統計數字還是把體驗（以及轉型）歸類為服務業——大多是來自金融業，而且大多是用人工支撐起一大堆的產品——從汽車業和房仲業到購物中心的開發與其他的商業投資——而且是迫切地想要設計一些金融工具，將固有的財富（以資產中的受保護類別的形式）進行槓桿操作。這一切在不間斷的財務運作中創造了可貴的少許實質價值。因此，就跟先前的科技公司的風潮衰退一樣，這個泡沫也破滅了。那麼接下來這個世界需要什麼？以新體驗為主的企業形成，而創造新的財富。

在《體驗經濟時代》初版問世之後，我們發現我們提倡的體驗思維已經在三個領域生根。首先，體驗行銷將體驗應用在商品與服務的行銷工作上，設法減少依賴傳統的媒體做為建立需求的方法。其次，

將體驗舞台勇敢地應用到工作上——許多人稱之為顧客體驗管理
（Customer Experience Management，或簡稱CEM）——希望可以和顧
客進行較友善、較容易、較方便的互動。最後，數位體驗愈形蓬勃發
展，它們利用全球資訊網（World Wide Web）和其他的電子平台去創
造新的虛擬體驗和遊戲體驗。

　　這些以體驗為主的行事方式都分別有它們的好處。因為體驗行
銷，更多商品和服務銷售出去了；因為有CEM，一些「顧客體驗」
顯得比較不那麼雜亂；許多網路上的體驗當然是原子世界所難以想像
的。但是要促成真正的經濟進展，所需要的體驗是新的經濟產出的形
式，而不只是新的體驗行銷、顧客體驗流程，或是有潛力提供豐富體
驗的新媒體。經濟價值遞進（Progression of Economic Value）需要新
的需付費的產物，其中，營運流程（operation）就是一種體驗，而這
種體驗就是一種行銷——無論在實質或虛擬的國度。

體驗經濟中的機會

　　談到這裏，有四種創造價值的機會突顯出來。首先，有關產品，
會有更多產品應該要被**大量客製化**（mass customized）：需要的並不
是製造更多的實質商品，而是用更多改革性的方法去製造這些產品。
大多數製造商都忽視了我們（和其他人）的呼籲：要將大量生產變成
大量客製化，要用需求鏈去取代供應鏈，依據真實的需求去將素材轉
變為成品，而不要按照預測性的庫存。大量客製化——用獨一無二的
方式有效率地服務顧客——意指完全而且僅僅依照個別顧客想要的內

容去生產。大量客製化任何成品，就會自動將那個產品變成服務，大量客製化任何服務，就會自動將那個服務變成體驗。在《體驗經濟時代》裏，我們用了超過兩章的篇幅，去說明我們可以如何追求客製化的能力與產品。然而，時至今日，我們還說不出哪個美國製的車款是稱得上大量客製化的。這真是太令人遺憾了。這就是為什麼大量的車商關門，而顧客則是在等待新的汽車夢工場的體驗。

為了鼓勵人們從事更多的大量客製化，以創造新的價值，讓我們先來關注在這本書中，也許最被忽視——然而很可能是最重要的——概念，也就是減少或消除**顧客犧牲**（customer sacrifice）。顧客犧牲是在個別顧客勉強接受的結果，以及他們真正的欲求之間的差距。企業如果能夠自問，哪個層面的犧牲消除之後，可以為顧客創造最大的價值？這個問題會讓企業得到莫大的好處。一旦你找出那個犧牲，就應該要找出解決方案，幫助顧客減少犧牲。

第二，談到服務，應該要有**更多的公司領導他們的員工進行表演**。具備**服務**心態的組織會專注於員工應該做些什麼工作；至於那些具備**體驗**心態的組織，則是會考慮那些工作要**如何**表現出來，也因此會將劇場當成表現的模型。大致說起來，即使數十年來的管理文獻都在提供服務顧客的建言，顧客卻還是在忍受許多悲慘的遭遇。思考一個「日常的」顧客服務互動——跟客服中心講電話，在便利商店的櫃台等待，試著在得來速（drive-through）的車道上聽清楚服務人員的問話，在銀行行員的窗口排隊等待，取得租車，搭乘接駁車，忍受搭機旅行，等著日用品結帳，光顧購物中心，付錢加油，諸如此類。十二年前，我們把這些場景歸類為不良服務，沒有服務，或是自我服

務。不幸的是，至今少有改變。結果不難理解：顧客不願意去支付任
何費用。利潤當然降低，薪資不漲，勞工也不用心──因而創造出向
下沉淪，甚至更悲慘的服務。

　　要設置更多迷人的體驗舞台，需要跨出一大步。再拿雜要特攻隊
的例子來說，公司必須認清，他們的員工就在舞台上，因此他們的行
動方式必須能夠吸引顧客。換句話說，經理人需要賦予員工一些角色
扮演，幫助他們突顯這些角色，尤其是在踏上業務舞台之前，必須投
資一些排戲的時間。當一項業務只是被視為服務，以時薪計酬的員工
就幾乎不會去利用任何他們在台下的時間，去演練台上的行為。但是
演員都會做事前的準備。比較好的人類的演出──重點放在**如何**，而
不只是**什麼**──就會讓尋常的互動變成迷人的相遇。因此，要問問自
己：劇場上的哪些行動會把我們員工的功能性活動化為令人懷念的事
件？本書中，我們用了三章來描述劇場上的原理。英明的企業領導人
會在他們的組織裏善用這個新的架構；投資於更好的職場演出是有好
處的，但是舊秩序的管理者看不到這點，他們只會在不景氣的時候，
設法去削減員額。

　　第三，談到體驗，應該要在更多的產品上，設法明白地按時間收
費。時間是體驗的貨幣。今天，有許多體驗行銷的活動都需要入場
費；有些體驗活動也會收取一些商品與服務的費用；有些體驗則是只
有預訂才能享用。但只有一部分企業如此。在未來，應該要有更多體
驗是必須付費才能入場的，如此才能發展成為成熟的體驗經濟。要讓
一項體驗變成真正的經濟產物，提供新的營收來源，就需要顧客明明
白白地付費，才能買到時間，讓自己置身於那些地點或活動。今天有

許多企業陷入苦戰，因為他們依然不會自問一個最根本的問題，那是我們在十二年前就提出來的：如果我們收取入場費，會造成什麼不同？正視這個問題依然很重要；找出答案，更是責無旁貸。

為了幫助你找到答案，在這個版本的《體驗經濟時代》中，我們加上一個新的架構，構思六個依時間收費的方式：入場費、每一項活動費、每一個時段費、入會費、使用費和會費。有關這些費用的說明應該有助於讓企業構思新的方法，讓他們能夠找到並抓住他們所開創的體驗價值。在這種入場費的改革當中，可以考慮一種特別的收費模式：使用時間。想想Netflix。它從事的並不是按片收費的電影出租服務。該公司是以月費的方式收費，將租片服務包含在訂閱電影的費用裏。同樣收取使用費的體驗也出現在各行各業裏，如公司專機、露營車、鏟雪機，甚至名牌的女用手提包。汽車共乘計畫也有些斬獲，不過真正的進展還得等到消費者有更多車型可供選擇，以滿足各種駕駛需求。幾乎任何產業都可以設法從收費體驗中獲益。

最後，**更多的體驗應該要形成轉型**。更進一步，這些轉型——在經濟價值遞進表中的第五，也是最後一種經濟產物——本身也應該要直接收費，以表示那是得自那些基本體驗的成果。換句話說，令人得以轉型的公司應該不只是為時間收費，還要因為那個時間所**導致**的改變收費。他們應該為那改變生命（或改變公司）的成果收費，而不只是為了中間使用而收費。我們尤其看重這三項產業：那些專注於讓人們變得健康、富裕和有智慧的產業。

在醫療產業裏，真正以市場為導向的方法，會讓各方都可以為了

所得到的成果而收費,而不是單單為了嘗試取得這些值得矚目的成果。有關健康保險的辯論無休無止,但是這些討論應該要轉向健康照護上真正的改革,其中,人們只有在能夠持續確保健康時才會付費。無法治好病痛的治療就不能得到報酬(就像水電工如果無法修好你那漏水的水槽,你就不會付錢),而且需要出現新的金融工具,用它來衡量真正的表現——也許是檢驗成功治癒的病人未來賺錢的能力。同樣的,金融機構的報酬,也要反映投資決策真正的成果——然後不再只是專注於投資,而要將注意力轉向針對人生的明智建議,像是怎麼花錢最好,以及如何將財富轉贈他人。還有大專院校,入學生只有區區一半畢得了業(在任何其他產業,我們能忍受這樣難看的表現嗎?),因此他們應該要將重點放在真正的教育、個人與社會成果,唯有在畢業時或畢業後清楚看見那些成果,才需要支付部分或全部的學費。在上述的每一個領域裏,如果不那麼做,都會危害到大家。

即使我們這般告誡應有更大幅度的體驗革新,但並不表示過去十二年來,在提供新的體驗產物上,沒有長足的進展。的確有許多新的體驗產物出現了,有的是因為那些公司欣然接納我們在第一版提出的各種原則,也有的是因為他們的產品或服務漸漸變得商品化(commoditized),基於競爭需要而自然的轉變。但還需要做得更多。這對我們而言一點都不意外,因為我們已經看到,在先進的經濟型態中,體驗經濟已經是長期必然發生的結構轉變。創造性破壞的力量需要時間去推進。新形態的經濟成果不會自動發生,它們需要個人和企業採取行動,拋棄舊有的工業與服務經濟(Industrial and Service Economy)架構,才能夠引進新的體驗與轉型。

圍繞體驗經濟的議題

我們不希望錯誤的認知阻礙了進展。因此讓我們正視這些年來聽到的，關於《體驗經濟時代》的反對意見。

有人反對用**舞台**（stage）來形容最主要的工作活動，或是體驗的經濟功能。你也可以用不同的動詞來取代它——例如**指導**（orchestrate）——但是它也可能弱化了我們所強調的舞台藝術的重要性，也就是安排吸引人的體驗舞台的重要性。談到舞台藝術，坦白說，我們認為除了演藝事業之外，應該要有更多的行業擁抱劇場的概念，將它當成指導工作的模式。有個相關的反對意見真的讓我們頗感困擾。有些讀者大而化之地說我們所用的劇場是個「隱喻」，而事實上我們的意思非常清楚：它不是個隱喻，而是人類在體驗舞台上的表現**模型**。我們也盼望其他認同經濟上的轉變已經在進行中的人，不要再提出其他的名詞來形容這波經濟史上的轉變，例如「知識經濟」（Knowledge Economy）或「注意力經濟」（Attention Economy）。經濟時代向來都是根據相關的產出性質來命名（服務經濟中的服務），或是主要的工作範疇（農業經濟中的初級產品，工業經濟中的商品），因此除了體驗經濟之外，唯一合格的名稱只有「舞台經濟」（Theatrical Economy）——但是由於前述有關劇場的錯誤認知，這個名詞似乎比較不切實際。不過其他人在命名的時候，需要更精確一點才行。我們不反對人們談到「夢想社會」（Dream Society）或「創意階級」（Creative Class），也很樂意肯定與接納這些名詞，認為它們適當地指出了一些體驗經濟周邊出現的趨勢。但是我們如果偶而提到

「夢想經濟」或「創意經濟」卻又不甚妥當。在先前的經濟時代裏，夢想與創意引燃了改革（但是同樣的，在這個時代裏，它們還是有可能造成一個新社會階層的興起）；這個新經濟之所以為新，是因為**體驗**代表著它的經濟活動基礎。拿一個例子來說，在之前的經濟時代，人們很少會去購買一場生日宴會；這在今天卻是尋常的事。

除了這些語言問題之外，還有些讀者誤解了我們的意圖（也許在他們的理解中，認為那就是我們的願望）。有些人視體驗為單純的娛樂。但是只要仔細讀過第2幕，就不會再有這種誤解。的確，我們看到了「四個E」──娛樂（entertainment）、教育（education）、逃避現實（escapist）、審美（esthetic）的體驗境界──以免讓我們自己只想到娛樂。在教室裏放映一整部電影，在教會的聖堂上開啟PowerPoint的螢幕，以及在球場的計分板上放映與運動無關的剪接視訊，這些活動談不上是舉辦者在謹慎地應用體驗舞台的優越性去教育學生，向信徒宣教，或是和球迷同樂。另一個錯誤的詮釋是，假設所有的體驗都有個必然的趨勢：虛假或虛擬的（我們在之後的著作裏有談到這點，它們分別是《體驗真實》〔*Authenticity: What Consumers Really Want*〕和《無限的可能性》〔*Infinite Possibility: Creating Customer Value on the Digital Frontier*〕）。事實上，體驗經濟可以容許各種各樣不同的產物，從多少是自然／人工、原創／模仿、貨真價實／不實虛偽、真正的／虛假的，到自我中心／注重他人──可以跨越所有的時空與事物。另一個反對意見是──我們設法把「一切」轉為「一項付費的體驗」──而事實正好相反，我們當然了解還有非經濟領域的社會與個人體驗。不可否認，人生有更多事物被商品化了，因此我們應該要更小心檢視我們身為公民、捐贈者、學生與信徒時──更不用提做為父母與

情人時——會買什麼，不會買什麼，會賣什麼，不會賣什麼，會體驗什麼，又不會體驗什麼。然而要讓已開發的經濟體維持繁榮，就必須轉向體驗：商品與服務已經不足以使大量人口就業。有人擔心某些體驗（以及更進一步的轉型）會帶來可能有害的影響。我們希望，這樣的疑慮能夠促使批評者進入經濟領域，提供較多有益的經濟產物。

　　針對《體驗經濟時代》，有兩項批評為我們帶來非常有用的觀點，尤其是它們可用來催化更多針對迷人體驗的本質的研究。第一項批評是，在體驗形成的過程裏，應該強調共同創造（co-creation）所扮演的角色——即客人在創造自己的體驗時所扮演的角色，他們認為我們的書在這點上著墨不多。這個看法是可以理解的，因為我們在1999年當時——甚至現在——最主要關切的都是體驗的供應端。我們最主要的目標，是鼓勵人們創造新的體驗。因此，我們側重於體驗的安排者，但我們也明白，所有的體驗都是共同創造的，因為那是一個人針對身外的一切做出反應之後，發生在內心裏的事。也就是說，我們同意新的體驗的確可以激勵許多客人，讓他們想要扮演一個比較具有參與性質的角色。此外，這種欲望會影響到客戶和服務供應者之間的關係，也會影響到使用者和商品製造者之間的關係（這是派恩在他的第一本書《大量客製化》〔*Mass Customization*〕裏，就已經承認的）。艾文‧托佛勒（Alvin Toffler）就指出，他預測將有「產消者」（譯注：prosumer，為 producer 和 consumer 的縮寫，意指消費者直接參與商品的設計與製造的過程。）的出現。然而，在體驗的設計上，不應該硬性規定一個單一的方法。並不是所有的消費者在所有的情況下，在每一種商品、服務與體驗中都會想要公開地共同創造產物（在自由社會裏，轉型的本質是共同創造的，公司引導顧客去進行他們終究必須親身經歷

的事；以其他方式對待轉型則是暴君）。該考慮的是在各個情況之下可以施行的控制程度。即使在迪士尼樂園或迪士尼世界（Walt Disney World）——一個舞台安排度極高的地方——客人本身可以大幅控制他們在兩趟乘騎之間，要在何時到何處去閒逛。而且我們之中的一個（好吧，就是吉爾摩）特別喜歡看「草地英熊」（Country Bear Jamboree）這樣的表演，他也跟著哇哇大叫，一同有效地破壞別人的體驗。談到共同創作，問題就在於體驗設計者的意圖與客人的適應力如何。我們歡迎二者都能夠達成更卓越的表現。

第二個重要的質疑是，我們太過強調體驗是值得回憶的事件。現在讓我們來談談這個觀點的兩面。首先，在想像一些迷人的體驗時，你可以也應該考慮多重層面，包括體驗的多重感官面，它們對個人的意義，與別人共享體驗的方式（如果有的話），各種體驗元素的強度、持久度和複雜度（或簡單度），以及人們的其他難以言說的休閒特性。文化考量和國家及本土的敏感度，以及客人先前的生活經驗，全都會影響到人們看待體驗的方式。我們相信，無論人們怎麼看，無論是哪一個層面的享受，通常都會將體驗轉譯成值得回憶的事件——即使你只能憶起少許細節，或根本什麼也想不起來。這點可以帶我們到此事的第二個層面：要將一項體驗的回憶，和體驗當時獲得的快樂區分清楚（不管事後證明它是多麼值得回憶）。即使在這個地方，人們至少都還會記得他們很喜歡那個體驗，即使他們無法記起或說明為什麼。最重要的是體驗的結論是什麼。關於這點，在這個版本的《體驗經濟時代》裏，我們加上一個新的模型，也就是在第6幕中，十九世紀的佛萊塔克（Gustav Freytag）模型，她說明了什麼是吸引人的戲

劇結構，也提出了許多真知灼見。追根究柢，如果無法建立適當的脈絡背景，編織逐步升高的情節，或是讓轉弱的情節或最後的謎底淡化了觀眾的記憶，或甚至使觀眾淡忘了一項最令人激賞的體驗的最高潮（以及甚至反向強化了不愉快的記憶）。底線：不是的，並不是每一項體驗都需要造成鮮明的記憶，而是該（正面的）記憶創造出的內涵越豐富，維持越長久，它的價值就越高。

　　談到這裏，我們就要請大家開始進入這新版的《體驗經濟時代》了。它更新了許多案例，用來說明那許多模型與工具，我們用它們來讓經理人從不同的角度去看這個世界。除了新的讀者之外，我們還希望讀過舊版的讀者能夠再讀一遍，溫習一下他們曾經學到的啟示。我們也希望他們會引介許多新的讀者進來。因為在轉向體驗經濟的過程當中，擁有共同理念的工作者將會大有幫助。我們祝福大家一切都好，也真心希望《體驗經濟時代》可以加速體驗經濟的全面開展。

詹姆斯・吉爾摩，俄亥俄州雪克高地（Shaker Heights）
約瑟夫・派恩，明尼蘇達州戴爾屋（Dellwood）
2011 年 2 月

Strategic Horizons LLP

P.O. Box 548

Aurora, Ohio 44202-0548 USA

+1 (330) 995-4680

PineGilmore@strategichorizons.com

開始行動

Step Right Up

　　本書將提供一個方法，可以擺脫單純的價格競爭——那就是體驗經濟。庫存出清！九折、八折、七折、六折、全面五折！買一送一，一年無息貸款，保證價格最低，跳樓大拍賣！凡此種種，概括為一句話，就是「商品化」（commoditized）。

　　這些價格競爭的手法都太過簡單，本書將提供一個可以擺脫這些競爭的方法。雖然顧客喜歡特價商品，但是那些依賴低價促銷的企業正在逐步消亡。大量生產的產品和服務形成的規模經濟，促成了相應的成本節約和價格不斷下降，所以低價競爭策略在過去多年行之有效，的確，已有幾十年之久。但是對每一個產業來說，這個競爭機制都不能再保持企業價值的成長和企業的營利。這一點你知道，我們大家都知道。可是我們又做了哪些努力呢？

　　我們這本書，是為那些希望增加企業價值的人而寫——我們充分意識到同類的書籍已經汗牛充棟，使得企業高層和經理人目不暇給。我們持續改善、企業再造、削減規模；我們也曾信奉時間競爭和「一對一」式的未來；如今我們已經分散化、資訊化、數位化，甚至大量客製化——也或許是自我組織或跨越鴻溝等等。每一個著眼於未來競爭的企業，都在倡導客戶中心論、客戶驅動論、客戶焦點論，還有客戶這個、客戶那個等等。天底下還有什麼新鮮事呢？

　　有，就是這個：體驗正是一種已經存在但不曾被清楚表述的經濟產出類型。不用服務，而用體驗來解釋企業所創造的價值，可以開創獨特的經濟拓展的可能性——就像是在工業基礎衰退時，把服務看成是獨特而合法的經濟產物，而創造了生機蓬勃的經濟基礎一樣——因

此，一個新的基礎正在浮現。我們應當忽略「資訊是新經濟的基礎」這一熟悉的口號，其實資訊還不能構成新經濟的基礎，因為資訊並不是一種經濟產物（economic offering）。我們的朋友約翰・巴羅（John Perry Barlow）喜歡說：資訊想要自由。唯有當企業以資訊**服務**的形式建構它時，換句話說，只有在企業提供資訊類**商品**，或者提供有關資訊的**體驗**時，資訊才真正能夠創造經濟價值。是經濟產物——而不是各種情報——構成了實質的買賣交易。

如第 1 幕所示，把體驗視為一種獨特的經濟產物，將可提供開啟未來經濟成長的鑰匙。經濟悲觀論者傑瑞米・里夫金（Jeremy Rifkin）正確地指出，正如過去由於技術創新和勞動力提高，企業需要較少的工人來生產產品，和更早之前農場需要更少的農工採收農產品一樣，未來的企業將需要更少的人員提供服務。農業和製造業的工作機會減少了，那些譴責這種現象的人們斷言，社會提供的工作總數將快速下降，這種看法是錯誤的。只要政府不去規定哪些是合適的經濟產物而加以提倡或保護，讓市場保持自由競爭，建立在新的經濟產物基礎之上的未來經濟浪潮，將會提供充足的機會，創造更多財富和新工作。

認識到這一顯著變化並對此有效因應（兩者都是需要的）的企業，將預先扼止商品化，並創造新的經濟價值。（這不是說所有的公司都必須利用體驗才能獲利，提供商品化產品的企業也可以獲利，至少在上升期可以，但是要當心衰退期！）我們針對那些已經成功轉換到體驗經濟的公司進行研究時，得到了兩個架構，第 2 幕和第 3 幕闡述如何使用這兩個架構，以展現具有吸引力和令人信服的體驗。對於還沒有準備好這樣做的企業來說，可以走的第二條路是：了解何謂大量客製化，而後自動將產品轉換為服務，將服務轉換為體驗。大量客

製化的內容在第4幕和第5幕中有清楚的描述,信奉大量客製化的原則,並由此幫助顧客在與你及你提供的產品互動時盡量減少顧客的損失,這是產品製造者和服務提供者在進入體驗經濟時首先要做到的。

這一新經濟還需要新的工作模式。在任何企業裏,每一個階層的員工都需要了解,在體驗經濟中,每項業務都是一個舞台,因此,工作就是劇場。這聽起來似乎有些怪異,卻是真的。第6幕展示了這種情況,也就是當客戶碰巧通過你的業務舞台,而員工們正在演出,並且運用相關的表演技能。第7幕敘述四種形式的劇場,並說明可以分別應用於何種情況。而第8幕,是為舞台上的角色設定基本要求,而這些角色都是進入體驗經濟的企業所必備的。所有的員工,從董事會的高級主管到第一線的員工,都能夠在這一幕中看到自己角色的新面貌。在人力資源和組織發展部門的員工,尤其應該認真仔細地閱讀這一幕,以獲得新經濟變革所應具備的洞察力。

當然,並不是所有的人都認同我們正在轉向「體驗經濟」,也有人認為這種發展並不一定好。想想拉斯維加斯吧!這是美國的「體驗之都」(雖然奧蘭多、洛杉磯、曼哈頓,甚至勃蘭森〔Branson〕、密蘇里,都會在任何民意投票中贏得它們應有的票數)。事實上,有關拉斯維加斯的一切,從機場裏的吃角子老虎,到與脫衣酒吧相鄰的賭場;從主題酒店、飯店到歌舞、馬戲和魔術表演;從重建古羅馬輝煌的集會式商場,到遊樂場,令人興奮的賽馬,電子遊戲及吸引二十歲左右青少年的各種狂歡式的遊戲,都是經過設計的體驗。

當然,拉斯維加斯的體驗也存在著另一面:到處泛濫的酒精飲料、毒品、色情夜總會以及性交易。不幸的是,正如其他消遣娛樂一樣,這些負面的事物也都是體驗經濟的一部分。誠然,當我們轉入這

一新經濟時，由於肉欲體驗獲得之便利和誘惑性的展示，有些人（或許更多人）會做出不明智或不道德的選擇。上面提及的大部分體驗，雖然很誘惑人並且令人印象深刻，但顯然不太光彩。再者，許多人有理由反對迪士尼世界人為的矯揉造作，各種動感景觀的虛擬本質以及網際網路技術導向的冷漠與疏離。（雖然這些「人造的」體驗，在某種程度上被一連串真實的體驗所彌補，包括在黃石國家公園露營，沿著大峽谷〔Grand Canyon〕騎驢而下，在科羅拉多河搭乘愛斯基摩獨木舟順流而行，以及更時尚的諸如玩直排輪、滑雪板、空中滑板等「極限運動」。）

　　儘管歷次的經濟變遷，在工作條件、健康、預期壽命及生活水準等方面都帶來極大的改善，但是這些變遷還是造成了若干失序和負面的影響，對於這一點，從服務經濟轉變到體驗經濟的過程中應該也難免如此。上面提及的這些問題，都是真實存在而值得商榷的。但很清楚的是，我們不能從已經圍繞著我們的體驗經濟中退卻。無論是值得稱許的還是有害的，是崇高的還是敗德的，是天然的還是人造的——這些都需要我們在共同創造這一新經濟型態時做出抉擇。

　　譴責歷次經濟變遷的人，也就是在兩個世紀前譴責工業革命，在過去二十年裏譴責服務經濟的人，並不能阻止經濟產物價值升級的發展進程。因此我們相信，不該將道德考量置於企業是否該轉變到提供體驗產品之上。如果整個社會都在尋求持續的經濟繁榮，就必須展示體驗，以便為經濟增添足夠的價值，創造足夠的就業機會（產品與服務已經不再足夠）。因此，道德考量必須轉置於應該展示何種體驗之上。像一般人一樣，企業的經理人終究必須關心人類的終極目標。這就是我們在第9和第10幕要討論的，也就是當體驗變得商品化，以及

第五個（也是最後一個）經濟產物——轉型——走到台前時，商業世界會是什麼樣子。請別錯過這最後兩幕和謝幕，因為，無論你的企業現狀如何，它都對你有深遠的意義。當我們確信自己在恰當的時機做出正確的事情時，為什麼要從我們所倡導的信念中退卻呢？

　　希望所有的讀者都能發現，我們已經針對這個問題——即企業在面臨策略選擇時的新競爭局面——提出了清晰而動人的說明。但是我們更希望你能自己找到這些工具，開始展示動人心魄的體驗，並且為你的客戶（現在的或未來的）實現具有關鍵意義的轉型。

約瑟夫·派恩，明尼蘇達州戴爾屋

詹姆斯·吉爾摩，俄亥俄州雪克高地

1998 年 12 月

第1幕

歡迎進入體驗經濟
Welcome to the Experience Economy

無論什麼時候，當一家公司有意識地以服務為舞台、以商品為道具，
使消費者融入其中——「體驗」就出現了。農產品是可加工的，商品
是有實體的，服務是無形的，而體驗是難忘的。當消費者購買體驗
時，他就是在享受企業所提供的一連串身歷其境的體驗。

「商品化」（commoditization）。沒有一家公司想把這個詞應用到它的產品或服務上，只要一提到**商品化**，就會使高階主管和企業家從上到下產生不寒而慄的感覺。差異不見了，毛利跌到谷底，而顧客看到的，除了價格，還是價格！

然而，讓我們來看一種真實的產品：咖啡豆。通常收成咖啡豆或者在期貨市場上買賣咖啡豆的公司，每磅的營收（在寫作本書時的行情）大約比75美分多一點，約合1～2美分一杯（取決於品牌以及包裝分量的大小）。如果是在一般性的小餐廳、速食店或酒莊（bodega）裏煮咖啡豆，那麼一杯咖啡的價格大約是0.5～1美元。

因此，具體價格取決於咖啡在何處或在何種行業出售。咖啡可以是三種經濟產物——初級產品（commodities）、商品（goods）或服務（services）——的任何一種，不同的產物價位不同。不過你看：如果在一家五星級飯店或像星巴克（Starbucks）這類的咖啡館裏提供同樣的咖啡，顧客會非常樂意支付2～5美元的價格，因為在那樣的場景裏，無論是點餐、沖煮，還是細細品味一杯咖啡，都溶入了一種提升的格調或劇場的氛圍。上升到這種第四層次價值（見圖1-1）的企業，將為消費者提供不同的體驗，而不是單純賣咖啡；從初級產品提升了三個層次，而增加了它的價值（以及價格）。

再舉個例子。一位朋友在剛剛抵達義大利威尼斯時，詢問他下榻酒店的門僮，他和太太在哪裏可以品嘗到該地最好的咖啡，他毫不猶豫地推薦他們前往位於聖馬可廣場（St. Mark's Square）的弗羅里安咖啡店（Cafe Florian）。不一會兒，他們倆就在威尼斯早晨清新的空氣

圖1-1　咖啡價格

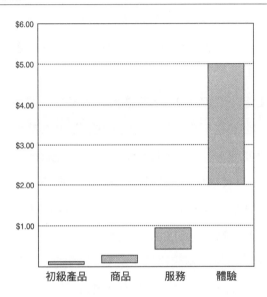

中啜飲熱騰騰的咖啡，完全沉浸在舊世界古城最壯觀的景色和喧鬧之中。一個多小時後，我們的朋友拿到帳單，發現這一體驗的花費超過15美元一杯。「這咖啡真的值這麼多錢嗎？」我們問道。「**絕對值得！**」

一種新的價值來源

　　體驗是第四種經濟產物，它從服務中被分出來，就像服務以前從商品中被分出來一樣，但是，體驗是一種迄今為止尚未得到廣泛認同的經濟產物。體驗始終環繞著我們，而顧客、商人和經濟學家把它們歸為服務業，與乾洗服務、汽車修理、批發零售和電話服務混在一

起。當某人要購買一種服務時，他購買的是一組依照自己的要求而實施的非物質形態活動；但是當他購買一種體驗時，他是在花時間享受某一企業所提供的一系列值得記憶的事件——就像在戲劇演出中那樣——使他身歷其境。

體驗一直是娛樂業的中心，從戲劇、音樂會，到電影、電視節目都是如此。但是在過去幾十年，娛樂的選擇數量爆炸性地擴張，從而產生出許多新的體驗。這種體驗的擴張，可說是從華特・迪士尼（Walt Disney）以及他所創立的企業開始的，他不斷把新層次的體驗效果運用到卡通片（他革新了同步錄音、彩色動畫和3-D立體背景、立體聲、有聲電子動畫〔audio-animatronics〕等等），而聲名大噪。此後，他在1955年在加州開設迪士尼樂園（Disneyland）——一個生動而令人流連忘返的卡通世界，使他的事業達到巔峰。在1966年辭世之前，迪士尼還憧憬規畫了1971年在佛羅里達州揭幕的華特・迪士尼世界（Walt Disney World）。迪士尼並不是在創立另一個娛樂公園，而是在創造世界上第一個主題公園。這類公園令客人（guests，而不是「顧客」〔customers〕或「客戶」〔clients〕）回味無窮，因為他們不僅獲得消遣，也參與了一系列尚未展開的故事。對每一位客人來說，演員表中的成員（而不是「員工」）演出的是具有完整視覺、聽覺、味覺、嗅覺和觸覺的作品，創造出一種無與倫比的體驗。❶今天，華特・迪士尼公司（Walt Disney Company）繼承創業者的精神，應用其體驗方面的專業，不斷地「設想」（imagineering）新的產物。這些產物包括迪士尼頻道的電視節目，到迪士尼網站（Disney.com）裏的「角色世界」（"Character worlds"），從百老匯表演到迪士尼航線（Disney Cruise Line），並且以它自己的加勒比島嶼（Carribean island）

完整呈現其整體魅力。

　　迪士尼曾經是唯一的主題公園擁有者，現在它在每一經營路線上都有20個以上的競爭對手，這些路線有傳統的，也有實驗性的。新的技術鼓勵全新的體驗，比如說電視遊樂器、線上遊戲、動態遊戲、3-D電影、虛擬世界與擴增實境（augmented reality）。目前，為了提供更深入的體驗所需的強大處理能力，更是強力推動電腦業的商品和服務。曾經擔任英特爾董事長的安德魯・葛洛夫（Andrew Grove，如今是資深顧問）在1990年代中期的一次Comdex電腦展（這本身就是一項體驗）演說時，預期將有科技產品的大爆炸，他說：「我們審視業務的方式必須更深入，不能只是單純地製造和銷售個人電腦（即商品）而已，我們要做的是資訊（即服務）的傳遞，以及宛如生活現實的互動式體驗。」的確如此。

　　許多傳統的服務業，現在都在與這些「新體驗企業」競爭，並且也變得更富於體驗性。在諸如紅花鐵板燒（Benihana）、硬石餐廳（Hard Rock Cafe）、艾德特色餐廳（Ed Debevic's）、螃蟹屋（Joe's Crab Shack）和布巴甘普蝦食公司（Bubba Gump Shrimp Co.）一類的主題餐廳中，食物變成是所謂「美食娛樂」（eatertainment）體驗的道具。還有諸如熊熊夢工場、喬丹的家具（Jordan's Furniture）和耐吉城（Niketown）一類的商店，透過有趣的活動和促銷事件（有時稱為「零售娛樂化」〔entertailing〕，或如磨坊地產公司〔The Mills Corp.〕的商標「購物娛樂化」〔shoppertainment〕）來吸引消費者。

　　這並不意味著體驗只依賴於消遣娛樂；如我們將在第2幕詳細說明的，休閒娛樂只是體驗的一個面向。每當企業吸引消費者，與他們建立一種個人化、值得記憶的聯繫，都是在展示一種體驗。許多的餐

飲體驗，與娛樂或企業名流的關係並不大，反而更接近混合了喜劇、藝術、建築、歷史或大自然的餐飲，比如說奇幻夜總會（Teatro ZinZanni）、塗塗探戈餐廳（Café Tu Tu Tango）、中世紀時代（Medieval Times）和雨林咖啡廳（Rainforest Cafe）等等，❷在這些地方，餐飲業為消費者更豐富的感官饗宴提供了一個舞台，而引起消費者的共鳴。另外，諸如吉姆的叢林超市（Jungle Jim's International Market）、家得寶公司（Home Depot）和維京餐飲學校（Viking Cooking School）這些零售業者提供的參訪、工作坊和課程，都把購物和教育結合在一起，我們可以正確地稱呼這種組合方式為「零售教育化」（edutailing）或「購物休閒化」（shopperscapism）。

英國航空（British Airways）前董事長科林‧馬歇爾爵士（Sir Colin Marshall）說過，「產品式的思考」（commodity mindset）誤以為「一個企業只有一種功能──對我們航空業來說，就是以最低的成本把乘客從A地準時送達B地」。他接著說，英國航空的做法是：「跨越職能的局限性，以提供體驗做為競爭利基。」❸英國航空將基本服務（旅行本身）當作是推廣獨特體驗的舞台，是讓客人從長途旅行的緊張和焦慮中紓解、放鬆的獨特服務。

即使是最簡單的事，也可以成為令人難以忘懷的體驗。在芝加哥歐海爾機場（O'Hare Airport）的標準停車場（Standard Parking），每一層車庫都會播放一首招牌音樂，並在牆上掛著當地體育明星的畫像──這層樓是芝加哥公牛隊（Bulls），那層樓是黑鷹隊（Blackhawks）等等，就像一位當地人所說的：「你絕對忘不了在那兒停車的感覺。」

我們來看一家零售超市，南加州的布里斯托美食家特別食品市場（Bristol Farms Gourmet Specialty Foods Markets），成功地將「購物」

這種常被視為家庭負擔的事情變得興味盎然。這家高級連鎖超市就像經營劇院一樣經營自己的零售店，根據《商店》(*Stores*)雜誌的評論：「這兒有悅耳的音樂、活潑的娛樂節目、獨特的景致、免費的點心、劇場般的音響效果、客串的明星和全體顧客的參與。」❹俄亥俄州亞克朗市(Akron)的西點市場(West Point Market; WPN)，走廊布置了鮮花，休息室掛著名畫，貨架間縈繞著古典音樂。它的老闆羅素·維隆(Russell Vernon)這麼說：「這兒是我們的銷售舞台，天花板的高度、亮度和色彩，共同為我們創造了一個劇場般的購物環境。」❺如生鮮有機食品超市(The Fresh Market and Whole Foods Markets)這類零售商複製了這些地方上的食品經驗，將它們的規模分別放大到區域性與全國的階層。

消費者並不是體驗經濟中的唯一受益者。商業活動是由不同的參與者組成，因此在商業活動之間也可以是展示體驗的舞台。明尼蘇達州明尼亞波利的一家電腦安裝維修公司在1994年時，先自己命名為「雜耍特攻隊」(Geek Squad)，剛開始的業務集中在家庭辦公室和小型的商業客戶。他們的特勤人員身穿白色襯衫，打著黑色領帶，拎一只黑皮箱，開著黑白相間的老爺車四處巡迴服務，車子就稱為「雜耍汽車」(Geekmobiles)，該公司因此把平凡的工作變成讓客戶難忘的經驗。今天這支「24小時電腦支援任務小組」(24-Hour Computer support Task Force)聘請了兩萬四千多名特勤人員，成為百思買的一個分部。其他行業也有些公司有樣學樣地穿起特殊制服，例如有一群垃圾車公司的員工就自稱為「垃圾特攻隊」(Junk Squad)，「保證滿意否則退回雙倍垃圾」(Satisfaction Guaranteed or Double Your Junk Back)。同樣地，很多公司邀請劇團來演出，使得很普通的會議變成

即興的事件。一個例子是明尼亞波利的火光公司（LiveSpark，即之前的人格互動公司〔Interactive Personalities, Inc.〕），他們為企業客戶展示排演好的情景劇，和「即興場景」（spontaneous scenes），以各種方式讓觀眾親自參與，其中包括電腦創造出來的即時互動角色。❻

　　B2B的銷售人員越來越懂得安排一些精彩的活動，來吸引客戶。許多B2B的公司將尋常的會議室變成體驗性的「經理人簡報中心」（executive briefing centers），有些甚至不只於此，例如墨西哥州密爾瓦基市（Milwaukee）的強森控制公司展示櫥窗（Johnson Controls' Showcase），該公司在顧客面前上演大停電，同時一一演示他們的產品。辦公家具製造商Steelcase最近開設一處名為工場活泉（WorkSpring）的陳設區，為芝加哥首見，他們安排了獨一無二的辦公空間，讓企業客戶能夠在真實的會議當中體驗他們的辦公家具，以便做出採購決策。

　　TST是位於科羅拉多州科林斯堡（Fort Collins）的一家工程公司，他們把自己的辦公室展示出來，創造出一個TST的工程館，讓員工為他們的土地開發客戶主持「願景工程體驗」（visioneering experiences）。歐特克（Autodesk Inc.）是一家工程開發與軟體設計公司，它在舊金山的市場街（One Market）開設歐特克畫廊（Autodesk Gallery）做為它的展覽場，讓客戶可以在革新的設計專案中，使用它的技術（並且在每個星期三下午開放B2B的互動藝品展，供一般大眾參觀）。有一項B2B的體驗是在戶外進行的：在威斯康辛州北林市（Northwoods）的戰斧顧客體驗中心（Tomahawk Customer Experience Center），有意購買的客戶在一個巨大的沙盒裏，玩弄大型的建築器材——推土機、反鏟挖土機、採櫻挑機，諸如此類——做為銷售過程的一部分。

各種經濟形態的價值

　　各種例子不勝枚舉：從消費者到企業顧客，從主題餐廳到電腦維修任務部隊──只是初步體現了在美國及其他已開發國家中新興的體驗經濟的優越性。他們是發展體驗經濟的先驅。

　　但是，為什麼要在現在這個階段發展體驗經濟呢？答案是，一方面因為技術的快速發展，增加了諸多體驗；另一方面，因為競爭越來越激烈，驅使企業不斷追求獨特的賣點。但是最有力的原因在於經濟價值本身，以及它趨向進步的本性──從初級產品到商品再到服務和體驗。當然，體驗經濟迅速發展的另一個原因，就是財富的增加。經濟學家蒂博．西托夫斯基（Tibor Scitovsky）指出：「看來，人們對於財富增加的反應，就是舉行更多的『節慶式』盛宴。人們總是會在他們認為有意義的節日和宴會，增加邀請的客人數目，並且做為一種慣例（比如星期天的晚宴）而沿用下來。」❼

　　我們對於體驗經濟的投入也是一樣，我們到更具體驗意義的餐廳用餐，甚至飲用更多具有「節慶」意義的咖啡。如表1-1所示，各種經濟產物從根本上是不同的，包括內涵上的不同。這說明了每一種新的經濟產物與它所替代的上一個產物相比，是如何創造出更大的價值。有些經理人總是宣稱他們公司是「賣產品的」，但實際上他們賣的不只是產品而已。他們會這麼說，某種程度是因為他們沒有意識到具有更高價值的產物，與單純的產品之間的區別，而導致這種「自我實現式」的商品化後果。（如果一個分析師或評論家說你所經營的是產品，但實際上你認為不是，那麼你可能會被激怒。從另一個角度看，你應該開始改進經營方式以獲得更高的價值了。）如果你擔心自

己的產品會商品化,請看以下的簡單描述。如果你認為自己的商品永遠也不會商品化,那麼你應該再考慮一下,因為巨大的失敗(價格大跌)常常是由於高傲的態度所致。

表1-1　各種經濟形態(從初級產品到體驗)

經濟產物	初級產品	商品	服務	體驗
經濟模式	農業	工業	服務	體驗
經濟功能	採掘提煉	製造	提供	展示
產物的性質	可替換的	有形的	無形的	難忘的
主要特徵	自然的	標準化的	客製的	個性化的
供給方式	大批儲存	生產後庫存	按需求配送	在一段期間內展示
賣方	交易商	製造商	提供者	展示者
買方	市場	使用者	客戶	客人
需求要素	特點	特色	利益	獨特的感受

初級產品

真實的初級產品是從自然界發掘和提煉出來的材料,比如說動物、礦物、蔬菜等。人們在土地上飼養它們、挖掘它們或者在土地上培植它們。在屠宰、開採或收割初級產品之後,企業一般進行加工或提煉以達到某種產品特性,然後在運到市場出售之前大批地進行儲藏。根據定義,初級產品是可以替換的(fungible),它們是天然性的。因為初級產品沒有差異,所以交易商主要是將它們出售到沒有名稱的市場上,在那些地方,企業以供需關係簡單決定的價格進行購買

（企業當然要提供初級產品分類的分級標準，比如不同種類的咖啡豆或不同等級的油，但是在每一等級之內，初級產品是可以替換的）。每個初級產品交易商根據出售同樣產品的價格進行交易，當需求大大超過供給時，便帶來可觀的利潤；當供給超過需求時，就很難獲利。在短期內，初級產品的提煉成本與其價格並不相關，而從長期來看，價格是由市場這隻「看不見的手」決定的，因為它鼓勵企業進入或離開這個市場。

農產品構成了農業經濟發展的基礎。幾千年來，農業為家庭和小型社區提供生活所需。美國在1776年建國之際，農業人口占總人口的90%以上。到了2009年，這個數字減少到了1.3%。❽

為什麼會這樣？大規模的產業革命——即後來的工業革命——徹底改變了人們的生活方式。它從農業開始，迅速蔓延到工業（例如亞當・斯密在1776年《國富論》中提到的縫衣針工廠）。借鑒了1750年代前後英國企業的成功經驗，1850年代發生了後來被稱為「美國製造系統」（American System of Manufactures）❾的美國工廠集體的、快速猛烈的產業革命。由於全世界的廠商紛紛模仿、學習這些技術，使得數百萬的手工業作坊迅速走向機械化。這種先進的經濟形態無法逆轉地轉向商品，而使得農業人口大幅減少。

商品

把初級產品當作原材料，企業得以生產並儲存大量的產品（有形的），而後這些產品又從商店、商場或以訂貨的方式，或從網路上賣給廣大的消費者。由於在各種商品的生產過程中，初級產品確實發生了本質的變化，基於生產成本和商品特性的不同，也就有了區別定

價。不同製造商之間存在著巨大的差異，從汽車、電腦到軟性飲料，甚至包括小小的別針都是。因為這些產品可以立即投入使用——開赴不同地點、編輯報表、飲用，還有把紙別在一起，使用者重視這些商品的功能更甚於它們的材質。

　　一直以來，人們都是把農礦產品加工成有用的商品。❿但是，這種落後的時間密集型生產方式和高成本的手工藝，長期間阻礙了製造業成為經濟中的主體力量。這種情況一直到企業紛紛引進標準化生產的技術之後才有所改進。人們紛紛走出農場，投入工廠，到1880年代，美國已經取代英國成為世界上最主要的工業化國家。⓫1913年4月1日，亨利‧福特（Henry Ford）的第一條汽車裝配線在密西根州高地公園（Highland Park）工廠建成並投入使用⓬，因而帶來了大量生產，這也確立了美國做為世界第一經濟強國的地位。

　　隨著新發明不斷出現，生產特定數量產品所需的工人數量越來越少，工廠對工人的需求數量也逐漸降低，最終導致失業的出現。另一方面，生產部門生產出來的產品越來越多，導致大量的產品積壓；同時對服務業的需求也大幅增長，導致服務人員的增加。在1950年代，服務業的從業人口首次超過勞動人口的半數，象徵著服務經濟超越了工業經濟（儘管這是後來才意識到的）。到了2009年，從事工業生產的工作數量——確確實實用雙手製造物品的人——只占總工作人口的10%。⓭農業人口佔了1.3%，而被今天的經濟學者劃入服務業的從業人口則占了將近90%。以全球來說，在人類歷史上，服務工作最近才首度超越農業人口：全世界大約42%的勞工都是受雇於服務業，36%隸屬農業，只有22%是在製造業工作。⓮（這些統計數字是來自聯合國國際勞工組織〔United Nations International Labour Organization〕，

當然這些數字沒能區分出那些從事展示體驗〔experience-staging〕的勞工，因此服務業的數字也包含了展示體驗的工作。）

服務

服務是根據已知的客戶需求進行客製的無形活動。服務人員以商品為基礎，為特定的客戶服務（如理髮或檢查眼睛），或者為客戶指定的財產或物品服務（如修剪草坪或維修電腦）。客戶通常認為這樣的服務比商品更有價值。服務人員幫他們做他們想做又不願意自己做的事，而商品只是媒介。

初級產品和商品之間有一部分交集，同樣的，商品和服務的區別也是模糊的。比如說：儘管餐廳出售的是有形的食物，但是經濟學家還是認為它屬於服務業，因為它不滿足商品標準化生產銷售的條件，更重要的是，餐廳是根據客戶的需求提供產品。速食店是早就準備好食物，可以說滿足了上述與服務有所區別的條件，按理它應該比其他行業更接近商品製造，但是經濟學家還是把速食店（例如麥當勞）全部歸入服務業。

儘管工作人口持續轉入服務業，但初級產品和商品的產出並未因此減少。現在，少數農民就可以生產出他們祖先無法想像的大量農產品，而少數幾條生產線的產量就足以讓亞當‧斯密大吃一驚，這得益於不斷發展的技術和營運方式的創新。要生產等量的農產品和工業產品所需的人力越來越少，所以服務業還是占據了國內生產毛額（GDP）的大部分。美國許多權威學者為了工業基礎薄弱而憂心忡忡許多年，現在終於承認美國經濟確實取得了很大的發展，並且和其他已開發國家一樣，已經轉型為服務經濟。

隨之而來的是一個幾乎未被認知或討論的現象：在服務經濟中，**每個人都想要享受服務**。不論消費者還是企業，為了購買他認為更有價值的服務（在外用餐、或公司自行經營自助餐），他會努力縮減購買商品的開支。這正是很多製造商覺得他們的產品被「商品化」（commoditized）的原因。在服務經濟下，由於消費者察覺不到商品之間的差別，所以商品不可避免地和初級產品一樣面臨低價競爭，結果，消費者在購買商品時，考慮較多的變成是價格和便利的因素。

為了跳出商品化的陷阱，製造商常常將服務和核心商品搭配銷售，這樣可以更完善地滿足消費者的需求。[15]因此，舉例來說，汽車製造商擴大了他們的服務範圍以及保固期，並提供汽車租賃服務，製造商還直接為小經銷商管理存貨等等。剛開始，製造商往往忽略了這些服務的價值，只想賣出更多商品。後來有許多人逐漸意識到，消費者更看重的是服務，於是他們開始針對自己提供的服務進行收費。最後，精明的製造商改變了傳統的商品觀念，很多時候，他們更像是一個服務提供者。

我們來看一下IBM。這個硬體製造商在1960和1970年代的全盛時期，喊得最響的口號是：「IBM就意味著服務」，對於那些願意購買它的硬體產品的公司，它付出了大量的無償服務。它規畫設施、編制程式碼、與其他公司的設備相容、為自家生產的機器提供維修服務。他們這些工作做得好到幾乎打垮了所有對手。

但隨著時間的推移，這一產業逐漸成熟，顧客對服務的要求超出了IBM能夠提供免費服務的能力（更別提司法部那次強迫IBM將其硬體與軟體切割開來的訴訟了），於是它開始明確要求客戶對其提供的服務付費。公司管理階層終於發現，曾經免費提供的服務，事實上

是它最有價值的商品。IBM的電腦主機長期以來都被商品化，但是時至今日，它的全球服務據點以兩位數的速度增加，這家公司不再為了出售商品而免費提供服務。的確，情況正好相反：如果客戶願意訂購IBM的全球服務系統來管理其資訊系統的話，IBM也願意購買客戶的硬體。IBM仍然在製造電腦，但它現在已經置身於「服務業」。

　　購買別人的商品以出售自己的服務——或至少是在成本之下提供服務，例如行動電話業者——這象徵著服務經濟已經到達某種層次。以前人們認為這個層次是不可想像，甚至是很多人不願意見到的。事實上，不久以前還會聽到專家學者貶低服務業的聲音，不認同服務業正成為推動經濟成長的主要力量，他們認為，經濟的發展不能夠失去它的工業基礎，因而一種過分依賴服務業基礎的經濟方式將不會長久，它注定會失去其優越性還有國際上的優勢。這種觀點現在看來顯然是錯誤的。事實上，產品不斷地自動商品化，面對這種趨勢，唯有轉型為服務經濟，才能夠持續繁榮。

　　這種動態繼續進行著。原先迫使製造商在商品中添加服務的商品化陷阱，現在也正報復性地衝擊著服務業。電話公司只能以價格為訴求，推銷長途電話服務；飛機採取牛車一樣的方式運作，提供旅客大量的免費飛行獎勵；速食店都強調「物超所值」定價法，大多必須提供「一美元菜單」。（有趣的是，《經濟學人》雜誌還創造出了麥當勞的「大麥克指數」〔Big Mac Index〕，以大麥克的價格為指標，來比較不同國家地區的物價水準。❶也許應該要有個新的度量標準，來測量現在區區一美元可以買到的商品數量。）折扣策略在金融服務業引發了價格戰。網路券商不斷地降低手續費，有時收費竟低到三美元，而一個提供全面服務的經紀商手續費通常超過100美元。美國交易控

股公司（AmeriTrade Holding Corp.）創辦人喬・里克斯（J. Joseph Ricketts）曾經對《商業週刊》（*Business Week*）說：「我可以預見在未來，對於某位持有一定數量保證金帳戶的顧客，我們不會向他收手續費，我們甚至會為了獲得這個顧客，以每次交易為基準，付費給顧客。」[17] 聽起來很荒謬嗎？也許你還沒意識到，要想過渡到全新且具有更高價值的新商品，就必須放棄舊有的低價值商品。

事實上，無論對於產品或服務來說，將它們商品化的最大推動力量都是網際網路。它淘汰了傳統買賣中很多人為因素，它的無摩擦運作方式使人們透過無數的資訊源進行即時的價格比較，而且它快速執行的能力使顧客能夠從節省的時間和花費中獲益。在消費者日益覺得時間寶貴、商務活動日益受效率困擾的現代世界中，網際網路逐步將商品及服務的交易，轉變成一種虛擬實境的運作方式。[18] 以網路為主的企業忙著把消費者與B2B的業務逐步推向商品化，它們包括了一些專業的網際網路公司，例如CarsDirect.com（汽車）、compare.net（消費性電子產品）、getsmart.com（金融服務）、insweb.com（保險）、priceline.com（機票）。還有一些一般性的商品化公司，無論什麼商品或服務，他們都有辦法協助買家找到較低的價格，信手捻來就可以舉出bizrate.com、netmarket.com、NexTag.com、pricegrabber.com和mySimon.com等等。再想一想消費者可以如何輕鬆地透過Amazon.com找到舊書，以及透過Google搜尋各種資訊。當然還有報紙的分類廣告，它過去曾經是重視價格的消費者尋找低價二手商品的主要方法，如今它面臨了前所未有的競爭，如eBay和CraigsList。

另一個商品化的強大力量是什麼？沃爾瑪（Walmart）。這個四千億的巨獸，它的一貫作風就是壓榨供應商，增加包裝尺寸，強化後勤

補給——只要能夠降低它所出售的商品成本，它是無所不為的。還要注意的是，沃爾瑪持續不斷銷售它的服務，從一開始的食品與相片沖印服務，到現在囊括了驗光配鏡、金融、醫療服務，以致在那個行業裏，也成了商品化的一股力量。

　　服務提供者也面臨了商品製造商所不知的另一股逆向潮流：**去仲介化**（disintermediation）。諸如戴爾電腦（Dell Computer）、聯合汽車協會（United Services Automobile Association，簡稱USAA）、西南航空（Southwest Airlines）等公司，他們不斷繞過零售商、經銷商和代理商，直接與最終用戶接觸，於是在這些仲介機構的就業機會減少了，也有破產和被購併的情形發生。第三股潮流進一步削減了服務業的就業規模：陳舊的自動化怪物，今天打擊了許多服務業工作（電話接線生、銀行職員等等），這股衝擊的作用方式和強度，與二十世紀技術進步對於製造業就業的衝擊如出一轍。今天，即使是專業的服務提供者也逐漸發現，他們所能提供的服務也已經被「商品化」了——被嵌於軟體中，例如繳稅核算申報程式。[19]或是他們必須遠渡重洋到印度，一如生產製造轉移到了中國，這也形成了商品化的第四種力量。

　　這一切都導致同一個不可避免的結局：服務經濟已經接近極致，一種新的、剛出現的經濟正來到我們面前，它建立在一種完全不同的經濟產出基礎上，僅僅有產品和服務已經不夠了。

體驗

　　體驗勢所必然地出現，以創造新的價值。無論什麼時候，當一家公司有意識地以服務為舞台、以商品為道具、使消費者融入其中，

「體驗」這種產品就出現了。農產品是可加工的，商品是有實體的，服務是無形的，而體驗是令人難忘的。體驗的購買者（我們沿用迪士尼的習慣稱他們為客人〔guests〕）重視的是，在一段時間內企業所提供的身歷其境的體驗。正如人們已經在產品上減少開支，而把更多的錢花在享受服務上一樣，現在他們重新審視自己在服務上花費的時間和金錢，以便讓出一部分用於更難忘的、也更有價值的體驗。

　　企業（我們稱之為一個體驗策畫者）不再僅僅提供商品或服務，而是提供最終的體驗，充滿感性的力量，給顧客留下難忘的愉悅回憶。從前，所有的經濟產出都停留在顧客之外，然而體驗在本質上是個人的。體驗事實上是——當一個人達到情緒、體力、智力甚至精神的某一水平時，意識中所產生的美好感覺。結果是，兩個人不可能得到完全相同的體驗，因為任何一種體驗，都是某個人本身心智狀態與那些事件之間互動的結果。

　　儘管如此，某些有心人仍會辯說體驗只是服務的一種，只是現今為了驅使人們購買而產生的服務的變形。有趣的是，兩百多年前，受人尊崇的亞當‧斯密曾經在《國富論》中，對於商品與服務的關係有相同的論斷，他認為服務幾乎是一種必要之惡——他稱之為「非生產性的勞動」，因為服務本身不是一種經濟產出，明確的理由是服務不能完全用清點的方式來衡量，因而不能像其他工作一樣創造出可觸摸到的物品。

　　亞當‧斯密並未將其非生產性活動的論點局限在像家庭僕人這樣的平民，還包括了「對公共福利提供保護、保安和防禦」的「最高統治者」和其他「公務員」，以及許多現在看來比其他大多數人的勞動更有價值的職業（「牧師、律師、醫生、文學家等等」）。他進而列舉

出當時的體驗提供者（「演員、滑稽演員、音樂家、歌劇演唱家、歌劇舞蹈家等等」），並且總結說：「這些最卑賤的人的勞動有一定的價值，這種價值同樣受制於規範其他勞動的規則。而那些所謂最高貴、最有用的勞動，卻無法生產任何東西，進而憑其購買或獲得等量的勞動。比如演員的朗誦，演說家的慷慨陳辭，或者音樂家的音律，所有這些人的成果在生產進行的同時就耗盡了。」[20]雖然體驗提供者的工作在表演的瞬間就消失了（這完全正確），但這種體驗的價值會給欣賞者留下深刻印象。[21]大多數父母帶著他們的孩子到迪士尼世界，不是為了這一事件本身，而是為了讓家庭成員共享這令人難忘的經歷，這種經歷將成為其家庭日常交流的一部分，並且在往後的數月或數年之間，依然津津樂道。

　　體驗本身欠缺實體性，但是人們在這方面的需求甚殷，因為體驗的價值就在其中，並且歷久不衰。因此康乃爾大學的心理學教授崔維斯・卡特（Travis Carter）和湯瑪斯・季洛維奇（Thomas Gilovich）認為，比起購買商品，購買體驗讓人們得到的快樂更多，而且幸福感更強。[22]同樣的，《經濟學人》期刊總結近期經濟學上的研究結果，快樂是「體驗」勝過商品，休閒勝過小東西，行動勝過擁有。[23]

　　企業如果能夠創造這種滋生快樂的體驗，不僅會在消費者心中占有一席之地，而且會得到他們辛苦賺來的報酬——以及辛苦賺來的時間。事實上，我們不該把通貨膨脹單純的視為企業將增加的成本轉嫁給消費者所造成的；較高的價格也意味著較高的價值，這點尤其反映在人們使用時間的方式上。消費者（及企業）的需求從初級產品到商品、服務、到現在的體驗的這種轉變，應該使標準的「市場籃子」（market basket）容納更高價值的產品。但是我們相信聯邦政府並沒有

跟上時代，直到2009年，服務占消費者物價指數（Consumer Price Index; CPI）的比例只有60%多一點，而在1995年以前，服務的價格甚至不包含在生產者物價指數（Producer Price Index）中。[24] 然而，如果我們審視一下消費者物價指數這一指標，如圖1-2所示，我們看到工業商品（這裏用新車表示典型的工業經濟產物）的消費者物價指數的成長不及服務，而服務的成長又比不上在政府統計中看得到的一種典型的體驗產業——娛樂活動如電影、音樂會、運動會等的門票價格，而政府則是從1978年才開始追蹤它們。[25] 值得注意的還有，典型的初級產品，例如豬肉的消費者物價指數變動會波及其他經濟產物。在純粹市場力量主導的經濟中，商品化的商品和服務的銷售者將可能面臨更大的價格波動。[26]（在這些統計資料中，豬肉的指數確實高於

圖1-2　經濟產物的消費者物價指數（CPI）

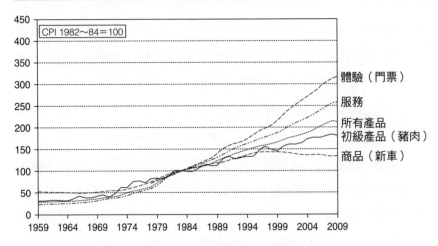

資料來源：美國勞工局（US. Bureau of Labor）統計數字；以及 Lee S. Kaplan（隸屬 Lee3Consultants.com 公司）的分析。

新車，不只是因為它本身的指數變動，還要再加上過去十幾二十年來，商品化的汽車工業逐漸增加的價格壓力，雖然它的品質也同步提升，政府卻不允許調高汽車的售價。我們認為這些曲線還會再度交叉。）另一方面，為客戶提供體驗的公司，以遠高於通貨膨脹率的速度提高其價格，這是因為消費者認為體驗的價值更高的緣故。

　　正如圖1-3所示，就業與名目國內生產毛額（nominal GDP）的統計也顯示了與消費者物價指數相同的結果。[27]運用1959～2009年的資料——這段期間關於產出的資料是可靠的——我們可以看到，相鄰的經濟產物的發展狀況相對類似。在1959～2009這五十年間，美國的

圖1-3　經濟產物的就業成長率與名目GDP成長率

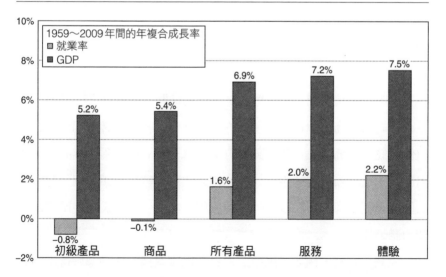

資料來源：美國經濟分析局（U.S. Bureau of Economic Analysis）；策略地平線顧問公司（Strategic Horizon LLP）；以及Lee S. Kaplan（隸屬Lee3Consultants.com公司）的分析。

初級產品產量以超過5.2%的年複合成長率（compound annual growth rate, CAGR）成長，但是這方面的就業人數事實上減少了。製造業產出的成長率略高於初級產品產業，但是每年的就業人數卻略有減少（儘管製造業就業的相對人口數在這五十年內大幅下降）。服務業就業人數的年複合成長率為2.0%，而對GDP的貢獻成長率超過了7%。可是從政府對服務業的統計資料中被分離出來的那些體驗產業的成長則更快速：就業人數是2.2%，GDP則是7.5%。❷❽

　　難怪現在這麼多的企業，將已存在的產品和服務用體驗包裝起來，使之與眾不同。服務提供者在這方面有明顯的優勢，因為他們並不受限於有形的商品。他們可以加強改善顧客在購物或享受服務時所處的環境，或者使顧客迷戀於企業精心營造的溫馨氛圍，或者引導顧客參與其中，將服務轉化為難忘的體驗。

讓它活起來

　　那麼一個製造商可以怎麼做？想要迅速跨足體驗產業——對大多數頑固的製造商來說這是很漫長的一段路——製造商必須關注顧客使用他們商品時的體驗。❷❾大多數的產品設計者，主要關注產品本身的內部技術性細節：它的性能如何。如果注意力轉移到顧客個人對產品的使用上呢？那麼焦點就會轉移到使用者身上：當此人在使用該產品時的體驗如何。

　　我們注意到，例如，出版過世界各地度假指南的福德旅行出版公司（Fodor's Travel Publications），最近出版了一本「逃避現實者剪貼簿」（escapist scrapbook），內容主要是彼得・古特曼（Peter Guttman）

的攝影照片和散文，其中包括了各式各樣的體驗。古特曼在他所著的《極致探險》（*Adventures to Imagine*）一書中，為旅行者描述了二十八種歷險方式。看一下這些多樣化的活動（有舊的，有新的，但都非常刺激）：船屋、水陸聯運、越野自行車、騎牛、乘雪橇、遠航、颶風追逐、峽谷漂流、護送車隊、觀察海豹、冰山旅行、捕捉海雀、駕駛賽車、熱氣球飛行、攀岩、探洞、乘筏衝浪、駕獨木舟、彎道旅行、紮營遠足、親吻鯨魚、美洲駝馱運、特技飛行表演、陸上帆船、重演歷史戰役、乘破冰船、極地耐寒和乘坐狗拉雪橇等。❸企業不斷引進新的**活性體驗**（ing experience）到戶外探險的世界裏。我們還可以在清單上多加幾項。越野高爾夫（cross-golfing）和游擊高爾夫（guerilla-golfing）（沒有高爾夫球道的高爾夫球，而是分別在未開發的鄉野地帶或廢棄的市區打球）、無板滑雪（noboarding，無繫帶的滑板運動）、溪降運動（canyoning，在疾速的山中溪流裏從事類似衝浪的運動，通常是在瑞士或紐西蘭）或是激流滑板（riverboarding，在較為寬廣的急流中，穿戴比較多的護具），以及冰河健行（glacier-walking，在挪威之類的地方）。

　　像巴斯戶外世界專門店（Bass Pro Shops Outdoor World）、娛樂設備公司（Recreational Equipment, Inc.，簡稱 REI）、卡貝拉（Cabela's）這些零售商，銷售的就是上述體驗中所需的用具，他們並且領導流行，使他們的零售店面本身成為一種體驗。巴斯把室外環境「搬」進室內；娛樂設備公司建造起一座 55 英呎高的小山，讓顧客攀登以測試他們的用具；卡貝拉則展出一座 35 英呎高、充滿各種野生動物標本的小山。為了增加顧客的體驗，製造商必須明確地設計他們的商品——實質上就是將商品**體驗化**，即使對於很少涉足探險活動的顧客，

也堅持這一點。當汽車製造商將焦點放在增加駕駛體驗時,他們必須這樣做,但是他們也必須將重點放在汽車中的非駕駛體驗。例如,許多女性還在等待汽車製造商能在她們的車子裏裝設一個可以置放她們的皮包的地方。而且現在有數不清的人會利用得來速購買速食,那麼車內的進食環境當然也可以加以改善。

某電器製造商的管理者已經開始從這個角度思考。美泰克公司(Maytag)電器部門的前總裁威廉‧比爾(William Beer),曾經告訴《產業週刊》(*Industry Week*):「如今,用餐的體驗無論在什麼地方都可能發生。有人在下班回家的車上用餐,有人在上班途中的車上用餐,有人在電視機前用餐。」因此比爾推論:「人們可能需要在汽車上或椅子的扶手上有一個冷凍用的小冰箱。」這種新發明能夠大大改善人們用餐的體驗,這在工業化時代的舊思維體系絕不會考慮到,因為舊思維關心的是電器裝置如何運作,而不是使用者在用餐時會怎麼做。❸美泰克這個品牌如今已經是惠而浦公司(Whirlpool Corporation)的一個分部,後者在它全公司為進行革新所下的功夫裏,就全面採納這個體驗的觀點。它的二重奏(Duet)洗衣烘衣二機一體的製造重點,就是要讓機器在洗衣房裏看起來很體面(彷彿在車庫裏停了一部豪華跑車)。至於車庫,惠而浦更是發明了一套工具,名為神鬼戰士車庫工具組(Gladiator Garage Works),供客戶整理車庫。而它的新型私人服務生(Personal Valet)則是提供了一套衣物活化系統(clothes vitalizing system),這套設備不只是用來乾洗,也不只是烘衣,而比較像是二者皆可。創新的人想像到這一切活化的事物,因為他們重新設想消費者在家中(及房間裏)使用這些設施時的體驗。

許多產品並不僅只包含一種體驗,這開啟了各種機會。例如,服

裝製造商能夠關注**穿**的體驗、**洗滌**的體驗，甚至是**懸掛、甩乾**的體驗
（而且，就像古特曼一樣，當需要時，他們應該勇於創造新名詞）。辦
公用品業可能創造出**公事包**體驗、**廢紙簍**體驗，或是**電腦螢幕**的體
驗。做為一個製造商，如果你開始以這種概念思考——使你的東西活
起來——你的商品周邊將環繞著服務，增加使用這些產品的價值，然
後用體驗環繞著那些服務，使得使用這些產品的時光更加令人難忘
——也因此可以獲利更豐。

任何產品都能夠活起來。讓我們來看一個有關膠帶（duct tape）
的故事。俄亥俄州艾凡市（Avon）的ShurTech Brands公司藉由它的
鴨牌膠帶（Duck Tape），用了不少堪稱典範的方法，使得**貼膠帶**變成
了一個比較難忘的體驗。首先，它賦予這個產品一個令人難忘的品
牌。[32]這個品牌有個名為相信鴨（Trust E. Duck）的吉祥物為它代
言。這隻鴨子並不只是一個商標，它代表一個包容廣泛的主題，幾乎
可以把客戶和這活化的品牌之間的所有互動組織起來。這個深植人心
的意象甚至延伸到（或者也可以說是「開啟了」）該品牌和員工之間
的互動。ShurTech的企業總部名為鴨牌膠帶全球首都（The Duck Tape
Capital of the World），它代表著辦公園區中的主題辦公室，就像迪士
尼在主題公園中的地位。該公司同時強調，它生產的是**老手所需的商
品體驗**。鴨牌膠帶的網站上，有一個園地提供給公司和顧客，讓他們
分享各種關於「鴨子活動」（Ducktivities）的點子，讓大家知道他們
的商品可以如何用來呈現各種體驗。例如，你可以看到一個使用說
明，了解如何單只使用鴨牌膠帶，便能做出一個有型的萬聖節糖果
袋。

這類有助於體驗的智慧，首先就是要**將產品感官化**（sensorializing

the goods）。換句話說，為了使你的產品更具體驗價值——也許最直接的辦法就是添加某些要素，以加強顧客與它們相互交流時的感覺。一些產品充分利用它們的本質，予人愉快的感受，像玩具、棉花糖、錄影帶、CD唱片、雪茄、酒類等等。適當地使用這些產品可以創造出一種感官體驗，企業可以突顯任何一種產品的感官特徵，使其容易被感知。❸這必須弄清楚哪種感覺最能打動顧客（而在傳統的商品設計中，卻最容易被忽視），從而針對這種感覺重新設計產品，使其更具吸引力。ShurTech的做法，就是使它的產品變得色彩豐富，鴨牌膠帶的顏色有二十種，在在挑戰顧客，要他們「展現你的本色」。

　　接著該公司成立了一個產品俱樂部（forming a goods club），讓顧客去展示自己的鴨牌膠帶創作成品。「鴨牌膠帶俱樂部」（Duck Tape Club）的成員會分享祕訣，以及自己在使用該商品時的歷險故事（鴨牌膠帶吊床，有人玩過嗎？），還可以得到特別的促銷優惠。該公司的一項活化行動，就是讓某些產品變得稀有。例如，ShurTech會製造「全世界最大捲的鴨牌膠帶」，然後把這獨一無二的產品送到選定的一些零售店，讓膠帶迷能夠一睹（或一觸）為快。

　　最後，或許也是最重要的，是該公司忙著籌畫展示產品的活動（staging goods events）。每一年，該品牌都會舉辦「畢業舞會黏答答」（Stuck on Prom）的比賽，提供高三的學生上大學之後的獎學金。學生在畢業舞會上穿著他們的燕尾服和晚禮服——完全以鴨牌膠帶製成——然後把相片寄到ShurTech去接受評審。另一個比賽是「鴨牌膠帶年度風雲老爸」（Duck Tape Dad of the Year），其中有許多全身貼滿膠帶的爸爸想要爭取得到這項殊榮。ShurTech還主持每年六月在該公司家鄉舉辦的「艾凡傳統膠帶節」（Avon Heritage Duct Tape Festival）。

這項展示產品的活動，其特色除了其他活化的活動之外，就是鴨牌膠帶創作品的遊行。

　　許多廠商都會展示自己獨特的體驗——儘管採取的都不是很直接的方式——比如建立博物館、主題公園或者其他有助於銷售產品的輔助設施。賀喜巧克力世界（Hershey's Chocolate World）——它當然是在賓州的賀喜市——可能是最著名的，但是還有其他的，包括美國斯巴姆城（Spamtown USA，位於明尼蘇達州奧斯丁〔Austin〕的霍梅爾食品公司〔Hormel Foods〕的創意）、固特異輪胎世界（Goodyear World of Rubber，俄亥俄州亞克朗〔Akron〕）、克雷奧拉工廠博物館（Crayola Factory Museum，位於賓州伊斯頓〔Easton〕的畢尼與史密斯〔Binney & Smith〕的創意）、樂高樂園（LEGOLAND Billund，丹麥）、健力士啤酒廠（Guinness Storehouse，愛爾蘭的都柏林市），以及海尼根體驗館（Heineken Experience，荷蘭的阿姆斯特丹）。[34]

　　並不是每個生產商都能把多餘的空地建成憑票入場的博物館，但每一家公司都能將生產轉變成造訪工廠的小型旅遊，讓顧客將每天所消費的棒棒糖、盒裝穀物、瓶裝維他命等產品變成可回憶的事物。目標是把顧客吸引到從產品設計到一整套的流程之中，從設計、生產、包裝到運輸。除了產品本身，顧客也同樣重視他們得到這種產品的方式。我們可以見證如此美好的感覺：福斯汽車的客戶，在緊鄰該公司德國窩夫斯堡〔Wolfsburg〕工廠附近的汽車城（Autostadt）主題公園裏，開走了他們的新車。

　　活化事物的目的，是將人們的注意力從潛在的商品（與支援性的服務）轉移到體驗上，這些體驗把傳統產品包裝起來，可以阻斷商品化的進程，提升產品的銷售量。試想扭蛋玩具販賣機（Gumball Wizard machines）出現在世界各地無數零售店的門口。丟一個銅板進去，就會有一顆扭蛋一路叮吟噹啷地滾下來。這種機器提供的是同樣的商品——而且值得爭議的是它的服務還比較差，因為要等比較久的時間才能拿到扭蛋。但是這種**轉蛋樂**（gumball-spiraling）的體驗超越了裏頭的產品與服務，而增進了它的銷售量。

籌畫體驗活動的首要原則

要想籌畫一場令人難忘的體驗，必須先擁有一種以體驗為導向的心態，你想的不能只是產品的設計與生產，還要想到如何設計與策畫客戶在使用這些產品時的體驗。要具備這種心態，就必須以**活化的文字**（ing words，也就是現在進行式）來思考。這種活化的思考方式，就是有效籌畫體驗活動的首要原則。

謹守這項原則，便等於跨出了一大步，它可以幫助公司與企業從商品與服務轉進體驗。例如，用**活化**的文字思考，導致露營車開步走聯盟（Go RVing Alliance）的形成——組成單位包括美國露營車協會（Recreational Vehicle Industry Association）、美國露營車經銷商協會（Recreational Vehicle Dealers Association）和其他業界團體——以便集體促進露營車活動的樂趣，而不是讓製造商單打獨鬥，在競爭的露營車之間，拼命推銷各別的特色與長處。

全心全意擁抱「活化事物」的原則，甚至可以導致新的以體驗為主的新行業產生。想想熊熊夢工場（Build-A-Bear Workshop）的例子。它的創辦人瑪克辛·克拉克（Maxine Clark）並不只是創造新的熊寶寶產品，而是想像到有個特殊的地方，在那裏，「從3歲到103歲的孩子」都可以創造自己的玩具熊。這項體驗包含了八個**動手做填充**

動物（stuffed animal-making）的工作站：選我（Choose Me，孩子們從大約三十種動物的外皮之間做**選擇**），聽我（Hear Me，用一個晶片**錄製**一段訊息，或是**選擇**一個已錄製好的聲音，準備嵌入之用），充填我（**協助充填**該動物，**抱一抱**它，以便測試填充物的正確份量），縫我（Stitch Me，包括**許願**，然後**把心放進去**），抖鬆我（Fluff Me，孩子們喜歡**幫**玩具熊**梳毛**，然後在浴場中**寵愛**他們的作品），為我命名（Name Me，為玩具熊**取名字**，**領取**一張出生證明），打扮我（Dress Me，**幫**玩具熊**穿上衣服**，以表現個性），最後是帶我回家（Take Me Home，不是把玩具熊放在購物袋裏，而是將這特製的動物**安頓**在一個「隨身攜帶熊熊的家」，那是一個房屋形狀的盒子，折疊起來成為一本著色書──應該說是一個著色屋〔coloring-house〕）。該公司在網路上公布一些有關熊熊屋假期（housecationing）的點子，讓網友可以在熊熊夢之鄉（Build-A-Bearville）**玩**線上遊戲。（譯注：這一段所有的黑體字都是動詞，原文也都是加上 ing 的動名詞，這裏作者要強調的，就是這種活化的〔ing〕思考方式。）

活化一與活化二

你在思考如何活化的過程裏，會發現兩種型態的體驗。第一類包含那些現在進行式的文字，它們隨時存在於你們公司的日常用語之中，大家卻忽略了它們可以提供的體驗。正視這些沉睡中的機會，就可以立即產生強化的體驗。例如，約翰‧迪朱利斯（John DiJulius）顧問就和零售商合作，將平淡的商店**問候語**轉化為令人著迷的相遇。你知道標準的步驟是：店員說：「需要我效勞嗎？」於是顧客只會回答：「我不過到處逛逛。」為了**活化**瓊安手工藝品店（JoAnn Fabrics）

的問候語，迪朱利斯建議店員這麼問：「你正在做什麼作品？」大多數顧客說起自己的手工藝品，總是談得眉飛色舞，所以這種新的問候體驗為店員創造出更多的銷售機會，因為他們可以建議顧客採用哪些可能的材料。幾乎每一家分店都因為重新思考他們的問候語，而大有斬獲。同樣的，一般航空公司的空服員都會用麥克風說明機上安全規則，但是其實幾乎所有的航空公司都可以活化這項具干擾性的重複播放程序。西南航空公司（Southwest Airlines）就允許空服員在這些宣布事項當中，任意揮灑一點幽默感，甚至唱歌。維珍美國航空公司（Virgin America）也不甘示弱，他們在每一個座位前方的娛樂系統螢幕上，以動畫卡通的角色去重播這些程序。

　　有些被忽視的活化文字能夠為重要的改革提供彈藥。專賣麥片粥的餐館 Cereality 看見喝牛奶（milk-drinking）是個好機會，於是發明了一個新的名為「小帆船」（sloop）的餐具。那是一根「可以像吸管一樣吸食的湯匙」，湯匙的凹陷端有一個洞，直通到匙柄末梢。炸雞連鎖店 Chick-fil-A 看見開店時刻（opening）是個被忽視的體驗。這家位於亞特蘭大的速食公司，只要有新店開張，就讓前一百名上門的顧客可以吃一年免費的炸雞。這些人總會在新店開張二十四小時之前，就在店門口露營排隊。在這排隊的過程裏，Chick-fil-A 都會持續不斷地在停車場上舉辦活動和遊戲。執行長丹‧凱西（Dan Cathy）通常會在晚上到場一同狂歡，為大家說一段激勵人心的話，然後在關鍵時刻吹奏小喇叭（他會吹「狂歡」〔Revelry〕做為起床號，店門正式開啟時則吹奏賽馬時的「預備起跑」〔Call to Post〕）。許多顧客會把照片和影片貼到網路上，並把他們的體驗寫在部落格中。

　　在康乃狄克州的辛柏利市（Simsbury），有一家專門改裝廚房和

浴室的馬克布雷狄廚房（Mark Brady Kitchens）公司，該公司的馬克‧布雷狄抓住了**選擇**（selecting）廚具、櫥櫃、裝修配件、油漆、壁紙和其他更新設施的機會，為有興趣的顧客開創了一趟「選購航程」（shopping cruise）。布雷狄預訂一部加長型禮車，陪伴顧客（通常都是夫妻或情侶）到十幾個供應商的廠房參觀，並引導他們參加一個工作坊，那是他為了在各站之間引起討論而準備的。選購航程的做法不只可以節省時間（顧客不需要在繁雜的城市中自行找路去各個銷售點），還是一個絕佳的約會時刻（禮車司機會幫他們開門，奉上點心，而且在旅行終了，布雷狄本人還會開香檳敬他們一杯）。顧客不僅為自己的房子做了必要的選擇，也有機會認識馬克‧布雷狄，看見他是他們的包商，也會覺得比較安心。（布雷狄也表示，選購航程的750美元費用會包含在他提議的工程費用當中。）

因此，問問自己，在你的企業裏，哪一個**活化**的字最受忽視？一旦你找出這個機會，就要努力為你的顧客創造出迷人的體驗。

但是還要更進一步。第二種活化文字包含了新創的字——例如**賞海鸚**（puffin birding）、**越野高爾夫球**、**無板滑雪**與**熊熊屋假期**——這些都可以用來形容一些前所未有的體驗。（當然，任何新奇而因此陌生的**活化**文字及其相關的體驗，一旦普及，變得為人所熟知，就會成為「既成」的體驗，想想高空彈跳〔bungee-jumping〕，這曾經是一種外來的概念，但是現在幾乎是全世界所有的休閒城市必備的活動。）這個方法的重點在於創造新的**活化**文字，並藉此開發新的體驗。當一個真正優良的新產品成為道具，或某種服務為一項新的體驗安排好了舞台，新的**活化**文字自然會出現。想想蘋果的iPod（產品）與iTunes（服務）使得一些體驗有機會興起，如我們大多數人都已經知之甚詳

的網路傳播（podcasting），以及還不太熟悉的**網路攔截**（podjacking）
——指的是兩人交換iPods，以便抓出對方的播放清單。（請注意：用
來撰寫本章的軟體中的拼字功能已經能辨識Podcasting，卻不認識
podjacking。）

　　雖然兩種心態模型的目標一致——都是體驗的創新——人們卻比
較容易想像新的體驗是來自於新的文字。例如，英商TopGolf在各大
洲經營高爾夫球運動設施，他們並不只是改善練習場（通常的設計是
讓人們在前往高爾夫球場打十八洞之前，可以做些事前的練習）。
TopGolf提供一種自成體系的高爾夫球體驗。每一個高爾夫球和落點
區都有微晶片植入，它們可以偵測到哪一個人把球打到什麼地方，為
每一桶球計分，每一回合的得分都會公布在電腦螢幕上——有點像是
每一個人的排行榜，可以追蹤每一個時刻的**最佳球員**。或是想想**空氣
滾球遊戲**（zorbing）。紐西蘭的Zorb公司把人裝在直徑三公尺的透明
塑膠球裏——它們事實上是球中有球——這些球的名字就是zorbs，
然後將它們滾下山丘！

　　芝加哥提供另兩個創造新體驗場景的例子，這兩個例子還沒有既
有的活化文字足以形容。讓我們暫且稱之為「奔牛」（cow-parading）
和「搖頭公仔」（bobble-buzzing）。大北密西根州成長協會（The
Greater North Michigan Growth Association）在1990年代中期主辦過
「奔牛節」（Cows on Parade），他們委託本地的藝術家，為三百頭從
瑞士進口的古銅色母牛裝飾彩繪，完成之後，將這些藝術作品散放在
城內各處，以促進觀光。這項活動非常成功，於是接下來有數不清的
城市群起效尤，他們使用的物品無奇不有，從吉他（克里夫蘭市）到
飛豬（辛辛那提市）到史努比（Peanuts）中的角色（明尼蘇達州的聖

保羅市）到巨大的樹脂鴨（奧勒岡州的尤金市〔Eugene〕，那是奧勒岡大學的鴨子球隊〔University of Oregon Ducks〕的家鄉）。

　　另一個芝加哥體驗是一項B2B的行銷體驗。嗯，事實上，比較好的說法應該是它是一種A2A（Association to Association）的體驗，那是由芝加哥地區協會論壇（Association Forum of Chicagoland）所主持的活動，該論壇是一個專業團體，由其他大芝加哥地區的協會理事長及經理人所組成。他們一直都在努力設法網羅目前已知的協會，使他們成為新會員，多年之後，他們想到一個新的活化方法。他們不再採取直接寄信招募的方式，因為在成千上萬的對象之中，決定加入的人總是寥寥可數。他們改成寄出該協會理事長及義務主席的搖頭公仔（由whoopassenterprises.com客製），而且只寄到最積極參與的三十個會員手上。每一個搖頭公仔都是用「關懷與滋養」的套件包裝起來，裏頭包含這些角色在芝加哥各個地標拍照製成的明信片（以便寄給其他協會的朋友），以及一份說明書，說明如何在會員的辦公室裏，向訪客展示這些搖頭公仔，還有，最重要的，入會申請書。寄出搖頭公仔的結果，有三百多個新會員加入芝加哥地區協會論壇，這代表了十倍的回收率，相對的，先前的郵寄回收率只有1%。

　　因此，問問你自己，有什麼新的活化文字可以做為創造一項全新體驗的基礎？一旦你能說出這個字，就進一步去探索，哪些要素有助於將這個新的詞彙轉化成一項收穫豐碩的體驗實境。

經濟價值遞進

　　麗貝卡‧派恩（Rebecca Pine）在給她父親的生日卡上寫道：「生

命中最美妙的事物並非實質的物品。」讓我們想一想每個人成長過程中一件普通的事情：慶生會。大多數人都會記得他們兒童時代的慶生會。那時候，媽媽總是樂於親手烤製生日蛋糕。這到底意味著什麼呢？意味著她必須親手處理材料，比如牛油、糖、雞蛋、麵粉、牛奶和可可。那時這些材料要多少錢？1毛、2毛或3毛吧。

當擁有貝蒂科洛克（Betty Crocker）品牌的通用食品公司（General Mills）和擁有鄧肯海恩斯（Duncan Hines）品牌的寶鹼公司（Procter & Gamble; P&G）這樣的企業幾乎壟斷了蛋糕添加劑、罐裝糖霜這些原料的生產的時候，商品與消費者的需要之間變得越來越不相關了。在1960和70年代，當這些商品迅速充斥貨架的時候，它們賣多少錢呢？並不貴，可能就是1～2美元，但畢竟要比那些麵粉、糖等初級原料貴一些。由於味道好、容易保存、調配方便、省時這些優點，產品價值增加，價格也隨之升高。

到了1980年代，許多父母完全不再親手烤製蛋糕，而只是打電話給超市或當地的麵包店訂一盒蛋糕，他們指定蛋糕的具體式樣規格以及糖霜的種類和顏色、取蛋糕的時間、蛋糕上的圖案和文字。這種客製服務要花費10～20美元，相當於使用不到一美元的原料在家自製蛋糕的十倍費用，而許多父母卻認為訂蛋糕很划算，因為這樣他們可以集中心力於籌辦慶生會。

二十一世紀初的家庭會怎樣做呢？他們會把整個聚會交給察克乳酪公司（Chuck E. Cheese's）、Jeepers!、戴夫與巴斯特（Dave & Buster's）或是數不清的其他本地的「家庭娛樂中心」，或是這裏一個遊戲區，那裏一個遊樂園。這些公司會為他們籌畫一種對生日氛圍的體驗，而這要花上100～250美元，或更多，如圖1-4所示。為了伊麗

圖1-4　慶生會的價格

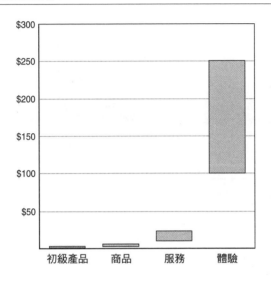

莎白‧派恩（Elizabeth Pine）的七歲生日，派恩家來到一座名為新龐德農場（New Pond Farm）的舊式農場。在那裏，伊麗莎白和她的十四個朋友一起體驗了舊式的農家生活。他們用水洗刷牛的身體、放羊、餵雞，自己製造蘋果酒，還要背著乾柴爬過小山，穿過樹林。❸⁵大家在伊麗莎白打開禮物之後相繼離去，等到最後一個客人走後，伊麗莎白的母親茱莉付給公司一張支票。當父親問起花費時，茱莉回答：「不包括蛋糕，只花了146美元。」

　　如圖1-5所示，這個慶生會的例子說明了經濟價值遞進（Progression of Economic Value）。❸⁶每一階段的銷售方式——純粹的原材料（初級產品）、半成品（商品）、做好的蛋糕（服務）和舉行慶生會（體驗），都大大提升了它的價值，因為消費者越來越發現這更接近他們真正想要的（在這個例子中，是指消費者希望有一個愉快、不費力的

圖1-5　經濟價值遞進

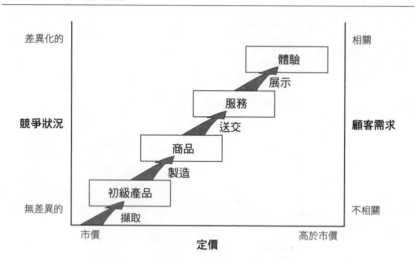

慶生會）。由於各公司籌畫了形形色色不同的生活體驗，它們就更容易強調自己的獨創性，而不必按通常的競爭所形成的市場價格定價，而是基於它們所提供的獨特價值收取更高的費用。如果僅僅出售產品而不是提供生活體驗，那些自己烘焙蛋糕的母親只會付你幾毛錢的材料費，而舊式農場卻能以相對低的邊際成本（低價勞動力、低價飼料和一兩個小時的農場折舊費用）而獲得更高的利潤。❸

　　快樂公司（The Pleasant Company）目前是美泰兒（Mattel）的分公司，該公司的例子可以用來說明如何以經濟價值遞進的方式提升營業額與利潤。這家公司在1980年代由曾經當過學校教師的快樂‧羅蘭（Pleasant Rowland）所創立，主要製造各式各樣美國女孩（American Girl）的洋娃娃。每一個洋娃娃都代表美國歷史上的一個時代，還附帶若干那個年代的小說。女孩子擁有了這些娃娃，讀過那些書，就可以學習美國歷史，而該公司透過產品目錄與網路向她們的父母推銷這

些洋娃娃。1998年11月，該公司在芝加哥的密西根大道開了第一家美國女孩洋娃娃專賣店，那是一場巧妙安排的盛會，十足的令人心動（有一間洋娃娃美容院，一個攝影棚，一家簡單命名為「小館」〔Café〕的餐廳，每一具洋娃娃的展示櫥窗，還有許多個小小的角落，可以躲在那裏看書或把玩洋娃娃），有員工的表演（來到門房報到，若有需要修補的洋娃娃就要去醫院看醫生，而且動輒如此），還有數不清的特別活動（主題宴會，「深夜」下班後的行程，當然還有慶生會）。你很難說美國女孩是一家零售店，因為它其實是個體驗的舞台。當然，你可以買到洋娃娃、書、家具、衣物，還有數不清的玩意兒——甚至有和洋娃娃相同款式的童裝。但是相較於整體的體驗，這些商品顯然是次要的，顧客在此停留的時間，平均（是平均喔！）超過四個小時。

我們來算一算。一個家庭也許到美國女孩專賣店，花20美元拍照——包括事前的化妝——之後刊登在特製的《美國女孩》雜誌封面（雜誌必須額外訂購，每一年六期非特製的雜誌，每本單價19.95美元），再到美容院花20美元讓洋娃娃恢復本來面貌，然後到餐廳去享用各有定價的餐點，包括小費，早午餐、午餐、下午茶與晚餐的價格在17～26美元之間。假使他們開慶生會（一人32美元，或是豪華型一人50～65美元），或是晚會（一個女孩200～240美元），一個家庭可以輕易花上數百美元——而且還一樣實品都沒買！當然，花了那麼多的時間和金錢購買體驗，自然會要求美國女孩能讓此行更有紀念價值。

這家公司還將它的體驗組合擴充到紐約市（在麥迪遜大道〔Madison Avenue〕上）和洛杉磯（在葛洛芙〔The Grove〕購物中心

裏），還有新的（小型店）位於亞特蘭大、波士頓、達拉斯、丹佛和
美國購物中心（Mall of America）的美國女孩精品店與小酒館
（American Girl Boutique & Bistros）。銷售量一飛沖天，不僅僅因為這
些店面的活動創造出營業額，還有人們在家進行的郵購和網購。毫無
疑問，這些網購和郵購的生意讓該公司更加緊腳步去創造家戶之外的
體驗，以點燃需求，因為在今日的體驗經濟當中，體驗就是行銷。

開始行動吧

其他的兒童體驗，如小小健身房（The Little Gym）和兒童職場體
驗館（KidZania）也都已經遍及世界各地。兒童育樂營是很大的生
意，各種運動聯盟的相關「旅行團隊」業務量也很可觀，它們通常是
在持續不斷的運動課程與私人教練之外的附帶費用。還有成人的烹飪
學校，幻想營，健康水療，以及其他的種種享樂體驗。

獨特的體驗不斷出現：在科羅拉多州的汽艇泉鎮（Steamboat
Springs），有一個名為開挖（Dig This）的主題樂園，它以B2C的方
式提供相當於使用凱斯戰斧公司（Case Tomahawk）機具的挖掘體
驗；它的一項產品「挖掘與剝落」（Excavate & Exfoliate）結合了建築
機具的操控與隨後的水療。

全新的旅遊主題應運而生；見識電影拍攝之旅（witness film
tourism）、烹調之旅、醫學之旅、災難之旅、氣候變化之旅，甚至還
有「博士之旅」（費城的背景旅遊〔Context Travel〕公司指派博士專
家和觀光客一起到不同的歐洲城市旅行）。機場也成為體驗性的觀光
區，其中最顯著的就是阿姆斯特丹史基浦機場（Amsterdam Airport

Schiphol）。他們做為中途的轉運站，可以到達奇異的新景點與目的地，例如杜拜滑雪場（Ski Dubai）、冰旅館（Icehotel），以及位於巴哈馬與杜拜的亞特蘭提斯城（Atlantis）——更特別的還有內華達州黑岩沙漠（Black Rock Desert）的燒人節（Burning Man festival）。在荷蘭國內，購物中心已經成為「生活風格中心」（lifestyle center）。小咖啡館林立，從星巴克、馴鹿咖啡（Caribou）到國際荷蘭集團咖啡館（International Netherlands Group's ING Direct Cafes）。健身中心透過各式各樣的體驗而有所不同，從主題式的Crunch健身中心，到實質本位的Curves女性健身房，到大型的一生健身館（Lifetime Fitness）。伊恩施拉格公司（Ian Schrager Company）將全世界帶到「精品」（boutique）飯店，不久之後，金普頓連鎖酒店（Kimpton Hotels）、生之喜悅系列飯店（Joie deVivre Hospitality）、喜達屋集團的W酒店（Starwood's W）也急起直追，還有數不清的獨立飯店，最具代表性的是設計旅店（Design Hotels，總部位於柏林）。藍人組（Blue Man Group）和太陽劇團（Cirque du Soleil）為這世界帶來真正令人耳目一新的劇場體驗。博物館的體驗也被人們改頭換面；走一趟華府的國際間諜博物館（International Spy Museum），或是密爾瓦基市（Milwaukee）的哈雷博物館（Harley-Davidson Museum），以及伊利諾州春田市（Springfield）的林肯總統圖書博物館（Abraham Lincoln Presidential Library and Museum），每一次都是一場全新的相遇。網際網路也提供新的線上體驗，從americasarmy.com出品的「美國軍隊」（America's Army）遊戲，到林登實驗室（Linden Research）的「第二人生」（Second Life），以及暴雪娛樂（Blizzard Entertainment）的「魔獸世界」（World of Warcraft）。就連走到人生終了，都可以來一場新的體驗；在費城外圍

的吉尼希葬儀社（Givnish Funeral Homes）讓全美各地的殯葬業者都有歡慶一生（Life Celebration）的能力。很難找到尚未轉進體驗的產業。

　　當然，沒有人能否定供需法則。企業如果不能提供持續的體驗產品，體驗的定價過高（相對於消費者得到的價值），或是盲目擴大自己無法負擔的專案，當然會面臨降價的壓力。例如，對慶生會的體驗服務很在行的「發現地帶」（Discovery Zone）公司，因為策畫活動不成功，遊戲主持得不好，以及缺乏對家長體驗的考慮（畢竟家長才是付錢的人），曾經在困境中掙扎了好些年。❸好萊塢星球餐廳（Planet Hollywood）更也因為無法發展新的體驗業務，而必須大幅刪減分店的數量。他們的問題和大多數主題餐廳一樣，都出在不斷重複其體驗服務。就連迪士尼樂園也遭遇到同樣的問題，它的未來樂園在過去幾十年間變得明顯過時了；而且該公司必須投資數十億美元，將加州冒險樂園（California Adventure Park）重新開張，因為迪士尼的愛好者起初對它的反應十分冷淡。

　　當體驗經濟在進入二十一世紀之際逐步顯露出來之際，更多的體驗經濟業者會發現，在這一行簡直困難得無法生存。例如，在1990年代設立的主題餐廳中，唯有最出類拔萃的才能有幸看見新千禧年的到來。但這樣的混亂狀態在任何經濟變換中都會發生。以前，在密西根州東部有超過一百家的汽車公司在競爭，在密西根州西部有超過四十家的穀類食品生產公司，但現在生存下來的，僅有底特律的三大汽車公司和在巴特克里克（Battle Creek）的家樂氏（Kellogg Company）這些工業經濟中的強者。

　　在富有想像力的公司出現並推動經濟發展之後，工業經濟與服務

經濟獲得了前所未有的進展。許多公司紛紛倒閉，驗證了經濟學家熊彼得（Joseph Schumpeter）所提出的，包含商業創新要素的「創造性毀滅的颶風」（gales of creative destruction）的力量，這也正是體驗經濟的成長道路。那些放任其產品與服務報酬遞減的公司，將被證明為過時的。為了避免這樣的命運，你必須學會提供一種豐富的、具有壓倒性力量的體驗。

第 2 幕

設定舞台
Setting the Stage

展示體驗不僅是要娛樂顧客,還要使他們參與其中。任何具有說服力的體驗,其甜美之處,是將娛樂、教育、逃避現實、審美這四大領域融入日常的空間,這像是一個產生記憶的地方,一個有助於創造記憶的工具。

在八月一個炎熱的夜晚，漫步街頭的你來到位於伊利諾州艾凡斯頓（Evanston）的戴姆普斯特（Dempster）和伊爾姆伍德（Elmwood）大街的拐角。你注意到一家叫做「區域網路競技場」（LAN Arena）的店，一面猜想它是做什麼的，一面走了進去。一個穿著T恤的新人類看到了你，他的徽章上寫著「法蘭西斯科指揮官」，一些表示歡迎的話從高高的講台上傳過來。你朝那個方向點點頭，他請求向你解釋這個奇特的環境，但你婉謝了，自顧自地朝裏面走。

牆上光禿禿的什麼也沒有，地板也沒什麼光澤。一種夏日雨後淡淡的水泥地的氣味鑽進你的鼻孔，一些不太清晰的聲音從某個地方傳來，你很快注意到這地方的核心。在指揮官的講台前面，擺著十四部電腦，它們都有很大的顯示器、標準鍵盤和排列整齊的周邊設備。有一半的電腦被顯然操作迅速、反應敏捷的人占據了——這就是指揮官所控制的領地。你現在知道自從你開門進來便一直感覺到的雜音是什麼了：滑鼠的點擊聲、鍵盤的敲打聲混合著搖桿的聲音。有六個傢伙聚精會神地盯著他們的螢幕，其中一個喊道：「滾開，你這油頭粉面的豬腦！」你反射性地跳到一根柱子後面，卻馬上發現你錯了，這句話並不是衝著你來的，他正在和某個角落裏油光毛髮的人在進行戰鬥。這時另外一個人咕噥著：「誰在那兒？小心！你還沒有安全！」第三個聲音有點下流，不斷重複著某個詞。

你走過去，希望能瞧一瞧這些人以及他們控制的機器，你發現每一部電腦上都貼著名字：托比、費吉利、戈雷普、阿普，下面的你也能猜出幾分：拉里、莫、克利。那聲尖叫來自伊斯特伍德，那個咕噥

著的人所操縱的機器叫做巴達。你回頭瞄了一眼法蘭西斯科指揮官，第一次注意到在他身後的一個架子，上面整排的軟體盒子，更多的名字映入你的眼簾：暗黑破壞神（Diablo）、紅色警戒（Red Alert）、魔獸爭霸 II（Warcraft II）、終極動員令（Command & Conquer）。哦，原來他們正在玩電腦連線對戰的遊戲。「它叫作雷神之錘（Quake），」一直對你察顏觀色並猜想你可能對此感興趣的指揮官說：「它是一種搶旗子的電子遊戲。」

你終於明白這地方的魅力，並獲得觀看這些玩家玩遊戲的權利。三對三，實際上這些對手彼此相距不到二十公尺，他們透過區域網路在一個虛擬的空間裏戰鬥。每個人臉上都極度興奮，人機一體。最後，歡呼聲再次響起，這是勝利者消滅了他的最後一個對手。然而，失敗者很是失望，希望能重開一局。猶豫、焦慮、渴望，你告訴指揮官很想加入他們的戰鬥。於是，你坐在電腦前開始親自體驗這個遊戲。

以上是用第二人稱記述了某種電腦遊戲，它或多或少道出我們第一次親身體驗區域網路遊戲時的感受。這是一種新的空間，在1990年代後期遍布於各個城市。在這裏，人們付費後就可以透過電腦遊戲和有相同目的的對手競爭。指揮官法蘭西斯科‧拉米雷斯是我們的主角，也是三位老闆中的一個。他解釋說，價格是每小時5～6美元，常客還可以選擇從25～100美元不等的年費制價格，這樣可以享受一定的折扣，能在區域網路內保留一個目錄，同時能參加經常舉行的聯賽。

儘管區域網路競技場顯然很受歡迎，但我們不禁覺得這些區域網

路只是在走15至20年前風行的傳統錄影帶出租店的老路。當年那些由老闆自營的地方小店，現在被認為是歷史上很奇特的事——一個過渡性的解決方案。錄影帶出租店的衰敗，歸因於其他經營方式的創造性毀滅，和某些大公司不斷推出新的銷售佈局規畫。姑且不談行業合併的影響，在這個極度競爭的行業中，單單是百視達（Blockbuster Video）富有特色的連鎖經營，就囊括了一大塊市場。之後，當然，百視達面對了來自Netflix影音服務公司這個更新的對手的競爭，後者的計價方式是以時間來算的，以月費取代一支一支電影計費的方式（還要加上可觀的延滯費用）。

同樣的，區域網路競技場到頭來也只是一種過渡方案，透過安排玩家坐在同一場所的模式，讓過去在家裏玩遊戲的方式，轉變為今日的線上連線遊戲。區域網路競技場提供了一個即時的遊戲環境，也減少了在家裏玩同樣遊戲的花費和麻煩，只不過今天更快速的硬體設施價格又大幅降低，免費的寬頻服務更多。因此時至今日，快速的線上遊戲已經很普遍，眾多的玩家可以在線上同時參與同一個雷神之錘的遊戲，或是其他無數的線上遊戲。的確，激烈競爭的遊戲體驗將漸漸失去邊界。❶

有趣的是，直接的、連線的、從家裏開始的方式，主宰了遊戲體驗的前景。「區域網趴」（LAN party）在世界各地的城市裏普遍存在，成為「彈出式」的活動。社會性的互動，遊戲之外的真實遊戲，這些對於軟體遊戲的重要性，就跟我們過去的桌上型娛樂一樣。科技權威人士預測，真實的音頻、視頻和觸覺技術將會不斷進步，幾年之後，我們將能體驗到所有的互動——歡呼和憤怒，奚落和嘲弄，甚至是推擠的感覺——一切就像真的一樣。顯然如果沒有人與人相伴的真

實社會體驗，那麼任何網路遊戲都不是完美的。❷

　　同時，以實質聚集的方式，為這些區域網路盛會設定舞台，這件事情本身已經是一項大規模的生產活動。艾凡斯頓的區域網路競技場開張時，大約在同一個時期，雷神之錘的開發公司 id Software，又推出了雷神之錘遊戲嘉年華（QuakeCon）。這個一年一度的盛會已經進行了十五年，它的特色包括一項雷神之錘高手盃大賽（QUAKE LIVE Masters Championship，冠軍可得美金五萬元），一場四對四的「搶旗」（Capture the Flag）比賽，以及專為技術普通的玩家舉辦的開放式競賽——全部在一個可以容納250人的密閉競技場裏舉行，其他的人則是透過線上視訊的方式欣賞。比賽終了，會由「大聲公」來報導整場活動，最後更以一場三千人的大型區域網趴做為高潮。

　　未來是否可能出現視覺與肢體行動混合的遊戲仍未可知，而且還可能會有新的社交介面來掩飾兩者之間的相互影響。無論如何，顯然並不是所有提供新體驗的公司在短期內都能成功；長期來說成功者將會多一些。只有一小部分能殺出重圍，但我們並不知道會是哪些。它們之所以能夠生存下來，是因為它們強調的是提供豐富的體驗——而不是什麼很厲害的商品或服務——它們使消費者對參與的事件留下深刻的記憶。這就意味著它們將不再犯常見的錯誤：把「體驗」和「娛樂」畫上等號。

使體驗更豐富

　　因為有這麼多的例子表明，體驗是來自大眾傳媒經常掛在嘴上的娛樂產業，所以很容易推論，要將經濟價值升級到展示體驗，只需要

在現有的商品和服務中增加一些娛樂成分就可以。這只是一個大體上的理解。記住：展示體驗不僅是要娛樂顧客，還要使他們參與其中。

　　某種體驗可能從很多方面吸引客人，如圖2-1，我們來考慮其中最重要的兩個面向。第一個面向（橫軸）表示客人的參與程度。這個軸的一端代表消極的（passive）參與者，它意味著消費者並不直接影響表演，這樣的參與者包括交響樂的聽眾，他經歷這件事的方式純粹是做為觀眾或聽眾。軸的另一端代表積極的（active）參與者，這類消費者能影響事件進而影響產出的體驗。這樣的參與者包括滑雪的人，他們積極參與而創造了他們自己的體驗。甚至那些觀看滑雪比賽的人也不是完全消極的參與者，因為他們的存在，就對其他人的視覺和聽覺經驗產生影響。

　　另一面向（縱軸）描述了聯繫的方式，或者說是環境上的相關性，它使消費者和事件成為一個整體。在軸的一端表示吸收

圖2-1　體驗的境界

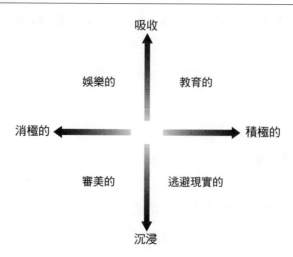

（absorption），即透過讓人了解體驗的方式來吸引人的注意力；而在軸的另一端是沉浸（immersion），表示消費者變成肉體（或具體）體驗的一部分。換句話說，如果體驗「進入」客體，比如說是看電視，他是正在吸收體驗；另一方面，如果是客體「進入」體驗，比如說玩虛擬實境的遊戲，那麼他就是沉浸在體驗中。

　　站在很遠的地方觀看肯塔基德比賽馬（Kentucky Derby）的人，僅僅是吸收這場比賽的資訊。然而，一旦人們站在賽馬場旁，眼前的景象、比賽的聲音、氣勢，就會使他們和周圍的狂熱者一樣，全身全心地投入這場比賽。學生們在實驗室做物理實驗要比聽課時更加投入，在戲院裏看電影，因為有很好的視聽效果，也會比在客廳裏看電視更能沉浸於體驗。

　　這些面向將體驗分成四個領域：娛樂、教育、逃避現實和審美（如圖2-1），它們互相兼容，形成獨特的個人情境。大多數人在他們視為是娛樂的體驗中，只不過是被動地透過感覺吸收體驗，比如：觀看演出、聽音樂和閱讀輕鬆讀物等。然而，儘管很多體驗能帶給人們娛樂，嚴格來說它們不能算是娛樂，按照《牛津英文字典》（*Oxford English Dictionary*）的定義，娛樂是「使人愉快並吸引人的注意力的行為；消遣」。❸娛樂不僅是一種最古老的體驗型態（「笑話」自從人類出現的同時就出現了），而且也是發展最完善的，而到今天成為最普通的、最親切的體驗。（亞當·斯密提到的「非生產性勞動者」都是娛樂提供者，包括「運動員、小丑、音樂家、歌唱家、舞蹈家等」）當體驗經濟加速的時候，人們將會看到比以往更新、更多的體驗，同時，幾乎沒有哪種體驗會完全排除使人們開心大笑的瞬間娛樂。但對於步入體驗經濟的企業來說還存在另一個機會，那就是將娛樂加進其

他三種體驗的混合物中，它們是：教育的體驗、逃避現實的體驗和審美的體驗。

教育的體驗

和娛樂體驗一樣，在教育的體驗中，客體（或者說是學生）正在吸收對他來說並不是很清楚的事件。然而，和娛樂體驗不一樣的是，教育需要客體更多的積極參與。要確實擴展一個人的視野、增加他的知識，教育必須積極使用大腦（智育）或身體（體育）。就像史坦·戴維斯（Stan Davis）和吉姆·波德金（Jim Botkin）在《企業推手》（*The Monster Under the Bed*）這本書裏所說的：「用工業化的方式辦教育……〔使得〕教師成為演員，而學生成為消極的接受者。相反地，一種新出現的〔商業領導的〕教育模式，透過使學生成為積極的參與者而開啟市場的前景。焦點從提供者轉移到使用者，從教育者（老師）轉移到學習者（學生），教育行為將逐漸著眼於積極的學習者，而不是老師（管理者）。在新的學習市場中，消費者、員工和學生都是積極的學習者，更準確地說，是互動的學習者。」❹

曾任賓州大學校長的茱迪絲·羅丁（Judith Rodin）也承認，積極參與是教育重要的一環，她還認為學習不能只是局限在課堂裏。她在1994年的就職演說中提到：「我們將設計一個全新的賓州大學研究生教育模式，它不僅牽涉到課程設置，還包括新型的住房、學生設施和導師制，期望在教室和宿舍之間、運動場和實驗室之間，創造出一個無縫的體驗。我將努力讓這一切在1997年秋季學生入學時付諸實現。最後，2001年那一屆的學生將成為完整享受這一體驗—— 21世紀的賓州大學教育——的第一屆學生。」❺羅丁在2005年離開賓州大

學，開始主持洛克斐勒基金會（Rockefeller Foundation），她在去職之前，為她的計畫寫了一份報告，說明她如何讓學生在校園生活裏有更豐盈的收穫，以成功地強化教育的價值。

教育是一件嚴肅的事，但是並不代表教育的體驗不能是一件快樂的事。**教育娛樂**（edutainment）一詞，代表的是一種橫跨教育和娛樂兩方面的體驗。❻「826全國」（826 National）是一個非營利的教育組織，在它組織內的每一個寫作與家教中心，都是寓教於樂的。第一個826在2002年創立於舊金山，名為「826瓦倫希亞」（譯注：826 Valencia，即該組織位於舊金山的門牌號碼與街名），此後每一個中心的特色，都包括一個獨一無二且帶有主題性的前門，做為一個通往歡樂的通道口，孩子們（年齡在六歲到十八歲之間）可以經過這個門口，前往一對一的家教，寫作工作坊，或其他教育活動。每一道門都可以通往一個功能完善的零售店，銷售與該店主題相關的商品（其收益則是用來做為最主要的學習課程的經費）。在原始的826瓦倫希亞，只是販售海盜商品。其後的商店則提供較豐富的教育娛樂：826紐約市開了一家布魯克林超級英雄商品公司（Brooklyn Superhero Supply Co.，「販售高品質的打擊犯罪商品」）；826洛杉磯開的是「回聲公園時光旅行市場」（Echo Park Time Travel Mart）；826密西根州安阿伯市的商店販售「自由街機器人商品與維修」（Liberty Street Robot Supply & Repair）；826芝加哥開的店是「百無聊賴商店」（The Boring Store）；826西雅圖有一家「綠樹太空旅遊商品公司」（Greenwood Space Travel Supply Company）；826波士頓開的是「大腳研究中心」（Bigfoot Research Institute）；826華府則是「非自然歷史博物館」（Museum of Unnatural History）。強調創意與說明性的寫作，以積極的

方法造就成功的家教（許多地點還會把學生的作品以線裝書的型態出版），學生每一次上課都是趣味橫生，因此向來帶給人可怕印象的家教，變成了學生期盼的學習體驗。

逃避現實的體驗

　　值得記憶的第三種體驗——逃避現實的體驗——它們要比娛樂和教育的體驗更令人沉迷。事實上，逃避現實的體驗與純娛樂體驗完全相反，逃避者完全沉溺在其中，同時也是更積極的參與者。❼典型的逃離現實的體驗所要求的環境通常包括人工的活動——在主題公園裏漫遊，到賭場裏賭博，玩電腦裏的遊戲，線上聊天，或甚至在森林裏玩彩球遊戲——當然還有比較天然的，像是在彼得・古特曼的書《極致探險》（Adventures to Imagine）裏寫的「震撼性逃避」（thrilling escapes）。和終日懶散在家的人所扮演的消極角色不同，逃避者是參與其中的演員，會影響到現實的事件。

　　例如，想提高一部電影內在的娛樂價值，不但可以藉由擴大銀幕，調高聲音，使座椅更舒適，使包廂更豪華等手段，還可以設法讓觀眾切身參與這個令人興奮的活動。現在無數的公司透過電影，將這種體驗引入人們的生活。❽早期這類型的傑作包括：「太空漫遊」（Tour of the Universe），描寫一個來自多倫多SimEx的飛行團隊飛過外太空的故事；「神奇邊界」（Magic Edge），展示在加州山景城和日本東京的模擬多人空戰；迪士尼的「星球之旅」（Star Tours），根據電影《星際大戰》（Star Wars）改編，模擬了銀河系中的英雄爭霸戰。

　　這些逃離現實的體驗，主要是模擬一些科幻、冒險電影的情境。更多的例子包括奧蘭多環球影城（Universal Studios）提供的「回到未

來：旅程」（Back to the Future: The Ride）和「魔鬼終結者2：穿越時空之戰」（Terminator 2: Battle Across Time），迪士尼世界的「阿拉丁的魔毯」（Aladdin's Magic Carpet）。這些影片適切表達了從服務經濟向體驗經濟的轉移。過去的廣告是：「你已經讀過書，現在來看這部電影！」今天廣告的內容變為：「你已經看過電影，現在去體驗這個過程！」❾

　　儘管我們稱之為逃避體驗，但參加逃避體驗的人也願意到特別的地方旅行，花時間參加值得參與的活動。例如，一些度假的人已經不再滿足於曬太陽，他們更希望玩直排輪、滑雪、空中衝浪、快艇駕駛、登山、體育賽車或其他類似的極限運動。❿其他一些人則願意在傳統的賭博中一試身手（光是在美國每年就超過5,000億美元），他們這樣做不僅是要忘掉煩惱，也是為了體驗「用自己的錢為更好的生活賭一把」的感覺。另外也有人想拋開既有的財富去體驗普通人的生活。例如，前達拉斯牛仔隊（Dallas Cowboys，職業美式足球隊）的四分衛，即目前擔任電視評論員的特洛伊・艾克曼（Troy Aikman）曾經對《運動畫刊》（*Sports Illustrated*）解釋他為什麼經常上美國線上時說：「我喜歡去『德克薩斯房間』（Texas Room）與人聊天，它給我一種平等的感覺，和一個不認識我的人進行一次平等的對話，感覺真好。」⓫就像名人可以得到普通人的體驗一樣，許多逃避現實的感覺，例如電腦的運動遊戲，則能讓普通人體驗到當超級明星的感覺。

　　網際網路的空間的確變成了一個獲得這類體驗的好地方，但是許多商務人士並沒有注意到這一點。他們一頭栽進商業的漩渦，只是想透過網際網路銷售公司的商品，而事實上大多數人上網是為了體驗感

覺。令人驚奇的是，微軟互動媒體集團（Microsoft's Interactive Media Group）副總裁皮特‧希金斯（Pete Higgins）這麼告訴《商業週刊》：「現在網際網路還不是一個可以完全任意妄為的娛樂場所。」[12]但是又有誰要它變成那樣呢？網際網路生來就是一個互動式媒體，而不像電視那樣消極，它為許多人提供一個社會體驗的場所。「互動式娛樂」是一種矛盾修飾法，人們發現上網的價值來自積極的聯繫、交談和形成社群。

就像維爾公司（The Well）過去的「傳統」裝備，Prodigy、CompuServe和美國線上（它常被錯以為是網路服務提供商）為大眾帶來了網路空間。美國線上起初贏得這場客戶爭奪戰的主要原因是，它明白公眾需要的是一種互動體驗；在這裏，公眾能積極參與網路環境的成長。當Prodigy限制客戶的電子郵件總量，CompuServe將客戶的ID限定為一串不相關的數字時，美國線上卻允許它的客戶取五個名字（讓他們在網上可以扮演各種角色）[13]，並積極鼓勵使用各種與他人聯繫的方式：電子郵件、聊天室、即時訊息、個人檔案，以及能夠讓使用者知道他的朋友是否上線的好友名單。即使在1996年末美國線上推出降價計畫之前，在它每個月四千萬的連線小時中，還是有25%以上是花在聊天室。[14]後來美國線上已經無法和接踵而至的社群媒體相抗衡——MySpace、臉書、推特——遑論還有許多其他如雨後春筍般冒出來的應用程式平台（app），透過智慧型手機提供其他的逃避體驗。

對許多人來說，網路空間是個世外桃源，它為人們提供了一個逃避單調、忙碌生活的場所。對許多其他人來說，我們認為數位生活已經變成了新的逃離現實的方式，藉以躲進一個替代的、抽離現實的存

在。❶但是我們並不清楚，在家庭和工作之外，無所不在的網路是否能夠取代人們和外界接觸的需要，借用社會學家雷·奧爾登博格（Ray Oldenburg）的話，這個家庭和工作以外的地方被稱為「第三地」（third place），在這裏人們能和同社群的人進行交流。❶這些地方——酒吧、酒館、小餐廳、咖啡店之類的場所——以前幾乎每個城市每個街角都有，但是郊區的人卻因為太遠而無法企及。現在有人在網上找尋這樣的社群，有人則用閒暇時間到主題景點與大量的人交流。❶還有人去星巴克（Starbucks）或其他咖啡店這類的中間地帶。

審美的體驗

我們要探討的第四種（也是最後一種）體驗是審美的體驗。在這樣的體驗中，人們沉浸於某一事物或環境之中，而他們自己對該事物或環境產生的影響很小或根本沒有影響，因此環境（不是他們自己）基本上未被改變。審美的體驗包括站在大峽谷（Grand Canyon）邊極目遠眺，參觀畫廊或博物館中的作品，坐在舊世界威尼斯（Old World Venice）的弗羅里安咖啡館（Cafe Florian）中。如前所述，坐在肯塔基德比賽馬場的大看台上也有同樣的效果。客人參與富有教育意義的體驗是想**學習**，參與逃避體驗是想去**做**，參與娛樂體驗是想**感覺**，而參與審美體驗的人就只是想**到達現場**。❶例如，在雨林咖啡廳中，用餐者發現自己身旁是濃密的植物，裊裊而升的薄霧，急瀉而下的瀑布，甚至令人震驚的閃電和雷鳴。他們面對的是活生生的熱帶鳥、熱帶魚以及人造蝴蝶、蜘蛛和大猩猩，假如你近而觀之，會發現一條伺機而動的小鱷魚。❶要注意，雨林咖啡廳把餐廳和零售店的功能合而為一，並標榜為「購物與用餐的荒野之地」，它不是**模仿**置身於熱帶

雨林中的真實體驗，而是展示一種生動與審美感受兼具的體驗。

在明尼蘇達州的奧瓦托那（Owatonna），還有一個荒野購物中心：占地十五萬平方英呎的卡貝拉（Cabela），供應獵具、漁具和其他戶外用具。店主迪克・卡貝拉（Dick Cabela）和吉姆・卡貝拉（Jim Cabela）並沒有對該商店加入任何娛樂因素，而是把它變成一種審美的體驗。商店中心矗立著一座掛有瀑布的三十五英呎高的小山，在小山周圍展示著超過一百種動物標本，其中許多是他們兄弟倆或其他家庭成員獵殺的。商店的這部分表現出北美四個不同的生態系統。在另一處，兩個巨大的立體場景展現了非洲景觀，其中包括所謂的「五大狩獵物」：大象、獅子、豹、犀牛、南非水牛。三個水族館裏游著各種各樣的魚。而在商店各個不同的部門，總共約有七百種不同的動物。事實上，就像迪克・卡貝拉對《聖保羅先鋒報》（St. Paul Pioneer Press）所說的，「我們出售的是一種體驗」。[20] 在商店重新裝修開張當天，超過三萬五千人光臨，公司預計每年接待一百多萬名遊客。

體驗的審美層面可以是完全自然的，就像在國家公園裏漫步，也可以主要靠人工營造，就像在雨林咖啡廳享受晚餐，或者介於兩者之間，就像在卡貝拉購物。沒有人造體驗這回事。無論這種刺激是自然的還是模仿的，每一種體驗都是實實在在的。著名建築家麥可・班乃迪克（Michael Benedikt）延伸了這一觀點，認為建築師在把人們和他們所處的「真實」環境聯繫在一起時的角色是：「這樣獨特的瞬間，這樣的體驗，是非常令人感動的。我認為，正是透過這樣的片刻，我們建立起獨立而有意義的最佳現實感，我應把它稱為直接而真實的審美體驗。我建議：在當前媒體廣泛存在的時代，建築學關注的中心應

該是對現實直接的審美體驗。」[21]

　　不僅是建築師，每一個提供審美體驗的人都應盡力把消費者和他們直接（儘管是被動地）體驗的（沉浸其中的）現實聯繫起來，即使當環境看起來似乎不太真實的時候。班乃迪克很可能會稱雨林咖啡廳之類的地方是「非真實的」，並認為它的建築師是「透過偽造來追求真實」。[22]為展示具有說服力的審美體驗，設計者必須承認：為創造體驗而設計出來的任何環境都是「非真實的」（例如，雨林咖啡廳其實不是熱帶雨林）。他們不應該試圖愚弄顧客，讓他們相信似是而非的事物。

　　建築評論家艾達・赫胥特堡（Ada Louise Huxtable）做出類似的區分，她說：「要把虛假的偽造從真實的偽造中區別開來，已經越來越困難。並非所有的偽造都相等，它們有好壞之分，標準不再是真實戰勝虛假，而是它們模仿的相對價值。使好的更好就是對現實的改進。」[23]為顯示這種區別，我們來看看赫胥特堡花了大量時間評論的兩個人工創造的環境：環球城市漫步（Universal City Walk）和幾乎無所不在的迪士尼。[24]

　　位於洛杉磯的「城市漫步」是個大雜燴，其中有零售店、餐館、電影院、高科技的交通工具和低科技的書報攤，每一處都有獨特的門面。到處都是經過控制的誇張，著名的硬石餐廳外形是一把四層樓高的吉他。參觀者懶洋洋地漫步在定時噴水的噴泉旁。客人為停車而支付門票（在洛杉磯，沒有人會步行到任何地方去，但在這裏他們要為四處閒逛而付錢買票），他們只有在這裏花錢享用晚餐或看電影（只購物不行）之後才能得到門票退款。「城市漫步」既是主題公園又是公共廣場，主要是創造一種審美的體驗，赫胥特堡確認它「是因其自

身的緣故而得到利用的」。[25] 從你把車子停在它未經修飾的停車場那一刻起，該景點偽造的逼真性就一覽無遺。建築物的背面歡迎著陸續到來的遊客，因而當他們走進門面時，便能夠看見未經裝飾的內部。在外面能看到面具的裏面；而在裏面你能看到它的外面。穿過小巷和其他通往主要街道的岔路，清晰可見不屬於「城市漫步」的鄰近建築物。它的美感確認了它的偽造性。透過框架看，它的確是「貨真價實」的偽造。

另一方面，大多數迪士尼體驗的審美卻是要隱藏一切偽造：沒有人能看到後面的東西。停車場裏平穩行駛著運送客人的巴士，迎接客人的小亭子和旋轉式阻隔收票口也設計得無懈可擊。建築物的表面毫無縫隙地相連，以防某些顧客察覺出空間縮減的詭計。米老鼠從未當眾脫下它的面具，以防我們看到藏匿其中的長滿青春痘的少年臉龐。這就是赫胥特堡和其他批評家所抨擊的假的偽造，這些偽造沒有顯示出它們的本來面目。

或者迪士尼**真**的是假的偽造？其他評論家讚賞迪士尼的創造已經完全融入環境，風格一致，自我陶醉。其中有一位就寫道：「無論從任何一個角度看，沒有一件物品看起來是假的、虛構的。是的，沒有偽造。迪士尼樂園不是仿製的東西，它是一件作品。我深信迪士尼的精髓不是它的幻覺，而是它的極端的寫實主義（literalism）。」[26] 對於迪士尼主題公園，許多人（包括本書的合著者）看法不同，但是有一件事是清楚的：審美體驗本身必須是真實的，然後才能給顧客以真實的面目。

體驗豐富性

公司可以透過模糊這四個領域體驗之間的界限，以提高體驗的真實性。儘管有許多體驗主要集中於某一領域，其實大多數都越過了界線。比如，英國航空公司（British Airway）最主要展示的是審美方面的體驗，全體工作人員無微不至地照顧客人，在這樣的環境裏，客人自己無須做任何事。羅伯・阿林（Robert Ayling）接替科林・馬歇爾爵士（Sir Colin Marshall）為該公司的執行長，根據他的說法，公司正在努力改進空中娛樂系統，把它們融入整個飛行的美學當中。他相信將來會有更多的人在飛機上看電影，而不是在電影院裏。他說：「長途航線，不僅做為運輸系統，也將做為娛樂系統，這類的改變將逐漸增加。」❷❼維珍美國航空公司往前更進一步，他們創造了卡通動畫幫助旅客複習安全規則，並且安裝情調照明，根據一天當中的不同時間，改變艙內的氣氛。

美國運通公司（American Express）也經常在「獨一無二的體驗」（由美國運通所投資）中，將審美與教育的因素混合在一起。該體驗主要是提供給參加會員飛行里程獎勵計畫的顧客。❷❽在一項名為「熱帶雨林——哥斯大黎加野生動物園攝影遊」的計畫中，公司邀請持卡會員加入著名的風景攝影家傑・愛爾蘭（Jay Ireland）和喬治尼・布拉德利（Georgienne Bradley）的攝影工作室，這項難忘的攝影經驗為期五天，置身於哥斯大黎加茂密的熱帶雨林，會員很難抗拒如下描繪的誘惑：「被野生動物包圍時，你將學會捕捉驚人畫面的技巧，和專業的祕密。從可愛的三趾樹獺到勇猛的大白鷺和滑稽的紅眼樹蛙，你有無數的機會可以捕捉到具有專業水準的奇特動物照片。你還能在環

繞酒店的陽台上欣賞迷人的運河景色，在舒適的叢林中享受一流美食。不管你的拍攝體驗如何，這一歷險過程保證令你難以忘懷。」

為了使零售店更令人難忘，大多數商店的管理人員和購物商場的開發商，都在討論如何使購物體驗更愉快並具有娛樂性，但處於領先地位的公司還將娛樂之外的其他體驗因素考慮進來。例如，新加坡的布吉斯交叉點（Bugis Junction），有一個跨六個街區的大規模娛樂和購物中心，為了讓該中心吸引外來及本地客人，來自科羅拉多州波德市（Boulder）的設計者全藝術公司（CommArts）的做法是，將新加坡具有歷史意義的貿易文化融合於建築設計中，以創造出共同董事長亨利‧比爾（Henry Beer）所稱道的那種意境：「建立令人賞心悅目的建築環境，將該專案與新加坡居民的文化緊緊聯繫在一起。」於是，海邊的建築、帆船、經緯儀和各種近似的要素，構成了建築設計的主題，這些極具貿易文化代表性的輝煌標誌，向客人昭示原住民布吉斯人的航海貿易史，來此購物和娛樂的客人同時接受了相關歷史的教育。

同樣的，為了使安大略磨坊購物中心（Ontario Mills）的零售專案更具特色，全藝術公司則是在設計馬路和鄰近街區上大做文章，以提供承襲自南加州豐富文化遺產的獨特審美體驗。安大略磨坊不像傳統的購物中心，不再僅僅著眼於大百貨公司的進駐及銷售商品，而是希望有建構大型體驗的各行各業加盟──比如說擁有30個銀幕的AMC影院、戴夫與巴斯特（Dave & Buster's）的拱廊餐館、雨林咖啡館（Rainforest Café），還有即興喜劇俱樂部與晚餐戲院（Improv Comedy Club & Dinner Theatre）。它的側翼建築之一為史蒂芬‧史匹柏（Steven Spielberg）的遊戲工廠（Gameworks），另一側翼建築則

是熊熊夢工場。就像比爾告訴我們的：「零售業的競爭壓力，迫使我們創造出多采多姿的零售劇場，在這裏，產品轉變成體驗。」

　　最豐富的體驗會包含四個領域中的每一部分，這四個領域圍繞著框架中心的「亮點」。㉙想想全世界最大的花園公園，位於荷蘭的南荷蘭省的庫肯霍夫公園（Keukenhof）。該公園的成功並非出自一個單一因素，而是多重體驗的總合。它讓每一個訪客都可以欣賞到七十英畝的鬱金香花田、田園造景，以及室內的賞花場館。它的特色包括超過一萬六千種花（單單鬱金香就有一千種，每年以手工種植六百多萬棵的球根），以及八十七種樹木（一共兩千五百棵），我們可以稱呼該園區為「歐洲的花園」。荷蘭人精心照顧這座花園，因此它成為一個可以流連賞花的好地方（有人說庫肯霍夫公園是全世界拍照最頻繁的地點）。花園裏還安置了一百多具藝術雕像，以及六座「靈感花園」（inspirational gardens），藉由包覆的圍籬、木製矮牆及圍牆的運用，而創造了一種特殊的私密感，也強化了整體的審美價值。逃避現實的價值則是得自於走過十五公里的步道，外加仔細規畫的數個景點，鼓勵遊客彼此互動，例如一座迷宮，特色是三公尺高的灌木，以及一座高高在上的樹屋，在樹屋裏，人們可以往下看見迷宮的路徑，喊出（正確或不正確的）前進方向。有些小小的教育性標誌，標記每一種花木的名字及相關的園藝資訊，那麼遊客就可以認識各種花木（做點筆記，稍後可以在花店裏訂購球根與種子）；有些觀光行程和活動可以讓遊客了解荷蘭的球根栽培業，以及庫肯霍夫城堡的歷史。就娛樂上來說，遊客會時常偶遇一些小小的音樂活動，最後更一路進入一個表演水舞的場館，裏頭有一座噴泉隨著音樂舞動。這一切要素的結合，確實創造了一種令人目不暇給的體驗，其中包含了四種體驗境

界。

　　為設計內容豐富的、具有說服力的迷人體驗，你不能只選擇堅守一個領域；相反的，你要利用體驗的框架（如圖2-1中的描述）做為驅動的因素，以幫助你創造性地探索每一領域中的各個面向，這些面向也許會使你希望展示的體驗顯得更加特殊。在設計你的體驗時，應當考慮下列問題：

- 為了提高體驗的審美感受，應當做些什麼？審美的感受就是讓客人想進來，想坐下來和徜徉其中的內心感受。想想你能做些什麼使環境更誘人、更有趣或更舒適？你要創造一種使客人感到「自由自在」的氛圍。

- 一旦客人已經在現場，他應當做些什麼？體驗的逃避現實面可以使客人進一步地被吸引，沉浸到他們的活動之中。假如客人成為體驗的積極參與者，就應該關心如何鼓勵客人「去做」。更進一步，如何使他們從一種實境「走到」另一種？

- 體驗中具有教育意義的部分，就像逃避現實一樣，需要消費者積極參與。人們現在已經普遍理解，要學得好，學習者就必須完全投入。你想讓你的客人從體驗中學到什麼？什麼樣的資訊或活動可幫助他們全心投入對知識和技能的探索？

- 娛樂，就像審美一樣，是體驗中的消極面。當你的客人感到愉快時，他們並沒有做什麼，只是對體驗有所反應（比如說盡情享受、歡笑等等）。什麼樣的娛樂方式，可以幫助你的客人更加盡情「享受」這項體驗？怎樣做才會使體驗更有趣和令人激賞？

　　強調這些設計問題，為那些將要以體驗為基礎而展開競爭的服務供應商提供了舞台。將這四個領域進一步豐富、完善其經濟產物的過程，將使得那些沉浸於體驗世界的人獲益——因為新的方式不僅能夠強化眼前的體驗，還可以讓人們想像到全新的體驗。

　　想想滑雪度假中心的問題。山脈的場景就使得滑雪活動基本上帶著逃避現實的本質。幾乎所有的度假中心都會提供課程，以提供教育價值。除了安排住宿做為滑雪後的體驗之外，許多度假中心還安排了「滑雪前往」的地點，做為山中的中繼站，客人可以在滑雪中途休息，輕鬆一下——比方說，坐在舒服的戶外靠椅（Adirondack）上——脫掉風鏡，曬點太陽。但是很少有度假中心認清娛樂原本屬於滑雪體驗的一環，也就沒想到要去強化它的價值：滑雪纜車！在這裏，人們可以重溫他們之前的滑行，說些笑話和故事，朝下望著滑雪的同伴。商品化的心態錯誤地認為滑雪纜車的功能不過是將人們從山下轉運到山頂，但是體驗的心態——四種境界的平衡——則是會設法在這拉往高處的體驗之中加上一些樂趣，也許可以模仿一下飯店業大亨伊恩‧施拉格（Ian Schrager），他經常會把他飯店裏的電梯轉變成獨特的體驗。

　　在飯店與住宿的行業裏，施拉格是率先對設計重新燃起興趣的人。在施拉格之前，飯店大廳很少有審美價值，它的主要用途，只是讓客人在離開飯店之前，可以有個和別人碰面的地方。施拉格將他的飯店大廳的空間變成一個時尚的所在，讓人不禁想要一路閒逛下去。還有喜達屋集團的威士汀酒店（Starwood's Westin Hotels），及其「天堂之床」（Heavenly Bed），此後幾乎所有的飯店連鎖都重新改造他們的床，以面對一個經常發生的、到一個陌生的地方難以成眠的問題，

以強化客宿之時的逃避現實的價值。室內的體驗也做了大幅的改善，他們引進平面電視，以提供更強的娛樂價值。有什麼機會可以改良教育體驗呢？或許要重新改造櫃台的服務，讓客人更能夠透過室內的網際網路設施，或是他們自己手中的平板裝置而得到大量的資訊。

　　同樣的，醫藥供應商也應該要重新思考治療上的教育層面，以免因為網路上的資訊唾手可得，而使得醫病關係更加緊張。醫院和診所如果從根本上重新思考「候診室」的空間，以改進迎賓體驗時的審美價值，那又有什麼壞處呢？如果引進一些具有逃避價值的儀式，以協助病人做好手術的心理準備，那麼病人不是就會得到比較正面的醫藥程序嗎？（給你一個線索，位於馬里蘭州吉維蔡司市〔Chevy Chase〕的華盛頓眼科〔Washington Eye Physicians & Surgeons〕診所中，有一位屈光手術外科醫師名為洛伊·魯賓菲爾德〔Roy Rubinfeld〕，他在進手術室之前，會跟助手和病人一起，舉杯飲盡一杯胡蘿蔔汁！）在體驗中加入娛樂價值，這並不表示你要把每一個醫生變成派奇·亞當斯（譯注：Patch Adams，即電影《心靈點滴》的主人翁，這位醫生相信歡笑是最好的處方，而不贊成傳統醫生高高在上的思維）。然而，在生死交關的時刻，將心情放輕鬆往往會有莫大的好處。（還記得雷根遭槍傷後，進醫院時所說的：「我忘了躲開（I forgot to duck.）。」）

　　最後思考一下職業運動的龐大商機。許多聯盟會興建新的運動場，以改善球迷體驗中的審美價值。計分牌可以提供更大的娛樂效果。聯盟的網站裏滿是可以搜尋得來，而且可以分類的統計數字，讓球迷能夠積極探索他們的隊伍和最喜愛的（或幻想中的）球員表現如何。成功的球隊不僅在比賽現場有滿滿的觀眾，還能夠從電子傳播和線上訂閱中獲利。紐約的洋基隊就是個領航者，這是人們的意料中

事，他們不僅有個新的洋基球場，還有一個YES電視台。要創造新的收益，接下來還能做些什麼呢？思考一下，對一些死忠的球迷來說，新的逃避體驗將是多麼的受歡迎。球隊無論從主場比賽的票房，或是客場比賽的轉播中，都可以獲得利潤。也許還可以有第三種收益機會。球隊能不能邀請球迷來到某一個特別為了客場比賽準備的設施中，觀賞球賽的轉播，藉以收取費用？偶爾，球隊會允許球迷來到家鄉的球場，讓他們觀賞在遠方舉辦的季後賽。但是這些場所都是為了觀賞即時的比賽，而不是經過中介的行動。例如區域網路的網趴，在遠方的第三地競技場可以混合一些和其他網迷相聚的刺激感，讓他們可以接觸到一些家裏沒有的遊戲，進行某種科技互動。這類體驗的設計目標，應該是提供具有特色的新處所，以體驗其他地方的遊戲。

　　只有在簡單的設計中融入所有的四個領域時，平凡之處才會變得不凡。在一段時間內，設計的體驗需要一個有品味的地方，以吸引顧客花**更多的時間**流連其中。吝惜時間的顧客和上班族，希望在商品和服務的提供者身上花比較少的時間，而這些提供者也希望如此。最典型的例子是速食連鎖店和企業的客服中心，它們都在盡量縮短每筆服務交易的時間。其中明顯的目的是：不要花時間在這些消費者身上，這些消費者希望把時間用在其他地方。例如，以銀行業來說，那就是相當普遍的態度，而這種態度也就造成了商品化的氾濫。

　　那麼你的消費者會想要在哪裏用掉他們辛苦賺來的時間呢？值得為它花時間的地方，他們會願意去，他們可能只是出現在那裏，可能願意在那裏做點什麼，學點什麼，也可能只是單純的享受。想要理解這類地方的本質，就想想是什麼使房子變成家。維爾托‧里博冉斯基（Witold Rybczynski）是賓州大學的都市學教授，他在《金窩‧銀窩‧

狗窩》（*Home: A Short History of an Idea*）中研究了五個世紀的環境設計，從中世紀一直談到Ralph Lauren的室內家具。在他研究的各種文化中，他特別注意荷蘭人在「黃金年代」（Golden Age）就存在著某種需要和能力，而成功地「將『家』定義為獨立而特殊的地方」。[30]對荷蘭人來說，「『家』不僅意味著房子，也包括裏面和周圍的所有人、事、物，以及這一切所體現出來的滿足和幸福。你可以走出房子，但你總是要回家」。[31]為了創造這樣的家，荷蘭房子的裝潢嚴格地以每個房間的用途為中心，從而定義該地方的感覺。房子外面的布置，無論是花園還是其他景觀都相對樸素，這一點自然是因為荷蘭國土相對狹小的關係。荷蘭人的家庭建築，極富技巧地從平淡的戶外空間過渡到室內獨特的存在。這些宜人之處讓人感受到歡迎的氛圍，形成家人和友人交流的基礎。

任何具有說服力的體驗，其甜美之處，是將娛樂、教育、逃避和審美融入尋常的空間中，這像是一個產生記憶的地方，一個有助於創造憶的工具。明顯不同於平淡無奇的商品與服務的世界，它的設計讓你不知不覺地進入，並且想要一再光顧。它的場景處處舒適，所有道具的使用必須與活動場所的功能相協調，不符合這一功能的特徵都要去除。令人著迷的體驗自然會將這四種境界結合在一起。我們已經提過，寓教於樂是兩種境界的組合，意在達成某種體驗性的目標：

教育娛樂＝教育＋娛樂 （維持注意力）

同時考慮一下另外五種經過組合之後，變得更吸引人的體驗境界：

教育逃避（Educapist）＝教育＋逃避　（改變背景）

教育審美（Edusthetic）＝教育＋審美　（培養鑑賞力）

逃避審美（Escasthetic）＝逃避＋審美　（改變狀態）

娛樂審美（Entersthetic）＝娛樂＋審美　（活在當下）

逃避娛樂（Escatainment）＝逃避＋娛樂　（創造宣洩）

　　只要可以輕鬆說出口，這些名詞都可以任意改變（只不過edutainment說起來比較順口，最主要是因為聽起來耳熟，以及它的重複性質），但是每一種組合都可以擘畫出豐美的國度，幫助人了解如何為強烈的體驗設定舞台。❸維持注意力，改變背景，培養鑑賞力，改變狀態，活在當下，創造宣洩──要創造充滿震撼力的劇場表演，這一切都是核心要素。當每一個企業都成為一座舞台，就必須有能力掌握這些要素。

演出必須繼續
The Show Must Go On

體驗必須設定主題。好的主題必須能夠改變人們對現實的感受；這可以透過影響人們對空間、時間、事物的體驗來達成；可以將時間、空間、事物整合為一體；可以用多景點布局來深化主題；主題必須與提供體驗之企業的特色相符。

康拉德為了哥哥尼克的生日，買了一份非常特別的禮物。他發覺平淡的生活方式已經讓尼克感到乏味已極，於是他與消費者娛樂服務公司（Consumer Recreation Services; CRS）聯合策畫了一場相當精巧的體驗。他遞給哥哥一張CRS的密封卡片，卡片是邀請他參加「致命遊戲」。尼克一同意，就發現自己置身於一個不受控制的世界，一些有趣的人物出現，使他陷入生死攸關的局面，日常生活變成一團混亂。每當他以為事情解決了，情況又會有變化，一直到最後進入緊湊的高潮。為了這個遊戲，CRS必須提供天衣無縫的表演。包括迪士尼在內，沒有一家公司編織過如此複雜的體驗事件——舞台必須華麗，表演必須引人注目，風格一致，使觀眾投入而畢生難忘。CRS是1997年賣座影片《致命遊戲》（The Game）中虛構的一家企業，其中，尼克由影星麥克‧道格拉斯（Michael Douglas）飾演，西恩‧潘（Sean Penn）飾演康拉德。然而，隨著時機成熟，這類構想終將會成為大量實際的商業活動。

這樣說太牽強嗎？百老匯音樂劇《吉屋出租》（Rent）中有一句話說：「真實的生活一天比一天更像小說了。」看看四周，所謂實境節目（reality TV）已經佔滿電視頻道。這類新型的電視節目，它的重要性在於如何反映市場上五花八門的體驗。思考幾個類似型態的節目：《單身漢》（The Bachelor，e-Harmony公司製作，match.com），HGTV電視節目（Home & Garden TV，專門介紹室內設計與裝潢），《誰敢來挑戰》（Fear Factor，專攻極限運動），《極速前進》（The Amazing Race，探險旅行、最新的旅遊方式），《料理鐵人》（Iron

Chef，烹飪教室及食品節），《挑戰美食堂》（*Man Versus Food*，大胃王比賽），《減肥達人》（*The Biggest Loser*，健身中心與減肥節目），《終極改造》（*Extreme Makeover*，美容整型），《保姆911》（*Nanny 911*，生命教練），以及，當然還有《美國偶像》（*American Idol*，卡拉OK、吉他英雄、還有美國偶像選秀！）。欣賞一場以前的NBA賽事精彩重播，再來和現在的比賽相比，那時沒有色彩斑斕的地板，賽前奢華的燈光，也沒有氣質不凡的帥哥海報，只有一板一眼的籃球動作。NBA先給我們丹尼斯‧羅德曼（Dennis Rodman），接著NFL（美式足球聯盟）給我們「T.O.」（譯注：Terrell Owens，曾是達拉斯牛仔隊〔Dalla Cowboys〕的接球員）和「OchoCinco」（譯注：Chad OchoCinco，為辛辛納提孟加拉虎隊〔Cincinnati Bengals〕的明星接球員），都是生活小說的典型。所有大型的球賽聯盟都會發現，他們在運動場上發生的事件，都必須和居家的觀賞體驗相抗衡，因為有了新的電視科技。串流視訊讓我們可以在尋常的地點看見每天發生的每一件事——無論是修理店還是婦產科病房——透過全球資訊網（World Wide Web），任何人在全世界的任何地方都可以看到。（也許真正的生活不像《致命遊戲》，而比較像《楚門的世界》〔*The Truman Show*〕，這部電影由金‧凱瑞〔Jim Carrey〕主演，描寫的是一個為製作電視而存在的世界，這個真實的人活在其中卻不自知。）

最終，編織體驗將會像今天的產品和流程設計一樣，成為未來商務的重要成分。體驗研究的開展如火如荼，無論是餐館或零售店、教室或停車場、飯店和醫院，領先的公司正在為其他加入體驗經濟的其他人搭建舞台。此刻的發展已經脫離了萌芽階段，帶頭的企業竭盡全力去實踐和獲取成果，這是探索體驗經濟本質的一個好的開始，未來

自然還會更加精彩。貓王不在了，但是體驗經濟正要上場！

為體驗設定主題

聽聽這些主題餐廳的名字——「硬石餐廳」、「藍調之屋」（House of Blues）或「中世紀時代」，不過舉出幾個犖犖大者——顧名思義，你可以想像進入這些場所是什麼感覺。業主藉由精心設計的主題，踏出通往體驗之路的第一步，也是關鍵的一步。❶反之，構思拙劣的主題不能給消費者留下深刻印象，也不能產生持久的記憶。正如美國女作家葛楚・史坦（Gertrude Stein）描述故鄉加州奧克蘭市（Oakland）的名句「那裏哪兒都不是。（Thers is no there there.）」那就是一個支離破碎的主題。

當然，這類的主題設定可以做得聰明一點。達登餐飲公司（Darden Restaurants）是全世界最大的全套服務連鎖餐廳，它經營的連鎖主題餐廳包羅萬象，包括紅龍蝦（Red Lobster）、橄欖園（Olive Garden）、長角牛排館（Longhorn Steakhouse）、首都牛排館（Capital Grille）、巴哈馬微風（Bahama Breeze），以及季節52（Season 52），每一個都有自己獨特的設計靈感。達登餐飲品牌的季節52最值得注意，它就只是把年曆當成它的主題。季節52提供的菜單是「由季節帶來的靈感」，每一年會更換四次；它的特別餐點則是一年五十二次（不像別人的每日特餐，而是每週特餐，那麼客人比較容易向親友推薦某一道餐點），至於甜點（小小的放縱）的熱量則是只有365大卡（左右）。獨立的高檔餐廳向來都是採取比較複雜的主題。名廚荷馬洛・甘度（Homaro Cantu）的後現代摩托餐廳（Moto）位於芝加哥的

肉品加工與人工食品區,他們提供的菜餚擺飾和搭配的酒單都有特別的主題,還有其他以科技驅動的美食饗宴(例如,你真的可以吃「可食性的紙」菜單)。構思巧妙的主題並不只在名字上(就像過去高中體育館裏的畢業舞會),而是成為一種主宰性的點子,組織性的原則,或是體驗中每一個要素的根本概念。

零售商經常不遵守原則,他們口口聲聲說「購物的體驗」,卻沒有創造出主題,將不同的產品整合為一個可展示的體驗。例如,家用電器零售商在主題方面幾乎沒什麼想像力,每一家店都呈現排列整齊的洗衣機和冰箱,難道「電路城」(譯注:Circuit City,曾經是全美第二大電子零售商,卻在2009年宣告破產)的建設不該有些特色嗎?(它擺設商品的方式,就像墳場的墓碑,這樣的主題預示了它最終的滅亡。)

龐諾書店的執行長李歐納德·瑞吉歐(Leonard Riggio)是一位懂得購物體驗的零售商。當他開始把連鎖書店擴張為超市規模時,他掌握到一個簡單的主題:「劇場」。瑞吉歐意識到人們進書店和上劇場的原因相同,都是為了得到「社會性」體驗。❷因此書店的一切都圍繞著這個主題而改變:建築風格、店員的服務方式、裝潢陳列等,當然,他還增加了小餐廳做為交談、瀏覽、購書之餘的休憩場所。現在亞馬遜網路書店已經成為業界最強大的力量,他們提供讀者書評,以及可以轉寄的電子郵件確認單,然而要將這書店(目前還只是在販售商品)變成真正的推薦好書與閱讀的場所(販售體驗),還有很長的一段路要走。閱讀電子書的讀者越來越多,但是這也反映著,如果書店想要成功競爭,就更需要在實質的空間裏開創新的主題。

拉斯維加斯的論壇購物中心(Forum Shops),由戈登集團控股公司(Gordon Group Holdings)的謝爾登·戈登(Sheldon Gordon)構

思，並與印第安納波里斯市（Indianapolis）的一家房地產公司賽蒙地產集團（Simon Property Group）合作開發。論壇購物中心在1992年開張時，為拉斯維加斯的度假勝地興起了一陣零售店成為營業額新活水的風氣。它在每一個細節都展現出獨特的主題——一個古羅馬式的購物場所，建築的雄偉陣勢也合乎主旨：大理石地面、光滑的全白立柱、「室外」咖啡廳、真實的樹木、流淌的噴泉、湛藍的天空飄浮幾朵絨毛般的白雲，不時還有虛擬暴風雨降臨，伴著閃電和雷聲。購物中心入口和店面都是維妙維肖的羅馬城再現，無論是哪一個品牌。我們認為有個細節讓這一切功德圓滿：走廊兩邊的溝渠和商店門口相距數呎，看起來就像是店主人每天早上用水桶清洗他們的店面，然後讓這些水流到亞德里亞海（Adriatic Sea）。這一切都體現了高貴的主題。在1997年商場加倍擴充到第二階段時，每平方呎的營業額成長到超過1,000美元（一般商場少於300美元）。到了2004年第三階段的擴充，又加上一座可以容納四千人的「圓形競技場」供表演之用，還要加上四個螺旋狀電扶梯，都持續著同樣的主題傳統。

華特‧迪士尼關於迪士尼樂園的創意是出於他對遊樂園的不滿——因為遊樂園裏頭充斥著年輕人喜愛的騎乘、遊戲和小吃，卻沒有任何主題。他對傳記作家鮑勃‧湯瑪斯（Bob Thomas）說：「當女兒們還很小時，週日我帶她們去遊樂園，不滿情緒已經產生。我坐在長凳上一邊吃花生，一邊四處張望。我自言自語：該死，為什麼沒有更好的地方，讓我也能享受到快樂呢？」❸迪士尼樂園的原始構想就從這裏開始，用他自己的話說，就是製作「讓觀眾沉迷的卡通」。它發展為一個連貫的**主題遊戲**，像亞瑟王的旋轉木馬、小飛俠的飛行、馬克‧吐溫的樂船（每一樣都「與你以往在遊樂園見到的迥然不同」）❹。

這些遊戲都在**主題領地**裏運作——例如幻想世界和邊疆樂園——而且出現在全世界各地最先興建的**主題公園**裏，該公司首期宣傳手冊裏稱之為「娛樂的新體驗」❺。迪士尼體驗的突出主題是什麼？在該公司1953年發布的旨在吸引贊助者的計畫書中，首先以簡潔動人的主題開始，接著以誠實樸素的辭彙闡述它的內涵：

> 迪士尼的想法很簡單：這將是人們找到快樂和知識的地方。
>
> 　這將是父母和子女分享快樂時光的地方，是老師和學生找到更好的方式相互了解、進行教育的地方。老一代在這裏能捕捉到值得懷念的流逝歲月，年輕的一代在這裏可以淺嚐未來的挑戰。❻

「人們找到快樂和知識的地方」，如此美妙的畫面，很快就吸引到贊助者。在開放不到兩年的時間內，**主題**公園的觀光人數多到沒有人可想像。

做為典型，我們來看一個在小說和電影中常用到的主題：crime doesn't pay（法網恢恢，疏而不漏），簡單幾個字就說明了一切。或者再看看《歡樂酒店》（*Cheers*）這個情境喜劇影集的主題：「在這裏每個人都認識你」。公司推出體驗時，必須尋找同樣活潑的主題。當然，想要推出不一樣的體驗的公司，需要的主題也必須與眾不同。對一個在明尼蘇達州起家的電腦維修公司來說，「雜耍特攻隊」是簡潔適宜的主題；從表面上看起來，雜耍特攻隊就跟許多主題餐廳一樣，名字就是主題。事實並非如此。它的創辦人暨「警長」羅伯·史蒂芬斯說，該公司的組織原則，就是努力演好「板著臉孔的喜劇」。❼這個主題讓「特務」保持著極端嚴謹的表情（彷彿他們才剛從現代的《警網》〔*Dragnet*〕影片走下來），但是和客戶說話時，卻帶著雜耍表

演一般的幽默感（他們會出示一張金光閃閃的識別證，一面說：「嗨，我是特務73號，要來修理你的電腦……這位女士，麻煩離開你的電腦。」）必要的組裝或維修，他們一樣照做，但是他們的衣著與道具——白色短袖襯衫，黑色領結，黑色長褲，以及公司發的皮鞋，還有福斯的小金龜車，漆成黑白相間的警車——就主導著他們這場看似雜耍的表演。

　　雜耍特攻隊還研究過主題（theme）和風格（motif）之間的區別。字典把這兩個字列為近乎同義，然而，你可以把motif想成是theme的外在呈現方式。風格和主題可以視為全然相同的一件事（這就是迪士尼的標準作風，它會明明白白地使用電影或新版的童話故事來做為它的雲霄飛車的主題），但是也不必然如此。雜耍特攻隊的風格就表現在它的名字、商標、車輛、識別證與服飾上；全都是要表達**執法**的概念。但是這個風格不過是一個方式，讓基本主題藉由這個方式去訴說一個故事。的確，設定主題最主要的意義，就是撰寫一則故事，而這則故事如果沒有客人的參與體驗，就會顯得不完整。❽ 如懷特哈奇休閒與學習集團（White Hutchinson Leisure & Learning Group）的設計者蘭迪‧懷特（Randy White）所說：「以故事為主的主題非常有吸引力。它們會把客人帶到一個充滿想像與幻想的世界，有機會觸及到客人的眼睛、心靈與頭腦。」❾ 這類的主題設定可以收放自如；雜耍特攻隊在2002年被百思買收購，這個原本應該是老掉牙的服務業，在它那「24小時電腦支援任務小組」裏，卻成長到擁有兩萬四千名特務。它的做法就是把握每一次和顧客互動的機會，（板著臉）但是（喜劇性地）訴說雜耍特攻隊的故事。任何其他市場區隔太過細小的服務業——洗車業、乾洗業、庭園造景、修指甲，甚至殯葬業——都

可以透過類似的主題化的方式，建立可觀的事業機會。

　　為體驗配上合適的主題是一大挑戰，一般要從主題分類著手。雖然是比較學術性一點，但是社會學教授馬克‧戈迪納（Mark Gottdiener）在他的傑作《美國主題》（*The Theming of America*）一書中定義了十種主題，這些主題對於展示體驗所進行的「環境營造」意義重大。它們是：(1)地位或身分，(2)熱帶天堂，(3)蠻荒西部，(4)古代文明，(5)鄉愁，(6)阿拉伯式幻想，(7)都會情調，(8)城堡與監視，(9)現代主義與進步性，(10)展現無法展現之物（例如越戰軍人紀念牆）❿。行銷學教授伯恩德‧施密特（Bernd Schmitt）和亞歷克斯‧西蒙森（Alex Simonson）在《大市場美學》（*Marketing Aesthetics*）一書中，提出九個可能找到主題的「領域」：(1)歷史，(2)宗教，(3)時尚，(4)政治，(5)心理學，(6)哲學，(7)實體世界，(8)流行文化，(9)藝術。⓫

　　當然，這些分類法只是指出發掘某一特定主題的可能方向。例如，在紐約市的圖書館飯店（Library Hotel）就以另一種分類法做為它的主題，即杜威的十進制分類法（Dewey Decimal System），同時附帶一整套的領域，遠遠超越了戈迪納或施密特與西蒙森的清單。在這個主題的建築中，該飯店依據杜威的十進制分類法的十大分類，當作各樓層的主題：社會科學、語言、數理、科技、藝術、文學、歷史、通識、哲學、以及宗教。每一層樓的房間再根據房間號碼，細分為不同的主題。比方說，七樓（藝術）的六個房間號碼是700.006（時尚設計），700.005（音樂），700.004（攝影），700.003（表演藝術），700.002（繪畫），以及700.001（建築）。每一間客房的書架上，就擺滿了與該主題相關的藏書、相關設計的茶几，以及由該主題衍生而來

的藝術作品。

每一項體驗都有一個主題。無論是刻意設定的主題，無論設計得好或不好，也無論是否執行得夠徹底而嚴格，都還是會有個主題冒出來。發現合適的主題是設計體驗的核心工作。不管根據哪一條來創造，將體驗主題化的成功關鍵在於了解什麼可以真正令人矚目，撼動人心。好的主題有五大標準，至關重要。

首先，具有魅力的主題必須能改變人們對現實的感受。戈迪納的每個主題都改變人們某方面的體驗，不管是時間、地理位置、環境條件（熟悉的／陌生的、危險的／安全的）、社會關係或自我形象。從實作、學習、停留和存在等方面創造不同於日常生活的現實，能發展出成功的主題，並創造歸屬感。

第二，透過影響人們對空間、時間和事物（matter）的體驗，可以徹底改變人們對現實的感覺。我們對停車場都有體驗，一般停車格占據一維空間，利於確認車子的位置——往往駛入時比駛出時有用。指示標誌提供二維資訊，幫助人們了解何處已經停了車。然而，芝加哥歐海爾機場的標準停車場具有主題設計，提供的是三維的停車體驗，可以讓顧客在找車位時，引入能量和運動的概念。這樣，離開時就不必花時間到處找車了。

在迪士尼美化過的「未來樂園」（Tomorrowland）裏，兒童（以及不少做父母的人）對時間的感受都會有所不同，因為迪士尼就是要設法改變人們對未來的感覺。在各種B2B的場景裏，也可以體驗到這種未來感有所改變的感覺。例如，在TED大會（譯注：TED Conference，由非營利的種子基金會〔The Sapling Foundation〕主導運作，每年三月集合各領域的傑出人士，在大會上分享其研究探索的結果，目的是「讓優秀的

思想改變人們對這世界的看法」）上發表五至十五分鐘的演說，該大會以三個字代表它的主題：科技、娛樂與設計。硬石咖啡廳是要設法操弄過去，就跟許多博物館和公司的簡報中心一樣。小小健身房（The Little Gym）以顏色為裝潢的特色，將時間很有意思地扭轉了，它克服了幼童上健身課時感覺不滿的風險，做法是將時間本身主題化。它的上課方式不是缺乏主題性地重複教授一些運動項目，例如後滾翻、攀爬練習，以及其他器械的使用，而是把每一項活動（比如說「好玩的蟲蟲」）和每一種課程（像是「上下顛倒的一星期」）主題化；目標是每一星期都可以維持這些小小體操運動員的興趣，同時還可以把同樣的課上完。谷歌根據歷史上今天發生的事件，變化它首頁的主題標識。南加州的希利多鎮公共圖書館（Cerritos Public Library）自稱為「全世界圖書館的初體驗」，它採用「時光旅遊」的主題，改變每一個閱覽室的擺設裝潢。在一個人口只有五萬人的小鎮，平均每天有三千多人上這座圖書館。

同樣地，「事物」對主題吸引力的作用不容忽視。主題意味著對大小、形狀和內容的選擇。卡貝拉戶外活動用品店（Cabela's）和它的競爭對手巴斯專業戶外用品店（Bass Pro Shop）的戶外主題，都是藉由動物標本或其他背景的方式，將顧客通常想要狩獵的對象展示出來，而且盡量吸引顧客靠近觀賞。萬豪國際酒店（Marriott Vacation Club International）在它奧蘭多的地平線休閒中心（Horizons resort）的游泳池裏，放了一艘巨大的海盜船，外加一座會射出水柱的大砲，以及水中溜滑梯。它為了充實這海盜的特色與基本主題，放了各式各樣的「池中物」，一起強化家庭的體驗，其中包括每一個整點的時候，「水平線船長」（Captain Horizon）就會帶起一陣水槍的相互攻

擊,以及貴賓的歡迎包就像個藏寶盒一樣放在房間裏。在比較成人的世界裏,萬豪和伊恩・施拉格(Ian Schrager)合資,開了新的「生活風格」酒店Edition,第一家是在2010年年底,開在夏威夷威基基海灘(Waikiki Beach)。這個度假酒店裏頭有電影院、沖浪和游泳的「新兵訓練營」,還有一個隱藏式的酒吧,客人必須經過一個祕密通道才能抵達。

空間也很重要。資本額以數十億美元計的航空公司,一般而言很少會去想辦法改變經濟艙乘客擁擠的感受。麥克・范斯(Mike Vance)是一位創意專家,也曾經擔任過迪士尼大學的院長,他在一次演說中,談到他外出旅行時,通常會在行李裏面裝一些私人物品,他稱之為「心靈的廚房」(Kitchen of the Mind)——其中包括全家福照片、各種文件,以及各式各樣他用來裝飾座位後方、餐盤和窗戶的小飾品,尤其是長途飛行。空服員看著范斯的樣子,彷彿他有問題,而不是這家缺乏主題的航空公司有問題。❷因此旅客很歡迎維珍美國航空公司來到美國,它那很有氣氛的燈光和娛樂設施,為它的美國國內航班創造出了異國的情調。有個不容忽視的特點是,它針對機艙內部的空間進行了大幅改變:原本有一道牆遮住了空服員的回彈式摺椅和準備餐點的廚房,如今這道牆被拆除了,於是空服員在整趟旅程當中無所遁形。結果是,乘客和空服員之間的互動大幅增加,這大半是因為空服員必須隨時同心協力在舞台上表演。

第三,富有魅力的主題將空間、時間和事物整合為相互協調的現實整體。拿神學來說,亨利・莫里斯博士(Dr. Henry M. Morris)為信仰基督教辯護時說:「宇宙不是由三個獨立主體(時間、空間、事物)綜合起來的;三者都自成一體。宇宙是三位一體,不是三個事物

的綜合。空間無限，時間無止，時空的任何地方都發生著事件，作用著進程，存在著現象。三維宇宙很類似造物主的天性」。❸

宇宙中富含故事和主題的根源。好書和好的電影如果能創造出全新的現實，就能吸引觀眾，改變所有的觀看和閱讀體驗。洛瑞餐廳（Lori's Diner）是位於舊金山的小型連鎖餐廳，它營造了真正1950年代的環境，自動葡萄酒機、彈珠檯、電話亭、統一制服的侍者——有時甚至有個打扮像小范（譯注：原文Fonz，是美國情境喜劇《歡樂時光》〔*Happy Days*，1974-1984〕中的男主角）一樣的人，在路上招呼人們進入這個過去的世界。❹那麼，為什麼銀行的營業廳、租車公司的接駁車、研討會和其他B2B的行銷活動不能這麼做？

第四，多景點布局可以深化主題。目前已不存在的迪士尼「發現地帶」（Discovery Zone）裏，每一個角落都可以從其他地方的制高點看見。能夠一眼望穿的隔網將場地分隔開來，雖然這種布局可以讓父母了解孩子的行蹤，但它讓人聯想到的是戈迪納（Gottdiener）的「城堡和監視」的主題，而不是一個可供想像探索的好地方。另一方面，讓我們看看美國女孩樂園。比較起整體的體驗，商品還算其次，體驗的舞台設定完美，在樂園之中更有數不清的樂園。首先從圖書館開始，裏頭陳列著所有和洋娃娃相關的書籍，十幾個動畫的畫面展示每一具洋娃娃的特性。餐館就簡單稱為「小館」，提供另一個樂園，門一直關著，直到指定的入座時間才會開放，供顧客享用早午餐、午餐、下午茶和晚餐。一個攝影棚讓女孩們在裏頭照相，以便刊登在客製的《美國女孩》雜誌封面。攝影棚旁邊還有一個獨立的化妝室。然後還有個美容沙龍，女孩們的洋娃娃可以在那裏梳出造型，舊一點的洋娃娃則是可以恢復原來的樣貌。

　　最後，主題必須與提出體驗的企業性質相協調。1947年，亞瑟‧魯布洛夫（Arthur Rubloff）用組合詞「華麗的一哩」（Magnificent Mile）來形容芝加哥市區沿著北密西根大道的著名商業區。這個出眾的主題，吸引了過往行人購物飲食，因此幾代人延用了這個名稱，因為購物者要購買和用餐時，不只是要在那裏閒逛，還可以看見大量奢華的展示櫥窗。魯布洛夫後來籌組了北密西根大道協會（The Greater North Michigan Avenue Association），該協會並於1999年主辦「奔牛節」（Cows on Parade），芝加哥是全美最先從瑞士引進這種奔牛概念的美國城市，他們委託當地藝術家彩繪三百頭真實大小的牛隻塑像，放在城中各處。這項公共藝術的展示吸引了無數觀光客，他們全湧進芝加哥來看這些牛，和它們合照。牛的主題很理想，因為在十九世紀中期，芝加哥是唯一有鐵路能夠將牲畜運送到全國其他地方的城市。其他城市抄襲這個運用主題的展示活動，成敗各半（克里夫蘭的吉他，辛辛納提的飛豬，諸如此類），就看這個主題和城市的特性有多密切的關聯。

　　有效的主題一定簡潔動人。太多的細節會降低體驗的有效性。主題不是公司的使命聲明書，也不是行銷的台詞。就像聖經裏雖然沒有「三位一體」這個辭彙，但是不必當眾宣揚，就可以感覺到它的存在。設計的要素和體驗事件要風格統一，主題才能牢牢地吸引顧客。以上就是主題的精髓，其餘的只是輔助而已。

正面線索令顧客留下好印象

　　主題是體驗的基礎，而體驗還必須透過深刻印象來實現。所謂印

象就是體驗的「伴手禮」——你希望顧客離開體驗之際，最主要存在腦海裏的是什麼。一系列的印象組合起來便能夠影響個人的行為，並且實現主題。顧客評價你的體驗時，通常這樣開頭：「那讓我覺得……」或「它像是……」，你從而知道他們的印象。施密特和西蒙森教授再次提出「整體印象的六個面向」：

1. **時間**：關於主題的、傳統的、當代的、未來的體現
2. **空間**：城市／鄉村、東／西（我們應當加上南／北）、家庭／企業、室內／室外的體現
3. **技術**：手工製作／機器製造、天然／人造的體現
4. **真實性**：原始／模仿的體現
5. **質地**：精製／粗製、或奢侈／廉價的體現
6. **規格**：大／小主題的體現❶

體驗的精心構思者可以借鑒這些面向，創造出一些可以給人留下難忘印象的主題。要達到這一目標，空間、事物和時間三者的聯繫是必要的。

然而這份清單只涉及印象與主題的關係。迄今為止涵蓋面最廣的有關印象的分類，當屬彼得・羅吉特（Peter Mark Roget）的分類大綱。《羅吉特國際百科辭典》（*Roget's International Thesaurus*，第四版），收錄了從「存在」到「宗教建築」等1,042個分類條目，分為八大類，176個子類，該辭典收錄二十五萬個單詞和詞組。❶這是探討精確辭彙最豐富的資源，你希望顧客體驗到的印象，都可從中找到辭彙予以表達。

當然，光有詞語是不夠的。為了創造想要的印象，企業必須提供

線索給顧客，而且不可以有不一致的線索。線索是一些訊號，藏在環境或員工的行為裏，以創造一系列的印象。每一個線索都必須支援你的主題，而且不能和它不一致。

　　舊金山的生之喜悅飯店（Joie de Vivre Hospitality，簡稱JDV）在為它的飯店、餐廳和溫泉會館設定主題時，採用一個非常高明的技巧，讓正面的線索自然帶出良好的印象。它的創辦人契普・康利（Chip Conley）在進入飯店業之初，只是在舊金山的田德隆區（Tenderloin）買了一棟破敗而便宜的汽車旅館。康利想要創造一種獨特的旅館體驗，卻苦無足夠的金錢──他的資金只夠買進一棟旅館，以及進行必要的整修──來進行市場調查，以便找出誰可能受到他的旅館吸引。因此他抓住一個或許能夠提供這方面洞見的產業──雜誌；他為他的鳳凰城飯店（Phoenix Hotel）設定的主題就是來自《滾石》（Rolling Stone）雜誌的靈感。他找遍過期的《滾石》雜誌，確定這個雜誌帶給它的讀者五種印象：冒險精神、內行、無厘頭、酷炫、赤子之心。接著康利重新設計整個地方（一大部分都是表面的，因此也不會太貴），具體呈現這些印象，協調一致而吸引人地圍繞著《滾石》的主題。JDV將游泳池變成一個專供聚會用的「跳水」場地，客房的粉刷五彩繽紛（包括那個「小地方」，做為「愛的茅房」），而且在清潔工的手推車上，到處貼著本地樂團的貼紙。「情報站」（譯注：listening post，以音樂的主題來說，指的應該是試聽室）的設立，就是為了讓職員可以聽到客人的意見，尋找更多能夠強化體驗的線索。注意JDV並未利用該雜誌的名字為飯店命名，也沒有宣傳二者之間的關聯，甚至沒跟客人提到這個主題。它只是引進這些線索，以創造想要形成的印象，而令人驚奇的是，鳳凰城飯店在沒有洩露主題的情形之下，變

成了許多巡迴表演的樂團和他們的演唱會工作人員在舊金山投宿之處。JDV將同樣的「選一份雜誌」的技巧，應用在它在加州的數十家飯店裏。

當然，不同的體驗往往建立在截然不同的印象線索上。東傑佛遜綜合醫院（East Jefferson General Hospital）位於路易斯安那州密太瑞（Metairie），在紐爾良之外不遠處。執行長彼得・貝茲（Peter Betts）和他的行政小組重新定位了「溫暖、關懷、專業」的主題，並利用各種方式向病人傳達這三個主題印象。例如，佩戴著寫明職位和等級的名牌，進病房先敲門等。不光是病人，家屬、牧師和其他探望者都清楚知道台上和台下的區別，台上是指他們能夠到達的區域，台下對於他們是禁區。醫院將令人不愉快的活動（例如輸血）和「群體討論」限制在台下，而在台上精心修飾強化主題。最後，鑒於病人經常仰躺著活動，復健房內天花板上都佈置了壁畫；各種不同的質地的地板代表不同的場所（例如休息室是木質地板，走廊和餐廳是石板，會議室是磨石子地板）。❶

明尼蘇達州布隆明頓市（Bloomington）體驗工程公司（Experience Engineering Co.）的總裁路易斯・卡邦（Lewis Carbone），為實施創造性體驗提出了有用的建構方式。卡邦將印象——或他所稱的「線索」——分為「機械學」（mechanics）和「人性學」（humanics），也可稱之為無生命的與有生命的，前者的「視覺、嗅覺、味覺、聽覺、觸覺是由各種**物體**——如風景、圖像、香味、音樂、手感等——產生的；與此相對，後者的發出主體是人，它們規範了員工在與顧客接觸時應有的行為。」❶

例如在迪士尼，為了避免狂歡節帶來的糟糕環境，公司把整潔的

印象做為設計的首要目標。設計者這樣解釋他們的主旨：機械學方面是垃圾筒總在人們視野中，人性學方面則是安排大量人員專職撿垃圾筒外的垃圾。除了這個任務之外，他們在距離顧客十英呎內就會進行眼神交流與微笑，傳遞「快樂」的印象。

在顧客心目中，每個細節都會潛移默化地影響到主題。如果不重視建築造型，造成視覺上不夠賞心悅目或不協調，體驗就可能變得不夠愉快。雜亂無章和鬆散的視聽環境會使人混淆或迷惑。在前台的工作人員提供了詳細的路線指示之後，你是否就能夠確定旅館房間的位置呢？其實，沿途如果有清晰的標示就能解決問題。

淘汰負面線索

要塑造整體印象，僅展示正面因素是不夠的，體驗提供者還要刪除任何可能削弱、牴觸、分散中心主題的環節。在大多數建築物中，如購物中心、辦公室、大廈或機場，人們被大量無意義的枝微末節的資訊所困擾。當他們需要引導時，服務人員往往解釋不清或使用媒介不當，例如幾年前我們發現威德漢姆花園旅館（Wyndham Garden Hotel）房間裏的椅子上標有：「為了舒適起見，椅背可傾斜。」（可以真接將椅背傾斜，去掉標語，才是比較好的線索。）又如，認知心理學家兼工業設計評論家唐納・諾曼（Donald Norman）指出的「一個檢驗拙劣設計的定律就是：見海報說明」。[19]它們只會塑造粗陋的印象。

看起來極小的要素也能損害體驗。在大部分的餐廳，店主輕聲對排隊等待的客人說「你的桌子已準備好了」，暗示客人會得到正常的服務，現在這句話使用得已經太頻繁，根本讓人沒感覺。然而，雨林

咖啡廳的主人搭建了一個台子，他站在上面大聲宣布說：「史密斯那夥的，你們的歷險馬上開始！」如果宣布三次後史密斯家庭仍沒出現，那時店主會告知其他客人「史密斯一家掉隊不知下落，只好丟下他們了」。我們有一次到芝加哥的Ed Debevic's餐廳，跟一位服務生說：「三位，謝謝。」他帶著我們進去，在各個桌邊繞來繞去，直到我們終於跟他說要一張桌子。他自以為聰明地說：「哦，你又沒有說要**桌子**。」（Ed Debevic's的印象線索也很協調，加在一起可以這麼形容：惡劣、粗魯、頹廢、可憎、暴躁；它可以運作良好，因為這家公司很幽默地把這些線索混在一起。我們一行人應該要從一開始就看懂它的線索：我們的服務生的名牌上就寫著「笑臉」〔Smiley〕。）

　　為避免要素與主題不符，迪士尼主題公園的人員總是兢兢業業地扮演他們的角色，不越雷池一步；只有在下班後，在遊客到不了的地方，他們才會自由進行交談。許多擁有歷史遺跡的村莊，比如麻州的老司徒橋村（Old Sturbridge Village）和普利茅斯殖民村（Plimoth Plantation），都會要求員工扮演好自己的角色（例如18世紀的農夫之類的）。而其他例如維吉尼亞州的威廉斯堡及詹姆斯城殖民村（Colonial Williamsburg and Jamestown），他們讓身著古裝的服務人員像現代人一樣地與遊客交談，這麼做無疑會減少體驗的力度。

　　日常工作中穿著得體也是十分必要的。在東傑佛遜綜合醫院，所有醫護人員必須遵守「EJ衣著手冊」中規定的一套穿著標準。比如說男士必須穿襯衫打領帶，女士不能留長指甲、塗指甲油、散發過濃的香水味。「EJ衣著手冊」幫助全體醫護人員樹立了醫院的專業形象。實務經驗證明，統一的裝扮十分有效，社區的居民只要看見他們的服裝，就會立刻認出他們是東傑佛遜醫院的員工。

　　提供過度的服務，尤其是把各項服務隨意拼湊起來（例如對顧客過度親密的服務），也可能破壞體驗。一個為《財星》雜誌撰稿的記者，就描述有一次旅行時沒有住一般旅館，住在特約民宿的情況：「根本不像住旅館，而像在家裏一樣。不用登記，不用結算，更不用為電話費有多貴而煩惱（你直接在房間撥打，稍後會收到一份詳細的電話帳單）。更棒的是，沒有門僮等著向你要小費，也沒有女服務生偷溜進你的房間看電視，晚上更沒有廣告商在你的被子裏偷偷塞進巧克力。」[20] 為了給客人一種完全在家的感覺，旅館方面應該盡力消除一些不利因素，保證餐桌整潔，杜絕衣著不整現象，安排人員在後台接聽電話，而不致打斷前台人員與客人的談話，保證門僮與女侍各司其職，只有這樣，客人才會真的有「家的感覺」。

提供紀念品

　　人們經常購買一些紀念品。遊客會買明信片紀念遊玩過的景點，打高爾夫的人會買繡有標誌的襯衫或帽子以紀念某場特別的賽事，為了慶祝特別的日子，情人可能為對方挑選一張精美的問候卡，年輕人為搖滾音樂會而收集Ｔ恤等等。他們買這些紀念品，好讓自己留住一些難以忘懷的體驗。

　　這些紀念品往往是他們個人珍藏的一部分，那些經歷往往比紀念品本身更有價值。門票的票根，就是體驗的副產品。例如你的珠寶箱底層可能就留有一些票根，或者孩子們的房間裏就有他們仔細數過、精心布置的這些小東西。但是我們為什麼會保存一些廢紙片？因為它們是一次難以忘懷的體驗的紀念：你看的第一場大聯盟棒球賽、一場

非常喜愛的音樂會、在電影院一次意義重大的約會——所有這些體驗，如果沒有一個實質的紀念品，很快就會被遺忘。

　　當然，那不是我們買紀念品的唯一目的，甚至不是主要的原因。很多人都喜歡向別人展示自己的體驗，並且講述自己的體驗，還有不少人可能是出於其他的原因——嫉妒。[21]這就為商家提供了更多的機會。就像布魯諾‧吉烏沙尼（Bruno Giussani），TED大會歐洲總監說的：「紀念品是一種使體驗社會化的方法，人們藉著紀念品，與他人分享部分的體驗。對企業來說，參與體驗經濟就意味著吸引更多的顧客。」

　　每年用來購買這類紀念品的支出有將近上百億美元。這類商品往往比沒有紀念意義的同類商品價格高出許多。為了買一件印有舉辦城市和日期的正牌T恤，參加滾石樂團（Rolling Stones）演唱會的人可能要花很多錢，這是因為紀念品不是以成本定價，而是紀念意義決定它的價值。硬石餐廳吸引顧客不停地購買T恤，因為每件T恤上都印著不同的硬石餐廳，由此公司獲得可觀的收入。

　　出售紀念品可以幫助人們紀念某一次體驗，把遊玩中使用的物品做成個性化的紀念品也是一種方法。將紀念品加入體驗之中，會讓客人感覺更充實，也有機會將回憶附著在實質的物品上。因此飯店會在電子鑰匙上加印藝術作品，為「請勿打擾」設計不同的標語。有些飯店會完全棄絕這種字眼，沙漠之泉萬豪度假酒店（JW Marriott Desert Springs Resort & Spa）就是這麼做的；它門上垂掛的紙片上，只有一隻粉紅色的紅鶴，沒有任何文字，搭配著地上畫的許多粉紅色的紅鶴。美國女孩樂園的「小館」餐廳也是一個很經典的例子。整捲的紙巾捆在髮圈裡面（塗上黑白相間的顏色，有的是線條，有的是圓點，

和房間的裝潢風格一致）。小女孩們一旦發現這些小巧的玩意兒，就會立刻詢問是否能夠保留它們——她們希望可以帶回家做紀念。（美國女孩還會出售有關小館體驗的紀念品：用餐之間，洋娃娃坐在一呎高，名為「請客座位」的椅子上；這些洋娃娃一只要價25美元！）位於加州揚特維爾市（Yountville）的湯瑪斯‧凱勒法國洗衣店餐廳（Thomas Keller's French Laundry）也會把餐巾紙架做成浮雕一般的曬衣夾模樣，以便做為紀念品。

　　公司應該要發揮創意，設法開發全新的紀念品。佛羅里達州那不勒斯市（Naples）的麗池飯店（Ritz-Carlton）在安裝了卡式電腦安全系統後，管理者決定不要出售或扔掉這463支舊門把，而是把它們送給老主顧——並在每一只門把上面雕刻古典的麗池獅子和皇家勳章，製成別具特色的紙鎮。在超過6,000位顧客中，誰的「麗池體驗」最能打動人，就能得到一個門把。限量供應的門把成為參觀麗池的紀念品。當然，麗池希望今後能有更多這樣的活動，顯然活動對顧客的誘惑力比賣門把的收入更有價值。

　　更進一步，公司應該要開發新的方法，使得客人在取得紀念品的當下就成為一個值得紀念的時刻，例如，當小女孩們在美國女孩樂園的小館裏，發現髮圈的那一刻。加拿大卡加利市（Calgary）針對參加會議的企畫師與演說者，贈送一頂白色的貝里（Bailey）牛仔高帽子，他們的贈送方式非常特別。受贈者要舉右手，宣示成為「卡加利市榮譽市民」，複頌一段令人莞爾的誓言：「我發誓隨時戴著我的帽子……就連我在睡覺的時候……」，之後接受一紙證書，上面印著一頂帽子，外加當日的日期。同樣的，雜耍特攻隊有些客人付費的T恤，他們會格外留意任務小組送出T恤的時刻；他們在前進到下一件

工作之前，最後一個動作就是將T恤丟給他們的客人。

　　透過合理的舞台設定，任何行業都可以銷售紀念品，就跟銷售其他商品一樣。如果說服務業（例如銀行、雜貨店、保險公司）認為顧客對紀念品並沒有任何需求，那是因為他們並沒有提供什麼讓人們覺得值得紀念的東西。一旦這些行業設計出一些比較有意義的活動，顧客自然會購買紀念品做為留念（如果顧客不需要，可能是因為那活動太差了）。假如航空公司真的實施體驗服務，就會有很多乘客願意挑選一些商品留做紀念。同樣的，房屋抵押貸款單也可以做成紀念品，雜貨店的收銀台前也可以擺一些物美價廉的紀念品，或許保單也可以重新設計一下。

重視顧客的感官刺激

　　隨著體驗而來的感官刺激，應該要能夠支援和加強它的主題，該項體驗越能有效地刺激感官，就越不容易讓人忘記。聰明的鞋匠用加入香料的鞋油和聲音清脆的布料擦皮鞋，其實香味與聲響並不能使皮鞋更光亮，只是這種香味和聲音刺激了人的嗅覺和聽覺。有經驗的髮型設計師用各種洗髮精和化妝水不只是為了造型的考量，而是使髮型設計的過程中有更多可以感覺的東西。同樣的，聰明的麵包師把烤麵包的香味散放到人行道上。更有一些廠商在推銷他們的商品時，用聲光製造暴風雨的效果，以增強人們的感官刺激。實際上，增強感官刺激的最簡單方法就是：用食物、飲料來刺激味覺。

　　羅素・維隆在俄亥俄州亞克朗市（Akron）創立的西點市場（West Point Market），是一家專門供應特產的商店。德州A&M大學的

校長李納‧貝瑞（Leonard Berry）是零售業的大師，他曾經把該市場形容為「一個五彩繽紛、充滿創意，有著甜餅、胡桃等眾多誘惑的世界」。❷ 他引用西點市場公共關係部經理凱伊‧洛（Kaye Lowe）的話說：「我們並不介意顧客品嘗。一些顧客每到週六就會來轉上一圈，到處嘗嘗。維隆有一句名言是：『進來看看，好好聞聞，四處品嘗一下。』」❸

　　有效的感官刺激能讓人們對體驗印象更深，從人類一出生就存在這種現象。以餵養嬰兒為例，有天晚上，只有十一個月大的伊萬‧吉爾摩把媽媽的手推開，不吃餵給他的東西。於是爸爸考慮再三，就像很多家長一樣，沒有把湯匙直接從瓶口送到嘴邊，相反地，他把湯匙拿開兩英呎並在空中來回晃動，經過一番即席表演後，湯匙停下來，這時伊萬原本緊閉的小嘴張大了，想吃飛過來的食物。

　　不管你相不相信，這個飛行遊戲就可以說明把一項普通的餐飲服務轉變成一種餐飲體驗的本質：設計出恰到好處的**感官刺激體驗**，就能夠傳達你的主題，吸引客人到來。同伊萬一樣，任何與「飛行的食物」、「安全著陸」有關的主題，客人一定會感興趣。經營者應該摒棄一些傳統的想法（就像強迫伊萬「把食物吃下去」那樣的做法），而努力開發一些讓人難以忘懷的體驗活動，想一些吸引顧客的主題。為了強化對霧的感覺，雨林咖啡廳的經營者就有效地刺激遊客的五官：你首先會聽到嘶嘶的聲音，而後見到霧從岩石上升起，掠過皮膚時有輕柔涼爽的感覺，最後，你會聞到熱帶雨林特有的清新氣味。沒有人不被這種景象迷倒，而這只是簡簡單單刺激了人的五官而已。

　　有時單單強調某一感官，就可以增強體驗。克利夫蘭兩百週年紀念委員會（Cleveland Bicentennial Commission）在一處靠近夜景區、

稱為「公寓」（Flats）的地方，花了四百萬美元讓八座跨越蓋雅荷加河（Cuyahoga River）的橋樑發光。觀賞和行經這些橋是不收費的，但是這些具有神奇光影的建築物，成為當地旅遊業的支柱，因為當地政府據以開發了夜間觀光的旅遊專案。

　　同樣地，有時一個簡單的感覺就會使活動變得更糟。比如說現在到處可聽到的磁帶錄音——電話留言、市場上的錄音叫賣、上下公共汽車時的到站提醒、坐飛機時教你如何繫安全帶，甚至住旅館時把你叫醒。人們很快就厭煩了這種單調乏味的聲音，因為語音公司沒有利用有創意的方法提供此項服務。這裏，我們可以試一下第2幕介紹的四種領域的體驗。能不能使機械化的聲音帶點幽默感呢？能不能不是通知你而是教育你呢？能不能把機械的動作換成充滿幻想的體驗呢？能不能讓這些聲音有點藝術性而吸引顧客繼續聽下去呢？

　　展開此類專案的企業，應該雇用懂得如何刺激感官的技術人員❷④，他們能夠掌握建築與音樂的基本知識，不是為了設計建築物或選擇音樂的需要，而是為了創造出有意義的感官體驗（將來，旅館中取代影音技師的應該是「感官專家」）。但是，並不是所有的感覺都有利，有時把一些感官刺激重疊在一起會有反效果。龐諾書店發現濃濃的咖啡香與新書的氣息相得益彰，但是Duds 'n Suds卻因為把酒吧和洗衣店開在一起而破產，酒味與磷酸鹽的味道當然很不搭調。

　　想進入體驗產業的公司，應該按照以上的原則展開體驗。首先你必須讓所要表達的主題和圍繞主題展開的體驗更明確。大多數時候，公司應該先列出顧客喜愛的各類體驗，然後再確定主題，把體驗串連起來。接著挑選最能表現主題的體驗，並將體驗的數目控制在可管理

的範圍內。最後再針對每一項體驗進行細緻的研究。當然，公司應該為每個體驗對五官的影響進行細緻的分析（視覺、聽覺、味覺、嗅覺、觸覺），保證不要給顧客過多的刺激。活動的最後還可以發放紀念品，使這種體驗能夠長期保存在顧客的記憶中。

五項原則──而不只是第一項──加在一起構成了設定主題的行動，或是更好的說法，將之主題化：

- 將體驗主題化
- 運用正面線索去影響印象
- 消除負面線索
- 紀念品融入體驗
- 重視給客戶的感官刺激

當然，上面介紹的只是一些理論上的方法。但是，那些開始進入這一行的公司，將會是悄然興起的體驗經濟的領導者。

你屬於哪種產業，要看你針對什麼收費

朝向體驗經濟轉型的過渡期中，會產生一些變化，就跟早期工業經濟轉向服務經濟時產生的變化一樣。在體驗經濟初期，企業往往是為了銷售現有商品或服務而加入體驗的成分，而從工業經濟向服務經濟的轉化，則始於公司為了更容易銷售商品而提供售後服務，早期的IBM公司正是這樣做的。一些服務商已經開始慢慢認識到顧客對體驗價值的重視，並且開始讓核心服務帶點體驗的色彩。但是，不知是有意還是無意，他們仍然沒有對體驗進行收費，比如說，大多數主題餐

廳，即使顧客前來是為了整體的體驗，但他們還是只需為其消費的食物付錢。這種點菜式的收費方式反映的是一種徘徊不去的食品服務的心態：點什麼菜就付什麼錢。另一方面，定價式（Prix fixe，或是table d'hote）的收費方式，則是明明白白地為用餐的體驗收費，這種做法已經越來越常見。例如，在芝加哥的摩托餐廳，顧客付135美元可以吃十道菜，付195美元則是可以吃二十道摩托之旅（Moto Tour）大餐；酒類則是在45到95美元之間。美國女孩小館則是單一收費，從19到26美元之間，包括小費——真正的價格依不同的地點和用餐活動而有所不同。

　　一筆生意最終可以定義為：生意是為了獲取收入，而為了獲取收入，你必須決定以何種理由收費。假使不明確要求顧客為某特定經濟產物付費，就不能算是真正在銷售某種經濟產物。對於體驗來說，就代表顧客要支付入場費。如果你比競爭對手更能吸引顧客的感官注意，那意味著顧客偏愛你的產品，如果你不因為顧客使用它而收費的話，那你的體驗就不是一種經濟產物。你可能為你的服務設計了十分精采的體驗活動，但是就像音樂廳、主題公園一樣，如果你沒有因為顧客觀賞或參與活動而明確地收費——只是為了吸引顧客進入，正如音樂會、主題公園、運動場、以動作為主的活動和其他體驗場景——那麼你並不是在從事一項體驗經濟活動。㉕

　　可能是因為擔心、不確定或有疑慮，你打消了收費的念頭，但收費仍然是開展此類經濟活動的標準。你應該問問自己：如果要收取入場費，我們還可以做些什麼不一樣的嘗試？經過這樣的思考，你會發現何種體驗最能吸引客人。底線是：只要你還在免費贈送體驗，你的體驗就不值得付費享有。

　　一些零售商也開始提供類似的服務。當你下次到「布魯克史東」（Brookstone），看著顧客來到這裏把玩一下最新的高科技設備，不妨觀察一下店裏來來往往的人。許多人都沒有想到能夠用一用，更不必說擁有這些平時不可能擺放在家裏或辦公室的東西。但是注意一下，在這兩家店，很多人都在使用神奇的高科技產品，聽迷你的 Hi-Fi 播放機，躺在按摩椅或按摩床上享受，然後不花一分錢就離開。他們不用為他們重視的價值（我們名之為體驗）付費。❷❻ 他們不為入場收費，也許人們會開始猜想，布魯克史東是否不久也要跟隨「更有型」（Sharper Image）的腳步，到頭來會只剩下郵購與線上購物的業務。

　　像這樣的一套設施可以收入場費嗎？目前，只有少數人會願意花錢只為了進到店裏，光靠入場費當然不足以支撐店面的日常開支。但如果布魯克史東公司決定收費後，這會「逼迫」公司提供更優質的體驗以吸引顧客，而且是經常性的體驗。而所經銷的商品也必須常常變化，可能是每天一變，甚至是每小時一變。透過示範、展示、競賽等多種活動方式，把商品展現給顧客，使他們沉醉於商品世界裏，就可以加強他們的體驗。加入會員的費用讓他們可以試用新產品，或是借用「本月最暢銷產品」。的確，這將不再是另一家商店而已，而是可以逃離購物商場的現實。零售商或許會因此而銷售更多的商品。

　　那麼「耐吉城」（Niketown）是如何做的？它最初的設計就是強化這類的體驗元素，例如在「耐吉城」裏，逐年展示以往各代的耐吉鞋，還展示運動員穿著耐吉鞋的《運動畫刊》（Sports Illustrated）封面，同時還有半個籃球場。一篇針對芝加哥第一家耐吉城的報導說，耐吉城「建造得像一家劇院，顧客就像參與製造過程的觀眾。」❷❼ 透過這些旗艦店，「耐吉城」期望樹立自己的品牌形象，以促進耐吉鞋

在其他非耐吉的零售店銷售，同時維持自己的店面，而不與其他零售
通路競爭。

　　那「耐吉城」為什麼不明確地收費呢？如果收費的話，「耐吉城」
就應提供更富有挑戰性的活動。例如：在籃球場上舉辦籃球賽，和
NBA的退役明星單挑，或者與WNBA的隊員一較高下，最後每人可
以購買一件標有日期和比分的「耐吉城」T恤，拍一張戴有冠軍戒指
的照片。發掘體育明星過去的光榮，還可以把「耐吉城」變為一個具
有教育和娛樂雙重意義的互動舞台。我們相信耐吉城可以像美國女孩
一樣，收取入場的費用。事實上，不收入場費，耐吉的商店已經漸漸
成為堆放商品的地方而已。籃球場、教育視訊和其他浸潤其中的體驗
皆如昨日黃花，在他們的店裏，只剩下更多成排的鞋子和衣物。

　　沒錯，收費會造成難以吸引首次造訪的顧客（「你是說，我得付
錢才能進去？」），卻容易讓顧客再度上門。此外，收費還有另一項好
處，就像主題餐廳想盡辦法要顧客再度上門，收費就可以改變消費者
對商品、服務的整體評價。如果，餐廳只想從餐飲的部分回收成本，
那麼顧客很快就會對免費的體驗部分習以為常，卻開始抱怨餐飲太貴
了，那怎麼還會再來呢？透過收費，顧客會正確地評估他的每一種消
費──商品、服務和體驗，並認為合情合理。同樣的情形也適用於直
銷商、網站經營者、保險公司營業員、財務經紀人、B2B的行銷商，
或是其他摸不著頭緒的企業，他們用免費的體驗去包裹所費不貲的商
品或服務。許多零售商店──玩具店Imaginarium、運動鞋店Just for
Feet、Discovery頻道的子公司The Nature Company、日本潮流鞋舖
Oshman's，以及華納兄弟（Warner Bros.），只是舉其犖犖大者──的
敗亡，證實了那些未曾考慮收取入場費用者的命運。再加幾個零售商

——紐約史瓦茲玩具店（FAO Schwarz）、時裝連鎖店 Eddie Bauer、吉他中心連鎖零售店（Guitar Center）、家飾寢具用品店 Linens 'n Things，以及當然，迪士尼本身。

迪士尼在主要景點之外開設的專賣店，剛開始經營得不甚理想，除了背景播放的迪士尼影片之外，它的商店和普通商店一樣，沒有什麼特色。人們還把這一失敗歸咎於迪士尼未曾收取門票，因為進去店裏不用花錢，結果，迪士尼只是提供了逛街的場所，並沒有讓人體驗到一場神奇的探險。後來，迪士尼在建築和裝修上花了很大的心血——比如說曼哈頓城中的旗艦店，一進入店裏就像來到迪士尼樂園一樣——但是整個環境卻很不協調。商場裏面的電梯，無論從裏外看起來，都像一座白雪公主的城堡入口，但是電梯裏播放的搖滾樂卻與中世紀的背景不搭調，員工只顧著四處聊天。可能這些都不是迪士尼的初衷，也可能是執行方面做得不夠好，但是這種經營狀況就是因為沒有進行必要的收費造成的，當然也有損迪士尼的品牌形象。迪士尼終究是結束了零售方面的業務，一直到它的授權商 The Children's Place 破產之後，才又回來，如今它終於加上了像是「魔鏡」和開店儀式這類的體驗。

或許針對商店的某一部分、或是某一段時間先進行收費，也是不錯的做法。蘋果公司的零售店——在這裏，熱情和前景都朝向「相聚、學習、創造」（Gather. Learn. Create.）——曾經有一段時間針對它一對一的教學收費。顧客繳交會費99美元，只能得到系統的設定與檔案轉移的服務，但還可以跟個別的訓練師安排一次一小時的訓練課程，或是兩小時的「個人計畫」課程。因此，在這些課程進行的同時——而且通常是蘋果自家的訓練師——除了商品與服務的營收之外，

一部分的空間與時間帶來了以體驗為主的營收。

　　分佈於新英格蘭地區的四家「喬丹的家具」（Jordan's Furniture）建造得就像遊樂場一樣，該公司提供了無數的體驗（包括第三代老闆巴里和艾略特・泰特爾曼〔Barry and Eliot Tatelman〕兄弟的發聲機械人偶；一種紐奧良波本街的嘉年華〔Bourbon-Street-theme Mardi Gras〕的氣氛；還有一座IMAX電影院）。喬丹家具目前隸屬於巴菲特（Warren Buffett）的波克夏・哈薩威控股公司（Berkshire Hathaway），他們依然為顧客免費提供這些體驗。但是他們在麻州艾文鎮（Avon）的另一家店，卻是要買門票才能玩「太空機器」（Motion Odyssey Machine）。遊客在那裏可以玩過山火車、失控卡車等等。如巴里・泰特爾曼時常說的：「現在每一椿事業都是娛樂事業。」

　　在徹底的體驗經濟時代，我們將會看到，不管是零售店還是購物中心，都要對進入商店購物的顧客收費。[28]實際上，這樣的店已經存在了。比如說，迪士尼的主要對手環球影城針對「城市漫遊」（City Walk）收取門票（以停車費的形式收取）。但是明尼蘇達的文藝復興節（Minnesota Renaissance Festival）、加州的吉洛伊大蒜節（Gilroy Garlic Festival）、加拿大安大略省的基次納－滑鐵盧十月節（Kitchener-Waterloo Oktoberfest），以及一大票節日慶典都會收取門票，而事實上它們都是露天式的購物中心。消費者發現這些慶典是值得付門票參與的，因為主辦單位以引人入勝的主題，展示了獨特的體驗，然後在顧客購物之前、之後和過程中，透過展示一些豐富的活動來抓住顧客。

　　比方說，在明尼蘇達文藝復興節中，遊客必須付費才能進入商店購物。遊客發現這些店真的值得花錢逛一逛，因為業者提供的服務和活動既有特色又有意義，這些都有效刺激了顧客的購買欲。英俊的騎

士和美麗的少女會引導遊客到明尼亞波利斯外圍的占地22英畝的亨利國王和凱瑟琳王后的王國一遊，你可以按照王國導覽圖（News of the Realm）參加一整天的慶典活動。許多娛樂人員打扮成文藝復興時期的各種角色——魔術師、雜耍人、歌手、舞蹈家，甚至還有一對人稱「嘔吐和流鼻水」（Puke & Snot）的笨手笨腳的平民——都會吸引遊客駐足觀賞，不僅是遊客本身（不少人自己都會穿上那個時期的服裝），還有他們的同伴，每一個人都玩得非常開心。活動中使遊客感興趣——而且可以運用到任何體驗上——的有：

- 各時期的示範表演（例如製作盔甲、吹玻璃、裝訂書籍等）
- 工藝品DIY（擦拭銅器、製作蠟燭、書法）
- 備有獎品的遊戲、競賽（射箭、巨大的迷宮、雅各的梯子）
- 人力或動物（不用電力的）拉車（大象、小馬和四輪雙人座馬車）
- 食物（火雞腿、蘋果布丁、佛羅倫丁冰塊）
- 飲料（啤酒和葡萄酒，還有蘇打水和咖啡）
- 表演、慶典、遊行和各式各樣的狂歡（魔術、木偶、比武，某些項目會額外收費）

　　更不用說還有無數的文藝復興主題商店了，他們銷售的都是文藝復興時期的工藝品——珠寶、蠟燭、陶器、玻璃、樂器、玩具、裝飾品、植物、香水、壁畫和素描，或是面部彩繪、星象解讀、畫像和漫畫之類的服務。幾乎每位遊客離開時，都拎著大包小包，這場文藝復興節的體驗顯然吸光了所有的購物預算，那是原本要在傳統購物商場和其他零售暢貨中心裏花的錢。

　　幸運的是，對他們的傳統競爭者來說，這樣的節慶活動並不是一年到頭舉行的……目前還不是。例如明尼蘇達的文藝復興節，是在每年八月中旬到九月底，這段時間的週末和勞動節當天都會開放，由於活動周期較長，遊客不可能經常來。但是如果合理利用場地和設施，經常變換活動的主題，那麼就會吸引遊客不斷前來。就像劇院知道如何吸引觀眾經常來看戲一樣，涉足體驗經濟的公司應該懂得如何開展豐富的體驗。美中節（Mid-America Festivals）、經營明尼蘇達文藝復興節的公司和其他州的類似活動，都會在同一個地點加上萬聖節的體驗（恐怖之路、怪獸莊園〔Gargoyle Manor〕和萬聖節聯歡會〔BooBash〕），以及聖誕節主題的美食和娛樂，例如費茲威格聖誕大餐（Fezziwig Feast）。想要擁抱體驗經驗的購物中心必須學習如何安排巡迴活動，就像很久以前的劇院，以誘使人們願意一再付費進場。

　　你認為人們會瘋狂到花錢去體驗在當地商店購物的感覺嗎？想想過去，二次大戰後，當美國經濟開始復甦的時候，復員的美軍開始在郊區買房子、買新車、購置廚具。如果你告訴那些人，將來一般家庭都會花錢請別人為汽車加油、為孩子做生日蛋糕、幫忙洗衣服、除草，而且這些現在看起來很普通的服務都要收費，他們一定會說你瘋了。或者設想一下幾百年前，你告訴農夫，往後幾個世紀人們將不再親自種田、建房子、狩獵、伐木，甚至不再自己製作衣服和家具，他們也會說你瘋了。

　　過去免費的東西，現在要收費了，經濟進步的歷史就是這麼構成的。在全面的體驗經濟時代，我們將摒棄以前的做法，不再只靠自己，而會去體驗新奇的事物，越來越會花錢請企業為我們展示某些體驗，就像我們現在要為企業提供的商品和服務付費一樣，這些商品和

服務過去曾經是由我們自己生產的：我們曾經自己為自己送貨取貨，
自己為自己製造東西，自己為自己提煉加工初級產品等等。我們發現
自己會越來越把錢花在各種不同的地方或活動上。

　　付費的體驗並不只限於付費入場，雖然這類的入場費已經變成最
基本的收費模式。顧客除了在體驗的一開始付費之外，在每一項活動
或每一段時間都可能必須付錢。無論是在入場時、活動項目、或每個
時段收費，付費的客人得到的權利可能是明訂式的、或開放式的。如
圖3-1所示，安排體驗的人可以收取六種形式的入場費：

- 入場費：付費進入一處場館或活動，例如看電影、看舞台表
  演、看運動比賽、或是進入貿易展覽場。
- 每一項活動費：付費參與一項活動，例如玩商場遊戲、玩下賭
  注的遊戲、參加一項競賽、或是參加研討會或論壇。
- 每一個時段費：每一段時間——每一分鐘、一小時、一天、一
  星期、一個月、一季、一年——付費，例如衛星電視公司、網

圖3-1　入場收費形式

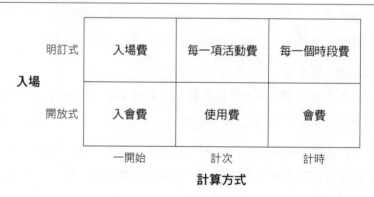

入場	明訂式	入場費	每一項活動費	每一個時段費
	開放式	入會費	使用費	會費
		一開始	計次	計時
			計算方式	

路、俱樂部或協會的費用。

- **入會費**：與某一項體驗產生關係的費用，例如加入某一鄉村俱樂部、社團、網站或社交網。
- **使用費**：付費取得入場、參與、時間、關係或某種資格，例如可進入後台的費用、初學者的費用、試用期的費用、「專業席位許可證」（professional seat license）或是試用的會員費。
- **會費**：付錢加入某一團體的體驗，例如俱樂部、聯盟、論壇、合作社或其他協會，無論是團體或個人。

　　入場費是在加入一項體驗之前要支付的費用；活動費是在一項體驗之中（或之後）付的；時段費是為了多次取得體驗而付。入會費是為了加入，被接受而付；使用費是為了通過某一關卡去體驗一項外人止步的活動；會費則是為了繼續有歸屬感所付的費用。

　　切記，**你屬於哪種產業，要看你針對什麼收費**。了解這許多種不同的入場收費形式，你就有機會和顧客形成不同的經濟關係──也會因此而改變你的產品的價值。例如，飯店通常要求客人在早上的某一個時間退房，這依然停留在**房間價格**的服務心態裏，但基本上客人支付的費用是為了各種直接或（往往是）間接代表他們去進行的活動。這種要求往往會讓客人感到沮喪。飯店可以轉移到體驗的心態，以**每日房價**形式，收取不同時段的費用，讓客人可以在退房之前，停留整整二十四小時。（或是換成另一種做法，收取每小時的費用，如飯店連鎖 YO! 公司的 YOtel 目前的收費方式。）任何企業都可以考慮各種不同的方法，自我改變；上述的六種入場收費方式都可以組合起來，帶來更強的忠誠度。

明明白白地為體驗收費，相對於為商品及服務收費，同一個行業中不同的作風會從根本上造成不同的財務表現。例如錄影帶出租業。百視達（Blockbuster）曾經主導出租錄影帶這一行，以每一支電影計費的方式，延遲歸還要罰錢（沒錯，罰錢！）。後來Netflix進來了。它採取不同的計費方式，它收取的費用是為了看電影的體驗（而不是租電影的服務）。Netflix的顧客只要每個月付一次費用（每一時段費），在這段時間裏，顧客可以無限量看電影，除此之外，Netflix重新塑造了潛在的送貨服務，而且還迫切地想要再次變換方法。為什麼？因為Netflix是以時間（每個月）計費，而不是以服務（每一支電影）計費，它不認為新的技術平台會威脅到它在服務上的營收，而是可以用來降低送貨成本，以支援它在體驗方面的營收。

思考另一個以時段計費的可能性。想像你付給一家公司年費，請他們仔細管理需要時常替換的玩具，做為陪伴孩子成長的禮物——而不是讓親戚朋友送孩子太多（也難免有許多用不到的）玩具。想像一個類似的為大人做的衣櫥管理，定期有專家幫忙選擇、維護及替換衣物——而不是讓衣櫥裏塞滿了難得穿到的衣服。這種以預訂為主的衣櫥可以是客製化的，根據顏色分析、個人對流行的意識，以及真正的穿著與毀損的狀態如何而定。或是想像雜貨店的服務，他們可以各別為顧客包裝各種商品和食物。當有許多人已經超重，難道零售商不能收取一段時間的費用，以限制每週顧客最多只能從該店帶回家多少食物熱量？任何行業，只要能夠根據體驗收費，都可以因此而獲利。

針對體驗收費並不意味著要停止原來的商品和服務（儘管一些公司真的會不再出售他們的低級品，轉而提供更高級的服務，例如電信公司為了大力推展無線服務，不再銷售手機，而是針對申請使用服務

的顧客免費贈送手機）。迪士尼公司從停車、餐飲、紀念品銷售和其他服務中也獲得極大的利潤，但是如果沒有趣味橫生的體驗，沒有主題公園，沒有卡通、電影、電視節目，那麼一切將不復記憶，也不會發展出這許多人物角色。迪士尼也是從提供低檔的服務和商品開始，逐漸變成頗具規模的迪士尼樂園的。在體驗經濟時代，體驗推動著經濟成長，也會衍生對商品和服務的基本需求。所以你可以去開發可展示的體驗，而且是具有魅力的體驗，讓你現有的顧客願意購買門票去體驗它，然後再為你的服務額外付費，因為它們如此迷人；或者他們也想購買你的商品當做紀念品。如此一來，你就不僅是在跟隨迪士尼，而且是在跟隨明尼蘇達文藝復興節、美國女孩樂園、Prix fixe式的餐廳，以及一批已經進入體驗經濟的企業的成功軌跡。

同樣的原理也適用於B2B企業：為它們的顧客展示體驗，會驅動顧客對目前商品和服務的需求。在這類企業的經營中，與購物中心最相近的是商展——這是一個尋找發現的地方，也是個學習了解的地方，而且只要滿足了某一需求，就會成為購買商品和服務的地方。商展的舉辦者已經收了門票（而且定價可以再高，如果他們展示更好的體驗），單一企業同樣可以。如果某一企業設計了值回票價的體驗，那麼顧客將樂於付費，以購買這種體驗。

同樣的，在改組過的B2B關係裏，所有的入場收費方式都是公平的。大量從事研發的公司可以收取會費，付費者可以查閱隨時進行的研究發現，以及開發出來的智慧。新的以體驗為主的營收溢注將會出現，以取代新產品或服務終於問市之後才回收成本的運作架構。畢竟，新的產品或服務一旦上市，就會被還原，或是複製，再以更低的價格上市。在醫藥、醫學設施與其他醫療業中，收取參閱研發成果的

費用，也許就可以解決因為成本問題嚴重而造成的動亂（非法進口、仿冒、走私等等）。

　　是否每一家公司都能夠收取入場費呢？不，只有那些設計出能夠涵蓋所有四個領域的豐富體驗（即娛樂的、教育的、逃避現實的和審美的）而設立適當的舞台，並且只有那些使用前面所述的原理來創造具吸引力、值得記憶的體驗的企業才能這麼做。收取入場費是最後的步驟，首先你必須設計出值得人們付費購買的體驗。

　　但是要幫助營收成長，創造就業機會，增加財富，確保此刻與未來持續的經濟成長，推出值得收取入場費用的體驗正是必要的步驟。為產品與服務收費已經不夠。我們不應該再拿太多的玩具去轟炸孩子們，而是需要新的玩具管理與兒童成長公司——其運作方式基本上就像玩具業的Netflix。我們不再需要一個塞滿衣服的衣櫥，我們需要有人來幫我們管理衣櫥。我們需要新的營養食品收費模型。基本上，我們不能再繼續保護古老的大量生產企業，而是要開始鼓勵新的客製化的努力。這樣的演出必須繼續下去。

第4幕

讓你也參與進來
Get Your Act Together

商品客製化之後，會自動轉變為一種服務；而服務客製化之後，可以
為顧客帶來積極的體驗。想要利用體驗經濟超越對手，首先要客製化
你的商品和服務。

　　還記得你上一次在飯店、修車廠或機場，碰到的非常糟糕的服務嗎？在很多情況下，這樣的遭遇會使我們一輩子都記得這家公司，也成為社交場合的絕佳話題。我們經常忘記優質可靠的服務，但偶爾的不幸卻刻骨銘心。在服務上栽跟斗的公司發現：讓顧客記住自己公司的最便捷途徑，就是提供特別糟糕的服務。

　　想確保不良服務其實很簡單：不管顧客是誰，不管顧客需要什麼，都提供一樣的服務。自從服務提供商發現「大量生產可以大幅降低成本」後，顧客就一直享受到這種「待遇」。更慘的是，衝擊製造業的「商品化」力量正在衝擊服務業。服務提供商改造他們的客服中心，強制減少通話時間，精簡已經忙不過來的一線員工以節省固定成本。結果如何呢？員工與顧客接觸的時間少了，服務品質也降低了。不管顧客所需，一味強調降低成本，這些公司正在將自己商品化。對於顯然不佳的服務，顧客又有什麼理由支付更高的價錢呢？

　　但是相反的原理也是正確的：為顧客提供客製化的服務會給顧客帶來正面的體驗。當然，客製化並不是根本目的，其根本目的是為公司創造出獨特的客戶價值。當一種產品滿足以下條件時，基本上可以認為它提供了獨特的客戶價值：

- **特別針對每一顧客**──在特定的時點為顧客提供需要的服務
- **針對顧客的特點**──設計符合顧客需求的產品（儘管其他顧客會有相同的需求而購買相同的產品）
- **只為某一顧客**──不試圖提供過多或過少的服務，而是顧客恰好需要的服務

當一家公司能提供這種獨特的客戶價值時，它就比那些強加給顧客一成不變的商品和服務的公司多邁出了一大步。

例如克利夫蘭的先進保險公司（Progressive Insurance）為理賠人員配備了裝有個人電腦、衛星連線以及其他所需設備的立即回應廂型車（immediate response vehicle，簡稱IRV），它唯一的目的，就是有效應對意外事故的索賠。當對方當事人的保險公司也許還要花上數日或數星期的時間才能安排好時，先進保險公司的索賠者卻發現他的特定需求已經到手——不僅拿到支票，還有一杯咖啡，而且如果需要的話，可以在廂型車裏的沙發上休息幾分鐘（或是安排一趟接送服務）。並可以透過理賠員的手機安慰家人。由於先進保險公司將理賠服務客製化，他們的服務超越了索賠者的預期，同時滿足了索賠者在物質和感情上的需求。而在這麼做的同時，公司的成本其實降低了。

自動升級

商品的客製化也有同樣的效果：商品客製化後會自動轉變為一種服務。讓我們看看戴爾公司。自從1984年，麥可·戴爾（Michael Dell）在德州大學的宿舍裏創辦了這家公司，他就把重心放在生產電腦與個別顧客訂單的需求。一直到最近，該公司在生產個人電腦（以及逐漸開始生產伺服器、開關、消費性電子產品等等）時，都一定是有一個活生生會呼吸的客戶，提出明確所需的規格；它從未生產一台電腦而放在製成品的倉庫裏。戴爾公司透過它的網路配置器（configurator），或是一個電話客服中心，或是（針對大型企業客戶）直接由業務員接洽，該公司和顧客合作，定義出特別的電腦產品，以

符合顧客的個別需求。

　　在瞬息萬變的電腦業，戴爾的成本低於那些庫存滿滿的大量生產製造商，靠的就是它所謂的「現金轉換循環」（cash conversion cycle）——它付錢給它的供應商和顧客付錢給它之間的時間。對大多數的製造商來說，那可能要好幾天、好幾個星期，甚至好幾個月。（試想那些汽車製造商把「裝上輪子的鐵」〔tired iron〕推向他們的販售商，以這一行來說，通常是六十天的供應期。）至於戴爾，在會計年度2010年，它的現金周轉是**負的**三十六天。❶（那還是高的，低的可以低到負四十或五十——直到2007年戴爾開始在零售商銷售產品，那是由於業界的競爭所致。）這意味著它的營運資金是負數，它的成長是來自於顧客在收到產品之前便預付款項，而供應商則是在交貨之後許久才能收到貨款。

　　現在，讓我們以傳統上區分商品與服務的角度來思考戴爾。商品對匿名顧客都是標準化的，而服務則是針對每一個顧客量身訂做的——將軍。商品是需要備有存貨的，而服務是根據需求隨時送達的——再一次將軍。最後，商品是看得見摸得到的，而服務是無形的——戴爾和顧客的互動中，有一部分就帶有這種性質，他們協助每一個顧客去決定他、她或它需要什麼樣的產品——你輸了！所以，儘管賣的是以實物形式存在的硬體——個人電腦和其他產品，但是根據需求進行客製化，也就意味著一種服務。就跟服務一樣，戴爾的很多產品都能做到客製化，因此這家公司的經營是占有優勢的，它可以為個別的顧客安排體驗——這是麥可·戴爾在2007年回來擔任執行長時，所強調的優先工作。❷

圖4-1　向上升級的經濟價值遞進

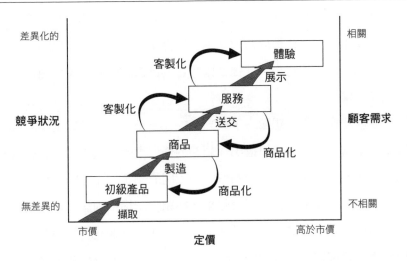

如圖4-1所示,當商品和服務客製化以後,它們的經濟價值就自然而然地升級。(對那些初級產品來說,這樣的價值提升是不會發生的,因為初級產品的可替代性,其物理狀態不會發生變化,更別提客製化了。)因此,當一家企業能提供與顧客的需求最接近的產品時,就能從為數眾多的同類競爭者中脫穎而出,也就提升了相對的價值,同時可以向顧客索取相對的高價。想要藉體驗經濟而領先的公司,必須馬上客製化他們的商品和服務。

大量客製化

戴爾和先進保險公司**大量客製化**其產品,大量客製化意味著,在當今激烈競爭的環境中,有效地滿足顧客的特殊需求,為他們提供物超所值、充滿個性化的產品。❸當然,暫時性的客製化,也就是每一

次都得決定如何更改操作，這也可以達到同樣的效果，但是成本太高了。那些想同時充分利用「大量」和「客製化」的公司，必須將商品和服務模組化，這樣可以有效率地生產標準模組，同時可以將不同顧客的不同需求搭配起來，就像戴爾將它的硬體和軟體的零件組合成它的產品一樣。

　　要理解模組化，想像一下樂高（Lego）積木。你可以用樂高做什麼？答案當然是，你可以搭出你想要的任何東西。這是因為它們的積木有許多不同的大小、不同的形狀和不同的顏色，還有簡單精緻的標籤和插孔，很容易將它們組合起來。模組化結構由兩個基本元素——一套模組和一套連接系統——組成，使得大量客製化得以實現。❹這種建構方式創造出一個空間，讓公司可以盡其所能為顧客服務，而且在這個空間裏，公司可以在特定的時刻，為一個特定的顧客交出一個特定組合的模組。以戴爾的案例來說，該模組就是個別的電子零件——中央處理器和記憶體、磁碟機、USB槽和軟體等等——而連結系統則是電腦的主機板，所有的零件在這裏連成一氣；每一台電腦的組成可以因為顧客不同而截然不同。

　　像先進保險公司這種需要大量客製化服務的公司，不是用具體的成分，而是用流程模組來建構它們的模組化結構。讓我們看看聯邦快遞公司（FedEx）。它收送的每一個包裹都必然是獨一無二的，有不同的內容，而且必須從不同的A地點，送到不同的B地點。聯邦快遞由於它那模組化的運送路線而可以將工作完成——一夕之間，而且以不可思議的低成本。一部廂型車在A地點收取一件包裹，接著把它和其他沿途收取的包裹送到當地的一座倉庫；那座倉庫把它所有的包裹裝進一部大卡車，送到機場的一個更大的倉庫；接著那許多包裹搭乘飛

機到聯邦快遞的中繼站，例如納許維爾（Nashville），接著這些包裹一路沿著模組化的路線，妥善地分類與發送，到達B地點。

　　或者，因為那是聯邦快遞唯一能夠支撐它的服務的方式（沒有其他大量生產的方法），那麼我們再來看看位於墨西哥蒙特雷（Monterrey）的墨西哥水泥公司（CEMEX），那是舉世知名的大型水泥公司。人們多少把水泥當成一種初級產品對待，但是墨西哥水泥公司的特色就是大量客製化，它把已經攪拌妥當的水泥以**服務遞送**（service delivery）的方式送達客戶手中。建築工地在倒水泥的時候，為了順應天氣和它們的營造時程，通常必須趕上一些期限。要準時交差，交通狀況往往是一大阻礙（試想墨西哥市的交通）。因此墨西哥水泥公司開發了一套名為GINCO（西班牙文的縮寫，代表「水泥整體管理」的意思）的營運系統，來處理它所有的後勤補給，包括將它的每一部卡車做好衛星定位。由於該公司的卡車上都裝滿了混凝土（黏糊狀態），並且一路追蹤它們的去向，因此客戶可以只要提前兩個小時訂貨。GINCO可以找到水泥含量正確的卡車，然後派遣（而不是安排計畫時程，那是大量生產者喜愛的工具）卡車在正確的時間到達正確的地點。墨西哥水泥公司以它客製化的運送流程，創造了獨特的顧客價值，而不是用它標準化的水泥。

　　除了模組化結構，大量客製化仍需要一種環境模組，包括兩種基本元素：一種設計工具，將顧客需求與公司的能力相匹配；一種經過設計的互動，在其中企業展示一種設計體驗，可以幫助顧客決定自己的確切需求。如果沒有這種模組，潛在顧客將會被模組的太多種組合弄得摸不著頭緒，不知道哪一個比較有道理。有些設計工具，像先進保險公司的膝上型理賠調整系統，戴爾的網路配置器，甚至墨西哥水

泥公司的GINCO軟體都有助於管理繁複的事務，它們一方面可以改變產品以滿足顧客需求，但是另一方面卻造成了阻礙，讓顧客無法判斷自己真正的需求。

1990年代初，明尼蘇達州貝波特（Bayport）的窗戶製造商安德森公司（Andersen Corp.）設計了一個名為「知識之窗」（Window of Knowledge）的多媒體設計工具，幫助經銷商與顧客打交道。這個軟體可以讓顧客用超過五萬種的零件來設計窗戶，並可以觀看自己的設計結果（該軟體設計了非常美麗精致的房屋背景，讓每一位客戶都忍不住發出「哇塞」的讚歎）。

可是，單單提供一種設計工具是不夠的。安德森公司的成功不僅是因為培訓經銷商如何使用「知識之窗」，他們同樣重視經銷商與顧客的互動。幾年下來證明，受過良好訓練的經銷商業績成長了20%，那些不肯接受這項工具或不肯接受培訓的經銷商業績甚至出現下滑。安德森公司的工具——給經銷商使用的軟體名為iQ，即聰明報價（Intelligent quote）的縮寫，以及給消費者使用的網路工具——在於其工具的易用性：顧客可以毫不費力地從無數種組合中進行挑選；如果經銷商真給他們看到那所有的窗口，顧客就會覺得這種互動的方式實在是令人難以招架。

只有在組合情況比較少的條件下，公司才可能展示所有的組合供顧客選擇。這樣一種「巨型目錄」未必會讓人不愉快。實際上，透過檢索功能表和目錄的方式可以創造一種獨特的客戶價值。比如海角天涯公司（Land's End）就在他們的目錄中加上有顏色的可供標示的書籤，這樣客戶在進行購買前的檢索時，就很容易找到他們的標記，或是像亞馬遜書店的做法，顧客在網路上瀏覽時，它會列出「最近檢視

過的書」給他們看。

　　第二種互動的方式是「逐步發現」，就是在各個片段的目錄中，逐漸找到想要的組合。採用的方式除了檢索還有填入式功能表、選擇矩陣、以及類似安德森公司採用的設計工具，甚至是在一張白紙上一一寫下選項。戴爾的網路配置器讓顧客在選定一個起始點之後，就決定了客製化的過程，從一整套相當標準卻各有特色的產品當中做出選擇。一旦他們決定了接近他們需要的產品之後，就可以更進一步量身訂做，選擇各種不同的組件，包括監視器、喇叭、作業系統、支援服務等等，每一個網頁只有少許的選擇。類似這樣的設計工具，讓客戶有機會調整自己的選擇，直到決定他們確實需要的組合為止。

　　第三種也是最後一種互動方式，是在顧客面前刻意隱藏那些設計工具。為什麼一家從事大量客製化的公司要這麼做？因為顧客需要的是「獨特的客戶價值」，有時並不想參與太多決策過程的細節。就像墨西哥水泥公司GINCO系統中的環境模組結構，營造公司沒有興趣參與時時刻刻進行的派遣決策。墨西哥水泥公司運用它的設計工具，為每一個工地提供正確的水泥組合，而不用去干擾到客戶的工作。先進保險公司也使用名為「先進自動索賠管理系統」（Progressive Automated Claims Management System，簡稱PACMAN）的隱含式設計工具，為賠償進行調度。他們不會用那些細節去打擾原本已經感到不安困惑，或者就只是覺得很尷尬的索賠者。理賠人員將原本令人討厭的互動變成一種愉快的體驗。也沒有人需要去了解聯邦快遞如何將包裹從A地點送到B地點——雖然聯邦快遞也充滿善意地讓他們能夠在線上進行追蹤——寄送者只需要知道它每一次都可以準時到達。

　　對這些公司而言，大量客製化意味著將體驗的價值呈現在顧客面

前。它們找出現有大量生產的商品和服務的不足，辨認顧客的特點，創造了模組化結構以滿足顧客的特殊需求，最終設計出環境模組結構，透過客製化大大提升了經濟價值。所以，它們現在已經超越了商品和服務，滿足顧客真正的需求。

但是別弄錯了：人們越來越想要得到量身訂做的產品。想想看我們都是怎麼按照自己的品味打造我們的個人科技——MP3、手機、平板電腦、電腦。蘋果在這方面的表現尤其出色，它讓人們幾乎可以隨心所欲地按照自己的喜好調整這些產品。人們可以創造自己的播放清單、帳號清單、應用程式、軟體等等，之後這每一個設備都變成一個獨特的藝術作品（也是令人珍愛的寶物）。尤其是那些正在成長中的人，對他們來說，這類科技幾乎已經是他們的第二天性，因此他們絕對不會放棄量身打造這些產品的能力——當然也會慢慢開始去要求他們真正想要的產品，不管是對哪一家公司或哪一個行業。

顧客到底需要什麼？

大多數公司還是不肯大量客製化他們的商品和服務。他們透過供應鏈管理，藉由多種經銷管道提供多樣化的產品，讓顧客自己去判斷。製造商堆積了大量存貨，服務提供商以過多的人員和供應品來因應龐大的潛在需求。這毫無疑問增加了成本，提升了操作的複雜性。

更糟糕的是，顧客想要找到自己所需的產品簡直像是大海撈針。實際上，增加產品多樣性可以使少數顧客精確地找到他們所需的產品，但是必須花費大量的選擇時間。這種代價其實一點也不小，好比從一般超級市場近35,000種商品中進行選擇。相當多的顧客找不到自

己真正所需的東西，而一次又一次地重複糟糕的體驗。

面對分類日益精細的市場，根據潛在的而又不確定的需求的預期，去生產盡可能多種類的商品，這種做法被認為是固守大量生產模式的商家所使用的最後絕招。**但是多樣化並不等於客製化。❺** 多樣化是指先生產出多種類的產品，多管道地推向顧客，期望顧客挑中它們，以滿足潛在但不確定的需求，這可以看做是大量生產對日益分化的購買需求的因應。而**客製化**是指根據顧客的特殊需求而生產。因此，我們常見到的現象是，企業生產了繁多的產品後就大步走開，從不幫助消費者迅速完成漫長的挑選過程，讓消費者在這個決策過程中不用太費力。基本上說，顧客不希望作選擇，他們只是想獲得他們真正想要的。一個設計良好的互動工具，可以不費力氣地測知顧客的特定需求。要提升經濟價值遞進，不管是從商品到服務，還是從服務到體驗，公司必須利用互動工具去了解顧客的特殊需求。

公司必須將顧客的需求資訊及時反映到生產上，以便有效因應需求，進行生產，將傳統的供應鏈轉變為需求鏈。切記，客製化的意義是，為每一個顧客在他需要的時刻提供需要的商品和服務。儘管大量客製化服務需要較大投資，開發必要的產品、流程、人員、技術等，但最終成本卻與大量生產相當，甚至更低。

以赫茲租車公司（Hertz Corporation）的頂級黃金計畫俱樂部（#1 Club Gold Program）為例。他們告知顧客，該服務每年花費60美元，第一年免費，但可得到相同的服務，只要每次經過檢票口時告訴司機顧客的姓名即可。然後顧客在黃金區域下車，在那裏可以看見自己的名字出現在一面大型顯示幕上，指引顧客找到自己的車。當顧客走近汽車時，會發現後面的行李箱會打開，以方便放置行李。顧客還

會發現在車內的後視鏡上掛著個人協定，他的姓名赫然出現在協定上。如果需要，他可以打開汽車的空調。從顧客進入車中並報出姓名的那一刻起，赫茲才嚴格按照顧客的特殊要求去做。赫茲公司發現，他們的這種體驗提供方式比提供標準化的服務要節省成本，這也是他們不收第一年的60美元年費的原因（這在普通人眼裏是錯誤的）。公司只應該就增值部分收費，而且藉由會費，公司可以提供更好的租車體驗。

　　當然，決定客製化的商品價格不是一件容易的事，哪一部分需要客製化？哪一部分仍然標準化（比如赫茲一例中的汽車）？供應鏈中哪一部分客製化會讓顧客最心動？哪兒才是獲利的關鍵所在？另外，模組化和環境結構設計在有效創造顧客體驗中究竟有多大作用？

　　要回答這些問題，許多公司求助於顧客滿意度，或者「顧客回饋」等調查技術來蒐集資訊。它能有效蒐集顧客的**一般**需求資料，但對於公司如何將商品大量客製化就無能為力了。畢竟顧客滿意度調查是為了預測**市場**，而不是針對單一顧客的需求與滿意度。很少有公司會仔細審視顧客的特別需求，他們只是設計易於表格化處理的問卷調查，挑選幾個所謂的能夠代表顧客整體的個人做調查，但由於沒有深入考察顧客的特殊需求，而且每一個填表的顧客並不能直接受益，這樣的做法並不是十分有效。

　　進一步說，很少有顧客滿意度調查涉及到填寫者本人的特殊需求，更多的是採用預先擬好的類別讓顧客給該公司評分（預先定義好等級標準），經理人實際上得不到所需的關於顧客特殊需求的寶貴資訊，因為大多數問卷都是這樣的：我們公司做得如何？一家航空公司的問卷甚至有這樣的標題：「幫助我們再造我們的航空公司」，這樣

的做法若不是高估了普通顧客的影響，就是低估了企業再造的性質。

一種更難忘的衡量標準

正如J.D.鮑爾及合夥人公司（J. D. Power & Associates）的戴夫‧鮑爾三世（Dave Power III）所說：「顧客滿意值就是顧客期望值與顧客體驗值的差距。」❻換句話說：

顧客滿意值＝顧客期望值－顧客體驗值

顧客滿意值的衡量，實際上強調的是了解和管理顧客對公司既有產品的期望，而忽視了顧客的真正需求。所以他們必須了解另一概念：「顧客犧牲」（customer sacrifice），即顧客真正的期望與他們勉強接受的之間的差距：

顧客犧牲＝顧客真正期望得到的－顧客勉強接受的

一旦理解了顧客犧牲，我們就必須辨別顧客接受的和顧客真正所需之間的差別（儘管有時顧客自己都無法清楚解釋）。

當公司採用全面品質管理（Total Quality Management; TQM）以提升顧客滿意度時，也必須採用大量客製化技術來降低顧客犧牲值。TQM透過減少浪費、解決瓶頸等措施來解決大量生產中的浪費；大量客製化則是要降低生產非顧客所需產品的可能性。TQM使產品更適合所謂的「普通」顧客（那實際上是不存在的），這也正是顧客犧牲的根源。不管產品如何更新改進，但有一點不會變的是，它對所有的顧客都是一樣的。

　　但是不同的顧客對於特色和優點的組合是大不相同的，他們經常面對取捨，並試著判斷有利的部分是否大到足以容忍小的損失、抵銷不利的部分。公司提供的產品很少能完全吻合顧客的需求，所以一旦顧客購買了任何自己不需要的產品，也就意味著公司的生產浪費。好比消費性電子產品，製造商總是添加一些額外的功能，好讓人們認為是最新的。類似的事情經常發生：在旅館裏，你會發現每間客房有熨斗和燙衣板，其實一百天當中有九十九天用不著它；或是在飛機上，你會發現空服員經常推著滿載餅乾、蘇打水之類食品的小車逕自回廚房（一件也沒有賣出）。

　　為一般顧客而設計的產品是顧客犧牲的根源，每一種大量生產的商品都具有這樣的特點：「要麼接受，要麼放棄」。類似地，很多組織時常談論的「為顧客設計」，其真實含義是「為『一般』顧客設計」（但是「一般」顧客根本不存在）。在人們沒有弄清這一真相之前，「為顧客設計」只是浪費資源生產了非顧客所需的產品而已。

　　讓我們看看航空公司，顧客犧牲幾乎發生在每一個航班上。❼舉個簡單例子：前面提到的飲料車。當飛機到達一個安全而舒適的高度時，服務員就會推著小車問你：「需要什麼樣的飲料？」百事可樂的死忠顧客自然會要百事可樂，但聽到的卻是：「可口可樂可以嗎？」自己的需求無法實現，顧客一般都只好點可口可樂。一次、兩次、三次……在該航班上，不斷地進行同樣的提問和回答。久而久之，消費者就會直接要——什麼？可口可樂！而不是他最喜愛的飲料。因為飛機上沒有他喜愛的飲料，所以消費者「學會了」要求替代品。只有在這個時候，航空公司做到了他們所謂的「滿足客戶需求」。（當然，有些航班上提供的是百事可樂，那麼可口可樂的愛好者們就蒙受損

失。)

　　對航空業者而言，有剛才那位被犧牲的乘客，就意味著有需求常
常被滿足的另一位乘客，因為他的需求一直都得到滿足。但在這不完
美的顧客滿意度底下有這樣一個機會，航空公司可以將普通的航班服
務提升為值得記憶的事件：這是一次使顧客經歷更少犧牲的機會。在
每一次提供商品和服務的互動中，雙方都有機會學習；結果是：其中
一方透過學習而改變行為，不幸的是，這一方通常是顧客，他們開始
要求一些不是自己真正需求的東西——或是也許乾脆走開。

第 **5** 幕

減少顧客犧牲
Experiencing Less Sacrifice

針對「一般」顧客設計產品，是導致顧客犧牲的根源。可以採用四種
客製化途徑：協作性客製化、適應性客製化、裝飾性客製化、透明性
客製化，來有效減少顧客犧牲，並創造獨特的客戶價值。

　　一些商務專家都建議調整顧客（強迫他們降低期望值），使他們接受略遜一疇的商品及服務，只要這樣的調整不會使客戶非常不滿意就好。但是這就是「商品化」的前奏。正由於過分強調公司面對客戶需求的內部成本，這種「他們不會介意」的想法，使公司在實踐中不可避免地導致顧客犧牲。同時，這種想法也會帶來較高的成本，因為無法確定顧客需求，所以在有機會減少浪費時無從下手，而你只是浪費了顧客根本就不需要的資源與力氣。更重要的是，抱持這樣的心態會使你失去改變與創造顧客獨特價值的機會，那才是真正能夠為體驗設定新期望的價值。

　　想想有線與衛星電視。該行業的每一個節目供應商都會需要顧客從不同的套裝頻道去做出選擇。這些有線電視公司強迫個別顧客去接收一些他們不想要的頻道，以便取得他們想要的頻道。他們也會提供「隨選付費」的節目與電影，不過那只是一種包裝，粉飾了顧客無法自己決定家中頻道組合的事實，更不用提設定某一個網路來包含某些特定的頻道（那麼當你進行頻道瀏覽，頻道出現的順序是由顧客決定的）。這種客製化在技術上是可能做到的，因為節目是以數位方式存在。事實上，觀眾有十足的理由將個別的節目（而不只是節目網）視為一個模組，從不同的節目網拉出自己最喜愛的節目，創造一種「我的最愛」頻道，可以在單一的頻道上，每一個小時出現的都是自己喜愛的節目，而不需要在電視機打開之後，還要在數百個頻道之中，去尋找自己的最愛。（這種功能為電視觀眾帶來的，就像目前 iPod 或 MP3 播放機的播放清單。）

　　觀眾可以使用數位的錄影機（DVR）來安排自己想看的電視節目，但總是必須晚一步——而且通常需要跳過廣告。如果有線電視業者能夠主動設法客製化**直播**的觀賞方式，人們也許就會看到較多的廣告，這對電視網的提供者是有利的（因此有線電視公司也許可以向電視網收費，因為他們有節目被放在個別顧客的「最愛頻道」裏，節目陣容看似隨機，而事實上是依照真正的觀賞喜好決定的）。數位錄影機製造商 TiVo 的出現，造成了這類節目供應商必須提供數位錄影機給顧客，同樣的，像 Roku（譯注：Roku 是美國的一家消費性電子產品製造商，主要產品是數位影音串流播放器，該產品可以連接 Netflix、亞馬遜、HBO、Pandora 等影音網站，直接利用電視播放串流媒體的影片）這樣的公司也可能給他們足夠的競爭壓力，而終於導致更強的客製化能力。如丹尼爾・洛斯（Daniel Roth）在《連線》（*Wired*）雜誌裏所說的，未來不應該再要求觀眾：「還是用老方法看電視，還在用有線電纜或衛星傳送電視網經理人所設計的套裝節目。」❶完全正確。

尋找獨特性

　　當公司可以有效地透過客製化，為顧客提供他們確切需要的專門服務時，對顧客就不再需要設定所謂的標準化商品和服務。如果你的公司（就像有線電視和衛星電視業者）不這樣做，你的對手就會迅速而且永遠地摧毀你的事業。但是早期的工作人員時常發現，透過許許多多「我們做得如何」的表面調查，很難確定客戶的真正需求。情況確實如此，客戶的體驗沒有得到充分滿足已有很長一段時間，以致他們對自己的確實偏好都很難描述出來，哪怕是向他們解釋「犧牲」的

概念之後，絕大多數的消費者也難以說明他們勉強接受的和他們真正
期望的究竟有何差別。

　　一些持懷疑態度的人以這些困難為由，認為無法從消費者那裏得
到新點子或技術創新的想法。上述消費者的問題，其實並不是因為客
戶不知道自己需要的是什麼，而是因為他們一直以來都接受公司提供
的商品和服務。人們往往習慣於回答他們所收到的問題，其實他們的
答案可以成為他們需求的準確描述，同時對公司大量生產的思路來說
也有非常重要的作用。做為「移情設計」（empathic design）這一觀點
（從消費者自身的環境條件中觀察他們）的支持者，哈佛商學院教授
桃樂希‧李奧納多（Dorothy Leonard）和傑佛瑞‧雷波特（Jeffrey F.
Rayport）指出：「有時，消費者太習慣於供應商提供的產品和服務，
以致他們並沒有想到要尋求新的解決方法──即使在他們真正的需求
根本未獲滿足的情況下。」❷

　　傳統的研究方法──諸如焦點團體、「未來」情境規畫、聯合分
析，當然還有市調──對於確定消費者的犧牲情況仍是有效的手段。
放下你正在進行的研究吧（那些致力於尋找客戶的**一般共性**的工作，
只會得到客戶共同的──而且是你想得到的──期望），透過那些可
以反映出客戶以往沒有察覺、或者誤以為並不重要的犧牲的手段和方
法，用全新的眼光去審視他們的個性。有時候，甚至一個簡單的客戶
互動都可以為業者提供重要的線索，協助確認由於安排過多（或過
少）商品所造成的客戶的犧牲，否則，業者仍會對此渾然不覺。結合
特定的情形，那些被認為是「局外人」的人，也可能指出「一般」消
費者無法言明的犧牲。

　　公司還必須設計一套探索消費者行為方式的全新系統，用「你的

真正需要是什麼」來取代詢問客戶滿意程度的「我們做得如何」。舉個例子，密西根州特洛伊市（Troy）的空氣閥門製造商羅斯控制公司（Ross Controls）將他們的穿洞抗彎曲測試（ROSS/FLEX）製程加以改革，要求他們最好的客戶（汽車製造商、材料處理機器製造商等等）與工程師（被稱為「整合者」，因為他們將公司各個獨立的職能如開發、製造、行銷等結合起來）一起工作，以設計出能明顯改善客戶生產線績效的專門空氣閥門系統。客戶由於現有生產線的狀況而蒙受犧牲，透過關注他們遭受犧牲的情形，工程師從模組庫先製造出一個空氣閥門系統的原型。如果這個原型系統不能完全滿足客戶的需求，他們就做調整，而得到下一個系統。通常這樣的過程會重複3～4次，甚至更多次，直到為客戶客製化的系統可以消除所有客戶蒙受的犧牲。❸

　　網路空間因為擁有與生俱來的互動性，提供了理解顧客犧牲的全新空間。想想亞馬遜書店（Amazon.com）是如何不擇手段地了解它的每一個顧客，以便為每個顧客創造出獨特的購買體驗。它會知道你的名字，好親自歡迎你回來瀏覽它的網頁。它知道你的地址和信用卡的細節，你就不用去輸入那許多乏味的資訊。它甚至知道你其他的信用卡，好讓你，比方說，在業務上的採購和私人的採購可以做出區別，而且每一個你曾經透過亞馬遜寄送禮物的人的姓名和地址，它都會記得；只要用滑鼠按個鍵，你就可以重新選擇這一切細節。它記得你做過的每一次選購，而且萬一你按鍵表示你想要購買某一件你曾經買過的物品，它還會問你是否真的要繼續進行？而且當然亞馬遜公司會透過它的協同篩選引擎，利用你的購買歷史，推薦其他你可能會喜歡的品項，而這些資訊則是來自那些與你有過相同購買品項的讀者們

的採購歷史。它甚至可讓你刪除某些購買紀錄，不讓它們被包括在它的建議項目當中，不論是因為它們是一次性的禮物或是其他的反常現象。

建立學習關係

互動科技的迅速發展——包括電子自助服務機（kiosk）、個人數位助理、智慧型手機、全球資訊網——使得現在的公司可以迅速了解他們為數眾多的客戶和數以百萬計的潛在客戶的需求和偏好。將大量客製化和行銷學者唐‧派普斯（Don Peppers）和瑪莎‧羅傑斯（Martha Rogers）所說的「一對一行銷」結合，就形成了「學習關係」的基礎，同時這種學習關係會不斷成長、深化，而且變得更精確。❹客戶向公司提供的越多，就越能得到自己需要的恰當商品和服務，同時競爭對手也就越難將客戶挖走。即使競爭對手也意圖建立相同的關係，但因為客戶已經置身於和原有公司的相互學習關係中，他們還得花大量的時間和精力去告訴競爭對手那些原有公司已經知道的內容。這就是為什麼ROSS/FLEX的客戶對公司如此忠誠。通用汽車（General Motors，該公司精於選擇供應商並向他們施壓）的一個資產達200億美元的部門，從不購買其他公司的空氣閥門系統，也不允許合作廠商隨意離去。奈特工業公司（Knight Industries）的執行長小詹姆斯‧紮古羅尼（James Zaguroli, Jr.）說，當有競爭者想爭取和他們合作（取代羅斯）時，他會告訴這些競爭者：「我們為什麼要選擇你？你的產品比羅斯的落後了五代！」

實際上，能建立這樣相互學習關係的大量客製化的學習曲線，就

圖5-1　新的學習曲線

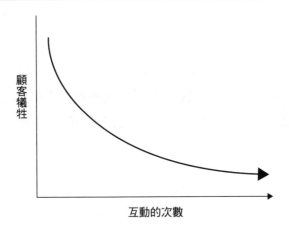

像圖5-1顯示的。不像以往的邊際成本曲線，產量越大，成本越低，在這裏，顧客犧牲隨著與公司互動時間的增加而減少。❺我們再來看亞馬遜書店，每當它多知道一點你的某些資訊，下一次你再上網購買它的產品時，你的犧牲就會降低一些。每一次你進行選購，它整合出來的篩選資訊就會更加了解如何建議你購買其他你也許會想要的產品。

　　現在你想像自己是亞馬遜書店的死忠顧客，而它的一個競爭對手——比方說，沃爾瑪超市——開發出和亞馬遜書店完全相同的功能。它可以提供同樣的商品選擇（包括客製化的亞馬遜結構），有能力記住你的地址、信用卡和收受禮物者的資訊，甚至和亞馬遜一樣，過一段時間就會做出同樣的建議。你會換邊購買嗎？絕不會！你要花好幾個月的時間告訴這家新公司所有的資訊，而亞馬遜早就知道了。而且在這段時間裏，因為該公司還在學習你的需求，你自然會失去許多相關的建議。

用這樣的方式，企業就可以（在名義上）永遠擁有他們的客戶——這有兩個附帶條件：第一，公司不會過分提高服務收費或是削減服務品質；第二，公司不會錯過下一次技術進步的浪潮。例如，以亞馬遜書店來說，它開發了它自己的電子書閱讀器，即Kindle，以確保萬一書籍的購買趨勢迅速地從實體書本轉移到電子書，它也可以毫髮無損。這種學習關係方式的優越性，在以下幾個方面明顯改善了公司的運作基礎：

- **可以提高價格：**因為你提供的是為客戶量身訂做的服務，你的客戶獲取高價值之後，將會付出相應的高價格。
- **減少折扣：**每次當你打折銷售商品和服務時，你實際上是付錢給客戶，請他們遭受更多的犧牲。他們的犧牲越少，你為促銷商品所需的折扣就越少，甚至根本無需打折。
- **單一客戶的收益提高：**因為你比所有的競爭者更了解你的客戶，客戶就會頻繁地回到你這裏購買商品和服務。
- **客戶數量增加（取得成本更低）：**當你的客戶發現他們的體驗是如此的愉悅之後，他們會告訴朋友、夥伴，這些人中的大多數就會加入你的服務。這樣的過程不斷重複，客戶自然越來越多。
- **更強的留客能力：**客戶告訴公司越多關於他們的需求、喜好，他們就越不容易被相同程度的競爭對手挖走。

最重要的是，那些有計畫地消除顧客犧牲——消除關係中的負面因素——的公司，等於提高了顧客使用他們商品和服務的體驗，這樣就彌補了大量生產所造成的不足。

針對各種犧牲做回應

大量客製化，是要回歸「每個顧客都是獨特的」這條真理，這是在大量生產同質性商品的世界中經常被忽略的；而且應該以顧客願意支付的價格提供他們真正需要的東西。顧客曾經為了一個較低花費的標準化商品而放棄自己的獨特要求，但是這種情況不會持續下去。企業必須有效而且有系統地減少因為提供標準化商品和服務而導致的顧客犧牲，這些標準化的商品和服務往往是為「想像的群眾」設計的。顯而易見的是，不會有什麼「放諸四海而皆準」的策略能夠用來減少所有顧客的犧牲——因為那和大量客製化的原則相矛盾。實際上，有四種類型的犧牲值得注意，每一種都使顧客對公司商品的整體消費體驗產生負面影響，要消除任何一種，都必須採取不同的途徑。

要回應個別的顧客犧牲，大量客製化可以改變（或不改變）其產品本身——產品的功能或服務的規模。同樣地，廠商可以改變（或不改變）產品的形象——描述、包裝、宣傳材料、裝配、使用條件、名稱，或任何外在於商品和服務的事項。（正如公司的基礎結構取決於產品本身，而外部的環境結構取決於其形象一樣。）如圖 5-2 所示，這些策略的組合構成了四類不同的商品客製化途徑：協作性（collaborative）、適應性（adaptive）、裝飾性（cosmetic）、透明性（transparent）。每一類都可以減少一種顧客犧牲，從而提供了某種特殊體驗的基礎。❻

協作性客製化：探索式體驗

第一種顧客犧牲，是源於消費者被迫要做困難的、二選一的決

圖5-2　針對四種顧客犧牲的四種客製化途徑

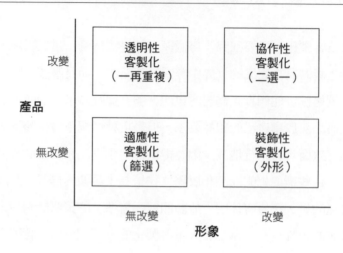

定。比如，長／寬、複雜性／功能性、或資訊的數量／品質。一旦這
類問題太難取捨，人們就被迫走向那些客製化的公司──諸如戴爾公
司、安德森及羅斯控制。這些公司都採用**協作性客製化**（collaborative
customization）的方法，透過廠商和客戶的直接互動決定客戶的需求
標準，然後提供他們需要的商品。協作性客製化使消費者找到途徑，
獲得他們想要的商品，無需因為在不同的標準之間選擇而犧牲。

　　戴爾的顧客不需要到離家最近的大型賣場去購買架上的標準電
腦，而可以在線上，只訂購自己真正想要的系統。羅斯控制公司的客
戶無需耗費漫長的時間等待專門的設計，取而代之的是，他們透過
ROSS/FLEX系統提供的趨近完美的原型進行持續的探索。安德森公
司的客戶不用等到房屋蓋好後才看得到窗戶的樣子，他們可以在選擇
了安德森經銷商提供的多種可能方案之後，透過電腦螢幕看到最終的
結果。許多知名企業──體育用品界的Adidas和Nike，做洗地機的

Tennant，保險界的哈特福（Hartford Insurance），做玩具熊的熊熊夢工場，出版教科書的麥格羅希爾（McGraw-Hill）等不勝枚舉的例子——都以協作性客製化減少顧客犧牲，因此在消費者面臨眾多不必要的選擇時藉機成長起來。協作性客製化的最終結果就是：一種全新的設計體驗。

想像顧客正在選擇一副眼鏡。很少有人能透過一排又一排不同款式眼鏡的貨架，輕易找到自己滿意的款式。因為協作性客製化，日本的一家眼鏡商巴黎三城（Paris Miki）透過與顧客的互動，可以幫顧客找出恰好符合需求的眼鏡。

這家位於東京的公司，是全世界最大的眼鏡零售商之一，它花了五年的時間開發出Mikissimes設計系統。這種設計工具不僅能夠減少顧客因需要察看眾多選擇而做的犧牲，還能夠將設計的互動轉換為探索的體驗。配鏡師首先製作客戶臉部的數位照片，透過照片，Mikissimes系統分析出不同的特徵資訊。系統同時參考客戶想要的戴上眼鏡後的樣子（老式的、傳統的、自然的、運動型的、優雅的等等）；然後，系統推薦一款別致的眼鏡，確定尺寸以及形狀，並且在客戶的數位照片上顯示出來。但是，這僅僅是探索的開始。接下來，配鏡師和客戶一起合作，不斷地調整眼鏡的尺寸和形狀（旋轉、放大，甚至用滑鼠創造出新的曲線）直到雙方都滿意為止。同樣地，他們透過從眾多的選擇中產生不同的鏡架、結合點以及鏡腳，直到客戶找到自己需要的樣式——與客戶的要求完全吻合。最後一步，配鏡師將客戶戴上這副眼鏡之後的圖像展示出來（最重要的是，客戶要拿到自己的客製化眼鏡只需約一小時）。

協作性客製者和客戶一起工作，以改變最初產品的展示模樣，然

後當客戶找到他們需要的產品時，就為他們製造出來。客戶和客製者共同決定最後創造出來的價值。這種客製化的過程取消了一些過程中的控制，允許顧客直接參與決定過程，甚至一些設置工作。例如，熊熊夢工場基本上就是一個零售工廠，但是它不只是在公司和顧客之間建立密切的關係，還在客人和玩具熊之間建立水乳交融的情誼。正如它的執行長瑪克辛·克拉克（Maxine Clark）說的：「當客人從我們那三十種奇特的組合中，選出自己真正想要的玩具熊，當他們自己塞進數量正好的填充物，安裝好一顆心，閉上眼睛許下一個願望，然後選擇衣服和我們的各種零配件，他們就已經和自己的玩具熊成了莫逆之交。」那些在大量生產的商品經濟中似乎無可避免的取捨，都會隨著消費者對他們自己獨特需求的探索而消失。理想的結果是，除了獲得他們需要的商品之外，消費者還會發現自己原先不知道的需求。

適應性客製化：實驗式體驗

當客戶面對太多成品或太多組合，因而不得不經歷漫長的**篩選過**程時，用戶蒙受的第二類犧牲就發生了。這時，公司應該採取**適應性客製化**途徑。在這種情況下，無論是產品本身還是產品包裝形象都不會因為客戶而發生改變；反之，客戶透過商品或服務中可以**客製化**的功能，客製化他們需要的商品或服務。

假如客戶需求的範圍有很大的可能性，就必須採用某種形式的適應性客製化。例如，賓州庫柏堡（Coopersburg）的朗臣電氣公司（Lutron Electronics Co.），就允許客戶主動調節各種燈光（開關、調光器等等）。除了制式的建築物，比如連鎖餐廳之外，每個客戶的環境都是不同的，❼形狀、裝飾以及每個房間窗戶的設置都各有不同。

同時，氣候也無時無刻不在影響著外部的光線狀況，其他因素則包括房間使用者的組成和使用的方式。所以，當朗臣與客戶合力從事某些工作（比如說配色）的時候，就採取這樣的適應性客製化：讓客戶在他們自己的環境中——比如辦公室或家中——體驗燈光系統的正式效果。例如，公司的格拉菲克視覺系統（GRAFIK Eye System）可以編制不同的室內燈光組合效果，讓消費者測試諸如歡樂聚會、浪漫溫馨、安靜閱讀時的感受。他們並不是提供那種一成不變的燈光，而是讓消費者有足夠的時間，調整出自己需要的效果。以後客戶每次要使用房間，只要輕調一下就能得到想要的氣氛。

當消費者在大量的選擇或者組合方式中挑選，以取得想要的設計效果或功能的時候，協作性客製化仍然是有效的方式。當可供選擇的方案可以實際成為產品的時候，適應性客製化就是可行的方案，因為它可以提供各種可行的選項供客戶實驗，這種測試過程本身就是一種體驗。例如明尼蘇達州明尼亞波利市的選擇舒適公司（Select Comfort），它設計並製造了裝置有自動系統的床墊，該系統可以根據躺在床墊上的人體輪廓自動調節充氣結構。透過一個手持的遙控器，使用者可以調節軟硬程度，夫婦使用者甚至可以調整各自床墊一側的感覺。類似的還有伊利諾州史考基（Skokie）的豆莢船公司（Peapod），這是一家線上食品配銷零售公司，它消除了消費者在商店裏疲於瀏覽眾多商品而蒙受的犧牲。它的軟體和線上服務系統可以讓消費者根據自己的一個或多個消費清單，選擇自己需要的品項。這些購物清單一段時間不使用會自動取消，同時，不經常購物的消費者可以透過不同的備選方案（比如價格、品牌以及營養成分）獲取購物資訊。

　　透過適應性客製化，消費者自主地獲取他們需要的價值。可調整的裝置，比如朗臣電氣公司的燈光設置、選擇舒適公司的遙控調節、豆莢船的軟體，都允許客戶透過自己的親身實驗變換組合方式。消費者在購買商品和服務時，一旦想出自己真正想要的產品，就無需再在眾多的方案裏進行選擇。正如朗臣電氣董事長，也是燈光控制微處理器的發明者喬爾‧斯比拉（Joel Spira）所言：「開發出適應性控制，使我們和競爭對手明顯區隔開來，我們的做法使消費者更舒適、更容易選出適合他們的設計組合。」這種不同於協作性客製化的大量客製方法，同樣也創造出獨特的客戶價值。❽這種客戶與產品的互動可以調整的本質，更提升了尋找這種獨特價值的實驗動力。

裝飾性客製化：滿足式體驗

　　當消費者不是因為商品的功能，而是因為商品的外形──包裝、呈現方式、送貨時間和地點──而蒙受犧牲的時候，公司就應採取裝飾性客製化。針對這種我們稱之為外形的犧牲，裝飾性客製化可以為不同的顧客提供不同標準的商品或服務。產品本身並非客製化（如協作性的情況）或可客製化的（如適應性的情況），相反的，為顧客提供的包裝是專門為個別的消費者設計的。透過客製化的方式來處理商品的外包裝──包裹、宣傳材料、遞送方式、個人標籤、以及其他特殊要求──每個客戶都會有一種自我滿足的體驗：這是「只為我」設計的。

　　赫茲租車公司的頂級黃金計畫俱樂部就是一例。儘管它按照客戶需求而進行客製化的只是每一輛出租車的外觀，車子本身沒什麼改變，但仍然獲得消費者的肯定，因為每一次這種客製化之後的外觀都

清楚地表明公司對消費者的重視。同樣地，加州紅木城（Redwood City）的 Zazzle 創造出一種簡單但非常有效的設計工具，可以在 T 恤、馬克杯、滑鼠墊或任何他們想要寫字的地方進行客製化的圖案設計，例如標誌、圖像或任何其他形式的圖片等等。消費者選擇他們想要進行客製化的產品類型，選定尺寸和顏色等等，然後把他們想要放在這些產品上的文字或圖像上傳到網站上。這個網站的設計工具就會讓顧客引導設計，或是進行修改，以滿足他們真正的欲求。非常快，非常簡單，非常「我」。

在 B2B 的情況下，惠而浦公司（Whirlpool Corporation）成功地改進了它的隔日配送流程，且名之為品質快遞（Quality Express），由它的惠而浦、廚房助手（KitchenAid）、美泰克（Maytag）和羅普（Roper）這幾條標準生產線來創造獨特的客戶價值。最初，經銷商可以預訂他們需要的任何數量的電器商品，只要能夠裝滿一貨車；這意味著經銷商不能告訴消費者他們訂購的商品何時可以運到，因為還要看其他的客戶訂購了什麼、訂購了多少。現在，公司為每個分公司每週提供 1～5 次的固定配送（由他們每一年的銷售數量而定），並且有效率地配送經銷商所需數量的商品。（這得益於一套純熟的運籌系統，將製造公司、地區代理商、地區經銷商以及運輸工具透過即時系統聯繫起來。）在此基礎之上，因為品質快遞每天都在送貨，惠而浦就使用這一服務來滿足那些在訂單安排之外有特殊需求的客戶，努力使每個經銷商都感到滿意。品質快遞同時為這一服務加入個人化的客製成分，比如在新家的場合，身著制服的司機會幫忙開箱，重新調整開門方式，並且在貸款完成前就安裝好製冰機。司機甚至可以透過行動電話聯繫經銷商，看他們是否已經做好了準備。

　　對於很多公司來說，裝飾性客製化是個良好的起點，讓他們能夠為客戶提供個人化的體驗。在他們產品的基本功能保持不變的同時，裝飾性客製化讓客戶對不同外觀形式的要求獲得滿足。業者可以延遲開展一些本來是出廠前的工作，使得這些工作正好在客戶的眼前進行，使客戶覺得這是為他們安排的。如曾任惠而浦執行長的拉爾夫·海克（Ralph Hake）如此描述品質快遞：「當他們看見貨車從公路上駛來，享受到每一個為他們設計並在他們面前展示的專門服務的時候，我們可以親眼看到我們提供的價值何在。」無論是電器公司的配送、T恤上面的圖案、或是個人化的租車服務，這種客製化都滿足了我們每個人自我的需要。透過對標準化商品展示方式的客製化，商家給予客戶個人化的關照。

透明性客製化：發掘式體驗

　　最後，當客戶不得不重複做同一件事或提供同樣資訊的時候，他們蒙受了一再重複的犧牲，這些不得不完成的事情干擾到消費者，降低他們的整體體驗。這時透明性客製化就發揮作用了，它的含義是，給每一顧客提供客製化的商品，而且不讓顧客明確地知道（透過展示的變化）這是為他們客製的。顧客只是透過它的標準程序，看見商品的價值。

　　位於俄亥俄州大敦市（Dayton）的化學總站公司（ChemStation）是一家工業清潔用品的製造與經銷商，它為客戶提供了極大範圍的透明性客製化服務。它的清潔用品針對多種用途，從洗車廠、貨車倉庫到餐廳廚房和造紙廠的清潔都有。它不像一般公司一樣仔細陳述各種清潔劑的不同成分和功能，以滿足用戶的每一個清潔需求，而是心照

不宣地陳述每個客戶的特定服務組合，然後將每一個客製化的服務都稱為「化學總站解決方案」。每個客戶收到的公司貼在容器上的標籤甚至都一樣。結果，客戶更關切他們物品的清洗效果，而不是關心產品的屬性，它的確切性質就可以巧妙忽略掉。

　　透明性客製化透過難以言明的方式滿足各個消費者的需求，無需客戶花時間細細陳述他們的每一個需要。透明性客製化者會透過長時間的觀察以確定那些可以預測的偏好，然後恰如其分地滿足這些需求。當然，一家企業必須有充足的時間，才能加深對客戶的認識以及更貼近客戶的偏好。要成為一個透明性客製者，企業也必須有標準的包裝──一個西雅圖極品咖啡的咖啡杯、優比速的盒子，或化學總站的容器──用來盛放那些已客製化的內容或成分。透過這樣的方式達成的透明性客製化，正好和裝飾性客製化相反──後者是一個標準化的產品輔以客製化的包裝。

　　如果一家公司擁有許多因不想重複回答問題而不願直接參與協作的客戶，那麼這家公司就很適合透明性客製化。舉例來說，麗池飯店（Ritz-Carlton）為了避免在客人每次住房時都問他們相同的問題（「雙人大床還是兩張單人床？抽不抽菸？」），事業部門設計了一個不太唐突的了解客戶需求的方式。透過觀察獲知消費者在日常活動中的偏好，是否對枕頭敏感，是否喜歡現代爵士樂的廣播，或者用百事可樂取代可口可樂。接下來，麗池飯店將這些資訊存入資料庫，建立一個與客人之間的學習關係，這樣就消除了後續服務對客人所造成的干擾。越是經常入住麗池飯店的客人，公司掌握的相關資訊就越多，客製化後的商品和服務就越讓人滿意，客人對麗池的感受也更加良好。

　　麗池飯店是君悅集團的一個分支，他們選擇透明性客製化，是因

為它的管理階層要營造一種「神祕」的氣氛，著重於滿足客人的偏好。麗池所做的也許客人並不知道，但是在入住之後他們體驗到一種特別的滿意感受。同樣地，化學總站的創辦者喬治‧霍曼（George Homan）也想到這種客製化方式，因為他了解到他的潛在客戶是想經營好他們的事業，而不是操心他們的肥皂：「我們希望他們在使用肥皂時發現我們提供的價值，而不用關心它們的成分或是怎麼來的。我們不要顧客關心我們的產品是怎麼來的，只要它不會缺貨就行了。」每次填寫對肥皂的訂單，就像在入住麗池飯店時被詢問每一個問題一樣，都是一種日常犧牲。對於任何企業來說，那些採用透明性客製化的公司消除了不必要的干擾，簡化了與客戶之間的互動，使客戶發現商品的核心本質。

選擇正確的途徑

你應該選擇哪一種途徑呢？對於這個問題沒有簡單的答案。如表5-1所示，這四種客製化不僅各自消除了一種不同的犧牲，它們也都是一種不同體驗的基礎。製造商以及服務提供者必須發現它們商品的獨特性，判斷它們的消費者正歷經哪一類的犧牲，確定哪一種客製化方式可以帶來最好的結果。當犧牲錯綜複雜時，要採取不同途徑組合的策略。

更重要的是，為什麼要選擇客製化呢？非常簡單：客製化向消費者展示了截然不同的體驗。它們讓東西活起來。協作性客製者安德森公司和巴黎三城，創造了新的窗戶和眼鏡配製的體驗。適應性客製化提供了獨特的朗臣照明，可選擇舒適睡眠，以及豆莢船的零售購物體

表5-1　客製化分類

	客製化途徑			
特點	協作性	適應性	裝飾性	透明性
顧客蒙受的犧牲	二選一	篩選	外形	一再重複
經濟產物的性質	客製化的	可客製化的	有包裝的	可包裝的
價值的性質	相互決定的	獨立衍生的	可見展示的	覺察不出的
過程特點	可分享的	可調整的	可延遲的	可預測的
互動性質	直接的	間接的	公開的	隱蔽的
學習的方法	交談	徵求	認可	觀察
體驗的基礎	探索	實驗	滿足	發現

驗。透過裝飾性客製化，赫茲提供截然不同的**租車**，惠而浦為零售商和建商展示具有革命意義的全新電器**配送**體驗。另一方面，化學總站透過透明性客製化增強了清潔用品**發送**的體驗，麗池則賦予真正難忘的**居住**體驗。

在體驗經濟中，所有的商品客製者都創造了新的價值。從事大量生產的競爭對手，因為缺乏獨特的途徑來減少顧客犧牲，很快就會發現它們的產品「商品化」了。幾年前賓州油品公司（Pennzoil Products Company）的主管就擔心消費者終有一天會這樣說：「摩托車的機油為什麼還不降價！」這是對上述觀點的最佳表述。那些無法以行動減少顧客犧牲的公司，終究必須面對這樣的命運。

中場休息

一種全新的體驗
A Refreshing Experience

想要提供「顧客驚喜」的公司，不再問消費者「我們做得如何」或「您需要什麼」，而是問「您記得什麼」。

　　當科林‧馬歇爾爵士開始意識到英國航空公司正妥善安排著體驗的時候，他認為英國航空品牌的「『持續磨損的因素』可以保持五年。現在我很確信，假使你不革新品牌，五年是你能夠生存的極限」。❶實際上，體驗的提供者必須持續提供更新的體驗──改變或增加一些元素，使商品保持新穎、令人興奮、值得花錢再次體驗。這方面做不好會讓你的商品每下愈況。相對於保持一成不變的商品而言，消費者在自己的期望還不明確時，會更願意去選擇一個新商品，以獲得驚喜。

　　這就是為什麼在某些主題餐廳，比如雨林咖啡廳以及好萊塢星球餐廳，重複同樣的商業活動會造成效果不佳──因為客人可以準確地預期每一次獲得的東西。餐飲經營者史考特‧葛羅斯（T. Scott Gross），針對他稱為「積極大膽的服務」撰寫了一系列著作，他描述過一種非常簡單的方法，可以讓用餐者感到驚喜。他把這個方法告訴菲利普‧羅曼諾（Philip Romano）──他在偏遠的地方開了一家名叫馬克羅尼（Macaroni's）的義大利餐廳（如今這家餐廳名為羅曼諾的馬克羅尼燒烤餐廳〔Romano's Macaroni Grill〕，已有數百家的連鎖店）。❷羅曼諾不以折價券促銷（連鎖餐廳常用的手段），而是每月在某個星期一或星期二提供免費招待。它完全是隨機而神祕的，顧客在買單時收到的不是帳單而是一封信，信上說，對這一餐收費是一件令人尷尬的事情，所以它是免費的。其他的餐廳只有在顧客經歷了糟糕的服務或糟糕的食物（這時候一些賠償是可以預期的）時才會如此慷慨。羅曼諾在顧客享受完美食和完美的服務之後宣布免費（這時候客

人已準備結帳離開），這種免費的驚喜，使得客人覺得有必要（義務）再來……。葛羅斯指出，這種使客人驚喜的做法，花了羅曼諾月收入的3.3%，但效果遠勝於使用3.3%的打折策略，這實際上就是將一次完美的餐飲服務轉化為一次難忘的體驗。

使顧客驚喜

要透過大量客製化來減少顧客犧牲，必須先清楚了解顧客的個人需要，以及他們行為改變的方式。這樣，公司才能有意並有系統地採取下一個步驟，透過使**顧客驚喜**來增加商品的體驗，這或許是製造商和服務提供商要表演難忘的體驗時，最重要的一步。

與顧客的滿意以及犧牲相比，當公司使顧客驚喜的時候，他們就是在探索顧客**感覺到的**和顧客**希望得到的**之間的差距：

顧客驚喜＝顧客感覺到的－顧客期望得到的

公司不光是滿足顧客的期望（提供滿意）以及設置新的商品（減少犧牲），同時還有意**超越**顧客的期望，帶來全新的（顧客不曾期望的）體驗。這並不表示必須去「增加」期望值，因為那樣只能在現有的競爭基礎上改善一點點而已，也不是意味著必須開啟一個新的戰場──那些都只停在滿足和犧牲的層次。這裏說的是：要**提供超出顧客期望的體驗**。

創造這樣的體驗仍然需要滿意和犧牲做為平台。如圖I-1所示，若不努力提高顧客滿意程度和減少各種犧牲，就無法激發顧客驚喜的基礎。重視這個3-S模型的公司，必須超越過去的思維，不再問消費

圖I-1　3-S模型

者「我們做得如何」甚至「你需要什麼」這類問題，而是問「你記得什麼」。

　　舉例來說，最難以忘懷的飛行經驗不會在正常的期望範圍內發生——不論好或壞——而是發生在期望的範圍之外，可能是閱讀到一本令人大開眼界的書、遇見社會名流、或是和鄰座相談甚歡。

　　萊夫‧伊加托維斯基（Reverend Jim Ignatowski），知道他嗎？在老電視節目《計程車》（*Taxi*）的一個片段中，這個糟糕（但是很可愛）的小司機決定要當一個全世界最棒的計程車司機。他用令人完全料想不到的事件使他的顧客驚喜，從而達到目標：他提供三明治和飲料，和客人進行引人入勝的精彩對答，提供城市導覽，抓起緊急對講機就唱起法蘭克‧辛納屈的曲子。這種投入就是伊加托維斯基使顧客驚喜的體驗，坐他的計程車獲得的效用遠勝過從A地到B地的運輸服務。在電視節目中，顧客至少是非常高興支付更多的小費。一名乘客甚至要求再兜一圈，僅僅是為了再享受一下這種樂趣，為這種看上去很糟糕的運輸服務支付**更多**的錢。伊加提供的這種計程車服務，其實就是他銷售體驗的舞台。

　　真實世界中的企業家，也會採用令人驚喜的方式把一般的服務轉化為令人難忘的體驗。我們來看一種再普通不過的服務，在密西根州卡拉馬如（Kalamazoo）機場服務的亞倫‧戴維斯（Aaron Davis），他不僅是一個偉大的擦鞋匠，還是個出色的表演者，他用各式各樣的方式使顧客驚喜。擦鞋時的服務非常周到，加上善於奉承的口才，這些還不是他最獨特的地方，他還提供了與擦鞋毫無關係的體驗。如果他發現顧客鞋子脫線了，他會拿出打火機把它燒掉。而且在擦完鞋之後，他不僅為顧客繫緊鞋帶，還把襪子整理好。戴維斯還會聊一些諺語，給客戶提神。如果有一些常客這個星期因為太匆忙無法來擦鞋，那麼「他下一次還會來找我的」，戴維斯會這樣說。從那以後，那些客人都會留下充足的時間來擦鞋。

　　不幸的是，很多大企業往往沒有小經營者的這種對驚喜的感覺。但是企業的規模大不是藉口。經理人一定要放棄那種墨守成規的期望，開始創意思考，如何讓顧客獲得難以忘懷的體驗。為什麼航空公司只給那些光顧最頻繁的客人升級到頭等艙的服務？一位穿著得體，飛往紐約參加一家顧問公司面試的大學生，他未來的工作可能需要他每週都搭飛機，因此他或許是最適合獲得頭等艙驚喜的人選。旅館可以偶爾放置一些類似小酒吧裏蘇打罐的小容器，驚訝的顧客會發現裏面放著捲好的50張1元美鈔以及確認這些錢屬於他的短信，信上還有旅館的祝賀。這難道不會比直接打折更能增加顧客的忠誠度，更能提高顧客享受重複服務的機會，更能增加顧客的忠誠嗎？

　　公司也應該重新考慮折扣策略。舉例來說，汽車製造商就常常將自己的產品「商品化」，做折扣促銷──購買這款車，可享受一千美元的折扣回饋──就是認為顧客的期望只集中在價格。根據亞瑟公司

（Arthur D. Little）的調查，有90%的汽車買主聲稱對這種做法滿意，但是每年仍然有數以百萬的顧客換品牌，只有大約40%的顧客會向原來的廠商再次購車（更別提同樣的車型了），而這也許是這些顧客最後的「滿意」了。如果是在購車之後送給消費者沒有預料到的折扣，以答謝他們的購買，這樣將更能促進未來的銷售。打折僅僅給顧客在很長的一段時間裏獲得一次性的收益，而那些讓顧客驚喜的做法，往往更能幫助公司去影響消費者下一次的購買決策。

再來考慮許多「經常性購買」的行業採取的做法，從航空服務到停車場服務，從信用卡服務到咖啡店，那些用來增加顧客忠誠度的設計，往往都有一個致命的弱點：他們鼓勵顧客期望免費的商品和服務。發送贈品的刺激可能會增加一些重複購買的頻率（這一點零售業和以前的製造業一樣：「我們在每個顧客身上失去的，將在量上彌補回來」），但是在該行業舉辦的類似活動中，許多顧客會參加不只一個，而且他們知道其他的顧客也會參與這樣的活動。消費者並不是由於自身的意願而參加消費，而是因為商家許諾的好處。像打折這樣的做法，對於增加公司的業績作用是很小的。

與其引導顧客讓他們期待免費的商品，還不如用這些錢創造出讓顧客難忘的經驗。就像羅曼諾一樣，可以在某些日子免費提供某個比例的商品（服務），而且是隨機贈送。例如：編號15或20的物品免費，或第15或第20個消費者可以獲得免費購物的驚喜，或者商店的登記系統可以直接通知銷售人員，某位顧客對公司價值不菲，應使他在店中的購物過程充滿驚喜。

別錯過了這個……

　　要真正與眾不同，企業必須先集中心力提高顧客的滿意度，然後消除顧客犧牲，最後創造顧客的驚喜。採取這三個步驟可以提高任何公司的經濟價值。但是，等一等——給你一個驚喜！——事實上在3-S模型中，還有第四個S。一旦一家公司成功地使顧客獲得驚喜之後，那麼顧客們就會開始**期待**驚喜的感覺。只要公司接下來繼續提供顧客懸念（customer suspense），那就對了。在驚喜的基礎之上，顧客懸念就是他們**記得**的曾有過的驚喜，和他們還**未知**的事件之間的差距：

　　　　顧客懸念＝顧客還不知道的－顧客對過去的記憶

　　舉一個例子就足以證明顧客懸念的魅力。大陸航空公司（Continental Airlines）的金牌顧客（那些每年飛行50,000英哩或六十次以上的顧客），會收到一個精緻的禮盒，包括一個私人專用行李箱標籤、升級禮券、常客飛行指南，以及其他參考資料。當顧客在第一年收到這份沒有預先通知的禮物時，他們會非常高興而且驚訝。第二年，大陸航空用同樣的方法仍然使得一些顧客高興和驚訝（那些忘記去年收到過禮物的顧客）。但是對於那些老主顧來說，第三、第四、第五年……都收到同樣的禮物時，他們就不會期望這樣的體驗，而且會認為這樣的做法很沒有創意。現在我們假設大陸航空每一年都技巧地改變禮物的內容，第一年是一封公司董事長幽默詼諧的來信（就像華倫‧巴菲特〔Warren Buffet〕每年寫給股東的信），下一年的禮物是從顧客去年旅行的蛛絲馬跡蒐集而來的（例如，一年份Elle雜誌，

常去地點的一次免費晚餐，很棒的雪茄或好酒），再下一年禮物也許是一只新的旅行箱，可以用來取代快要損壞的那個。這樣一來，大陸航空最好的顧客就會欣喜地期待他們的下一份禮物，而不是收到千篇一律的禮物。

建立在「我們做得如何」、「你需要什麼」、「你記得什麼」基礎之上的顧客懸念，創造出一種期待的感覺，從而激勵顧客欣喜地期待下一次消費的體驗，「這次會發生什麼呢？」──繼續保持金牌顧客的地位，就可以得到下一份禮物。❸（時間會告訴我們，大陸航空併入聯合航空〔United Airlines〕之後，他們會只是單純地把重點放在降低內部的營運成本，還是新的聯合航空將成為一個可以用新的方式回應顧客獨特需求的平台。）

3-S模型中的四個S將一同形成一個強化顧客關係的架構。公司致力於獨特性、顧客滿意度、減少顧客犧牲，以及引發顧客懸念，可以促使顧客因為新的、不同的理由購買公司的產品和服務。顧客之所以購買，不再僅僅是因為商品的功能，而是出於在購買和使用過程中的美好體驗。同樣地，顧客接受服務不是因為所提供的服務，而是因為享受服務過程中難忘的事件。

在方興未艾的體驗經濟中，企業必須意識到他們創造的是值得回憶的經驗（而不是商品）。他們是在創造產生巨大價值的舞台（而不是提供服務）。是全面展開行動的時候了，因為產品和服務已遠遠不足。顧客現在需要的是體驗，他們願意為這些體驗付費。這裏有全新的工作有待完成，也只有那些完成這全新工作的企業，才能真正地吸引他們的顧客，並且在新經濟中勝出。

工作就是劇場
Work Is Theatre

在體驗經濟中，所有活動的進行者——執行長、經理人和其他員工
——都必須用新的方式看待自己的職位。工作就是劇場。當員工在顧
客面前開始工作時，一場戲劇表演就開始了。

　　芭芭拉‧史翠珊（Barbra Streisand）在成為知名的演員和歌手之前，為了演出哈羅德‧勞（Harold Rowe）的音樂劇《我可以為你整批買下它》（*I Can Get It for You Wholesale*）而煞費苦心。當時的選角指導麥可‧沙特利夫（Michael Shurtleff）在他後來的著作《試鏡》（*Audition*）中指出，為什麼他認為這個名不見經傳的女演員是扮演馬默史坦（Marmelstein）小姐的理想人選。❶他原本擔心，史翠珊突出的鼻子會讓製片大衛‧馬里克（David Merrick）不滿意。因為大衛曾經警告過他：「我不希望任何醜女出現在我的作品中。」儘管有這樣的警告——也許正是因為這樣的警告，沙特利夫特意安排史翠珊參加最後的試鏡。

　　那一天，史翠珊身穿俗麗的浣熊皮大衣，兩腳上的鞋子竟然不同！不僅遲到，嘴裏還嚼著口香糖。（史翠珊這樣向沙特利夫、馬里克和導演亞瑟‧勞倫茲〔Arthur Laurents〕解釋：她是來這裏的途中在一家二手商店裏發現這雙「奇妙」的鞋子——不巧每雙鞋都只有一隻是合腳的。）史翠珊很隨意地要求在舞台上放一把椅子，她坐好後，開始演唱。但是，才唱了幾個音她就停下來；又開始，又停下。這一次，她吐出嘴裏的口香糖，把它黏在椅子的下方。最後，她唱完整個曲子，正如沙特利夫所說的：「她征服了全場！」史翠珊又唱了兩首曲子之後離去。在激烈的爭辯之後，馬里克終於對沙特利夫和勞倫茲讓步——史翠珊獲得了這個角色。當他們三人準備離去的時候，勞倫茲來到那把椅子前面，伸手到椅子的底下，因為他記得史翠珊忘了把口香糖取走。然而令他大吃一驚的是：根本沒有口香糖！在這次

試鏡中，史翠珊那麼明顯的動作**竟然是一齣戲**。她不是為了壓制自己的緊張才嚼口香糖，而是要在出售演技的過程中，在潛在的買主面前製造出一種獨特的印象。

我們可以思考，為什麼史翠珊在舞台上會用這一套手法來演繹她的角色？也許是為了造成「我可以勝任劇中的角色」的效果，或者「外表根本不重要——音色和演出的品質才重要」，或者「在我開始唱之前，一切都不算數」。不管怎樣，她的這套手法開啟了她燦爛的演藝生涯。即使在起步的階段，無論她的動機是什麼，她知道自己獲得成功的祕密，那就是：知道無論在什麼地方，她演繹的每一個動作都對整體的體驗產生影響。對於正在進入體驗經濟的企業來說，應該審慎思考這一點。

再來看棒球這一行。過去二十五年來，我們看見了新棒球場的興建潮，這是前所未見的；三十個大聯盟球隊中，有二十幾個蓋了新的球場，還有其他球隊在進行大型的改建，以便強化球迷的體驗。而克利夫蘭印第安人隊（Cleveland Indians）的轉變，正好證明了提供精緻體驗的劇場的價值。1994年4月4日，這支一度陷入經營困境的球隊，開始進入獲利的新階段。那一天，球隊在雅各運動場（Jacobs Field）——耗費1億7,500萬美元、剛落成的專用運動場地——進行他們迎戰西雅圖水手隊（Seattle Mariners）的比賽。在1994年以前，克利夫蘭的球迷每年只會購買不到5,000張的季賽套票。但是現在有了新的球場，整個賽季455場主場比賽的43,368個座位都銷售一空。當然，新建的球場並不是球隊收入的唯一原因：其他興建新運動設施的球隊並沒有一樣成功。差別在哪裏？球隊老闆迪克·雅各（Dick Jacobs）和總經理約翰·哈特（John Hart）領導的管理階層發現，雅

各運動場為他們提供了展示精彩表演的全新舞台。

　　在1994年那天進行的比賽,其實並不是印第安人隊第一次在新球場的比賽。兩天前,他們和匹茲堡海盜隊(Pittsburgh Pirates)進行了一場表演賽。那些即將觀賞球隊正式比賽的球迷在星期六的下午湧進雅各運動場,來體驗新球場的感覺。這一次活動並不會威脅到球隊首場正式比賽的賣座情況,因為這是一次正式演出前的排練,讓球迷對新的印第安人隊的豪華演出先睹為快。

　　就在球場外邊,一名身著制服、拿著掃帚的工作人員,在緊挨著東第九街出口的人行道上忙碌地清掃著。他穿著藍褲和紅白相間的襯衫夾在進出的人群之間,很明顯這名清潔工是球場的員工。許多人都有看到他,但很少有人停下來留意他的那些動作的異常之處:他揮動掃帚的動作其實根本沒有掃到垃圾,因為這個地方早就掃過了。畢竟,在還沒有很多人來的時候,這兒根本不會很髒。那麼為什麼他要做這樣的工作呢?就像史翠珊咀嚼她那根本不存在的口香糖一樣,他完全是在演戲。他不是為了清潔在掃地,而是為了讓初次經過的球迷產生一種特別的印象。經過在克利夫蘭市立體育場(Cleveland Municipal Stadium)的62年主場比賽之後,球隊的管理階層透過這個身著制服的清潔工來增強印第安人隊的新主題:「沒有一個地方像家裏一樣」——那就是,告訴每一個買票的球迷,新球場不僅乾淨、安全、舒適而且球隊即將復甦。在過去體育場裏發生的不會再重複,這就是一種全新產物的開端:「雅各運動場體驗」。❷

表演的藝術

既是政治評論家也是狂熱棒球迷的喬治・威爾（George Will），藉由他的著作《工作的人》（*Men at Work*）讓很多不經常看球賽的觀眾，透過不同的方式來看待棒球。他堅持的觀點是：「職業棒球其實是一種工作」❸，它需要精神和身體都同樣的竭盡全力。威爾告訴讀者「球員正在工作」這個事實，讓他們更能欣賞這項運動。大聯盟這個組織提供了工作的場合。球員練習，分析過去的比賽，並且不斷地調整他們進行比賽的方式。這些球員們和諸如在雅各運動場進行清掃工作的小角色一樣，一起分享著這個舞台。

所有的商務，以及進行商務活動時所必需的事物，從主管的服裝到工廠的地板，都需要像百老匯和棒球場一樣的細心安排。在體驗經濟中，所有活動的進行者——執行長、經理人和其他員工——都必須採用新的方式看待自己的職位。工作就是劇場。請先停下來想一想，然後大聲說：工作**就是**劇場。

認識到這一點之後，我們並不需要費力去了解劇場的每一個細節，也不是要提出一系列「如何做」的提示。我們也不是在探索可行的途徑和消除反對的觀點，我們只是透過與劇場的類比，說服你用新的思路思考你的工作，並吸納一些劇場原則當作體驗經濟中的工作模式。❹

讓我們說清楚一點：我們並不是說劇場等同於工作，它不是一個比喻，而是一個模型，我們將劇場的一些原則運用到工作中並不是要求做什麼比較。企業經營領域已經存在著太多的比喻。我們無意和大象一起跳舞，和鯊魚一起游泳，用攀登金字塔、跳圈圈或其他的比

喻，將公司從實際面臨的管理問題上引開注意力。我們是要強調企業運作的戲劇性本質，以文字表述就是：工作**就是劇場**。

「戲劇」（drama）一詞源於希臘語 drao，它的意思很簡單，就是「去做」。在所有的公司裏，職員們都正在演出，不論管理者是否意識到了。這並不是某種類型的遊戲，而是在一齣能反映現實狀況的、具有說服力的戲劇中。事實確實如此。理解其中的關鍵因素，透過對於劇場的借鑒，可以為過去習以為常的商業語言帶來全新的含義，包括：**生產、績效、工作方法、角色和情境**。

有關劇場的研究向來是從亞里斯多德（Aristotle）深奧的《詩學》（*Poetics*）開始。❺ 這就是西方理解戲劇的基礎，甚至包括它對文學形式的強調。亞里斯多德對於「情節」的注解是「對事件的安排」——就是一系列提供體驗的基礎，以及對於產生印象所需的事件進行排序的基礎。他提到的情節組成——令人驚訝的逆轉、謎底逐漸揭曉、完整性、事件的均衡性，還有悲劇的感情效果——完美地詮釋了是什麼使得體驗令人難以忘懷。還有他對於引人入勝的表演的先決要求——精心選擇、適當的角色，以及角色和演員的一致——清楚描述出提供體驗人員的角色要求。事實上，亞里斯多德在定義戲劇的時候，把它和其他日常活動區分開了。但是，讓我們來好好思考一下，由亞里斯多德發展的戲劇定義以及它們對於工作的啟示。❻

首先就是**選擇**。戲劇演出必須要劃定清晰的界線；演員需要設計並展示那些其他人不會問及的問題；他們必須發現演出時任何不起眼因素的重要性。甚至那些還沒有開始提供體驗的公司也必須意識到，當他們的員工在顧客面前開始工作的時候，一場戲劇表演就開始了。在這個舞台上該演什麼，以及在開始演出時應該採取哪些調整措施？

當百貨公司的店員當著顧客的面和另一個店員談論他們下班以後要幹什麼的時候，對於他們來說，這或許沒什麼大不了，但是顧客就有一種被忽視和冷落的感覺。所以，如何讓一齣戲吸引人呢？百貨公司的員工應該考慮他們該如何敏銳地掃視整齊堆放的貨物，當他們向顧客要求信用卡的時候，使用充滿活力和令人愉快的語言，以及在經手信用卡和鈔票時如何展現自己的動作等等。最重要的問題，往往是那些沒有現成答案的問題，然而你一旦發現答案，對於你的表演就是無價之寶。

　　第二，讓我們考慮事件的**順序**、**進展**以及**持續性**。工作活動應該如何安排？如何使工作安排保持良好的一致性？工作應該從哪裏開始，然後達到高潮，最後結束？想像一下即將進行的一次業務拜訪。它從何時開始？是從業務人員和對方祕書約好，還是從他到達在門口等待，或是從他們見到面開始？不同的答案會帶來不同的演出。一旦將會面當作整個事情的開端，那麼應該如何繼續下去？從問候聊天開始？或者業務員根本不用這一套而直接切入正題？他們討論的細節（稱為業務場景）應該以什麼順序烙印在客戶的心中？使這次會面達到高潮——也就是生意最後敲定——的最佳方式是什麼？不應採取過去那種成交之後就一言不發的方式；但是，成交就意味著整個事情已經達到高潮，接下來應該考慮如何收尾了。當你完全回答了這一系列的問題之後，才可能開始提供令人著迷的體驗。

　　最後，讓我們看看工作的**節奏**和**速度**，因為這會影響到那些動態因素之間的關係。在事情進展的時候應該有哪些轉換？哪些設計、削減、對比以及放鬆可以使整個事件的感染力更豐富？在一個特定的時段裏，事件發生的密度應該如何？聯邦快遞（FedEx）的工作人員刻

意地採取跑步的傳遞工作方式，以便給人們留下速度的印象，這是由公司的性質決定的。但是漢堡服務生也可以用這種跑步式的服務方式嗎？即使是在最忙碌的時候也不適合。造訪西雅圖的派克魚市場（Pike Place Fish Market），特別去留意沒有在買賣魚兒時的種種行動——包括顧客開始購買的動作！或者我們來設想一個餐廳的女服務生，在她那兒發生著一幕幕飲食體驗的事件。她應該讓每一次服務持續多久？這一次和下一次的服務之間應該如何銜接？她應該在為客人添加飲料的時候不動聲色地收走沙拉盤子，還是置之不理？還有她應該如何在適當的時候遞上帳單？對於這些問題的回答，可以將演出從單調乏味轉化為印象深刻的記憶。

回想你上一次和計程車司機、業務員以及收銀人員的接觸，你就能迅速得到這樣的結論：亞里斯多德在幾千年前設計出來的戲劇要素，在今天仍然令人遺憾地被許多工作舞台所忽略。

著名的劇場導演彼得・布魯克（Peter Brook）宣稱：「我可以選任何一個空的空間（empty space），稱它為空曠的舞台。當一個人走過這個空間，同時另一個人正在看他，這就是戲劇演出最基本的要素。」❼透過類似自己的業務就是舞台的宣稱方式，企業可以獲得極為寶貴的視角。當一家公司將自己的工作場合稱為一個空的舞台的時候，它就可以將自己從繁多的同類商品提供者當中區隔出來，其他的公司則因為沒有認識到他們經營的本質，而採用乏味的方式製造銷售商品和提供服務。透過用戲劇的方式改善作業模式，即使是最一般性的活動也可以使客戶獲得難以忘懷的記憶。而那些在傳統的經營方式下不可想像的要素——像是前面提到的打掃乾淨的走道例子——都可以在這個全新的舞台上得到演繹。

　　科技的互動，也為商業劇場提供了一個空的舞台。布蘭達‧勞瑞爾（Brenda Laurel）在她的著作《電腦如同劇場》（*Computers as Theatre*）中，詳細描述如何將亞里斯多德的哲學應用在以電腦為基礎的表演。勞瑞爾相信人和電腦的互動應該是一個「經過設計的體驗」。❽她將使用電腦的技術和原則稱為**媒體**而不是**介面**，在描述這個技術舞台的時候，她說：「只考慮到介面，那麼設計的領域就太狹窄了。人們的電腦體驗設計並不是僅僅建立一個更好的桌面，而是創造一個與現實聯繫、充滿想像的世界，在這個世界裏，我們可以將我們思考的能力、行為的能力、感知的能力進行延伸、放大和豐富化。」❾從勞瑞爾的著作（儘管她在書名中很不幸地用了「如同」這個詞）我們可以發現，用電腦工作就是——或至少應該是——劇場。

　　十九世紀的表演理論學者佛萊塔克（Gustav Freytag）曾經說明何謂吸引人的戲劇結構，勞瑞爾更將這種戲劇結構重新分析。勞瑞爾用「戲劇三角」（Freytag Triangle）來說明劇情隨著時間演進的曲折變化，不過她呈現出來的並不是三個階段，而是七個階段，如圖6-1所示。包括闡釋說明（exposition，介紹劇情），啟始事件（inciting incident，行動的開始），情節升高（rising action，快速增加各種可能性與張力），危機（crisis，增加行動與障礙），達到高潮（climax，在可能發生的所有事件中，唯一的一件發生了），情節轉弱（falling action，帶出結局），以及最後的謎底揭曉（denouncement，將所有的情節收拾乾淨；回歸正常）。❿太平板的結構，或是高潮太早或太晚出現，都會導致不夠引人入勝的體驗，達不到佛萊塔克的理想。這可以說明為何三合一咖啡比不上自己煮一杯（就算是用一次只能做一杯的咖啡機）來得吸引人，也可以解釋為何在星巴克的早晨，大家在那

圖6-1　戲劇結構

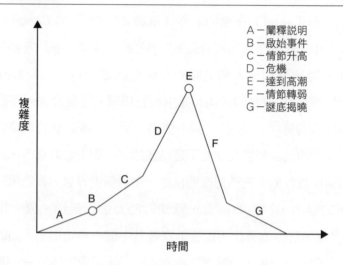

A－闡釋說明
B－啟始事件
C－情節升高
D－危機
E－達到高潮
F－情節轉弱
G－謎底揭曉

複雜度

時間

資料來源：Brenda Laurel, *Computer as Theatre* (Reading, MA: Addison-Wesley Publishing Company, 1993), p.86; 得自 Gustag Freytag, *Technique of the Drama*, 2nd ed. (Chicago: Scott, Foresman, 1898)。

圓形的送餐盤上，瘋狂的尋找自己的杯子，在云云眾咖啡中找到屬於自己的一杯的體驗，反而讓那咖啡更顯得彌足珍貴。（那其實是很糟的服務，卻安排出一個舞台，帶來更吸引人的體驗！）

　　置身於正在浮現的體驗經濟當中，所有消費者直接接觸到的活動都必須理解為戲劇。實際上，空服員和旅館工作人員一直都在進行固定化的戲劇：將乘客引導到最近的出口，還有把旅客引導到他們的房間裏。在零售店裏，當售貨員認真將貨架上的貨物補齊時，他也是在演出。銀行出納員、保險業務員，以及房地產經紀人，當他們向客戶解釋各種條件和設施的時候也是在演出。當計程車司機和客戶開始對話的時候，也是如此。身著制服的優比速快遞（UPS）司機在每一次

運送包裹時，都是在進行演出。聯邦快遞的隔夜送達服務當然也是如此。下一次外出用餐時，請留意你所接受的服務：遞上菜單、菜肴的擺設、餐桌的布置，都是一齣戲。無論是汽車還是香水的銷售，也都是一齣戲。醫院裏的外科醫師在每個病患的床前，都是在進行戲劇般的演出。甚至在交易場所，商品的交易也是一種特別引人注目的演出。但是，即使這些活動的主管理解他們的行動就是戲劇，並且願意按照這樣的原則進行演出，這些演出之間又有什麼不同呢？

我們都聽過這句話：「行之所言」（Walk the talk），這一句諺語在認識到「工作就是劇場」之後就有了更豐富的含義。因為它不僅說到必須練習在公共場合的一舉一動，更表明「別人正在觀看」。進行行為練習的一個重要原則就是：**假想有觀眾在看你。❶**當然，消費者就是商務舞台表演的主要觀眾，但是有的時候，觀眾僅僅是一個小販、一名同事，或是你的上司。這種在內部的觀察和演出，儘管沒有消費者，但戲劇特徵和重要性都不會因此而降低。實際上，這些「舞台下」的工作將會影響到你和消費者之間的聯繫，因為內部表演會影響外部關係。

所以，碼頭搬運工是在表演，在披薩店的廚房裏和麵的兩個小伙子也是在表演，保險公司裏忙進忙出的理賠人員是在表演特定的舞蹈，生產線上的領班觀察著工人表演的方式。向老闆提出建議時，也需要表演，就像在導演面前的試鏡一樣。所有這些工作都是戲，儘管有時候觀眾不是買單的消費者，但是那些內部的演出還是會對付錢的消費者產生影響。在體驗經濟中，企業必須考慮如何使工作更具吸引力，無論是在舞台上還是舞台下。

戲劇演出確實提供了一種工作模型，而社會學家艾文·高夫曼

（Erving Goffman）則很可能是察覺到這點的第一人。在他1959年的著作《日常生活中的自我表演》（*The Presentation of Self in Everyday Life*）中，高夫曼審視了一般社會及工作中的表演手法和原則。他仔細觀察人們的表達方式，發現人們對自己的行為在別人心目中造成的印象，各自的看法都是不同的。有的人對什麼事情都冷淡健忘，而有些人幾乎不在乎別人怎麼看自己。另外一些人則是另一種極端，他們為了給其他人造成特定的印象而巧妙處理自我的表達方式，高夫曼稱這樣的人為「玩世不恭的表演者」，「他們熱中於迷惑觀眾」，但是他認為那些「相信他們表演的人」是「真誠的」。❷

對於高夫曼來說，所有人類的活動都是在表演，不管是否經過排練。高夫曼表示：「無法預先有系統地組織自己的眼神和身體運動的普通人，並不表示他不願意透過這種戲劇化的、經過排練的方式來表達自己。簡單地說，就是我們表演得很好，只是自己並不知道」。❸這一觀點本身，更有助於激勵工作人員認識他們的行為對消費者產生的影響，並且採取高夫曼稱為「表達控制」（expressive control）的方式，約束自己的演出以產生真誠的印象。將工作稱之為戲劇，並按照它來約束自己，從世俗中抽離出神祕的成分，並進一步影響他人的感覺，這就是表演，它最後會將難忘的經歷與普通的行為區分開來。❹

進行商業演出

理查・謝喜納（Richard Schechner）是著名的表演理論（performance theory）專家，他曾提出一種相當有用的方式來思考表演的組成部分，這可以看做是對布魯克說法的回應。謝喜納將表演定義為：「一

種個人或群體的活動，做為向另外的個人或群體展示的行為。」❶這種定義不僅包含戲劇，同樣也包含商務的空舞台。透過這樣的定義，他發展出一套有效理解不同舞台設定（enactment）的理論框架，圍繞著四個核心的概念：戲劇（drama）、劇本（script）、劇場（theatre）和表演（performance）。

根據謝喜納的定義，**戲劇**是整個表演的核心。它由「寫好的文字、樂譜、劇情概要、說明、計畫或地圖組成。戲劇可以從一個地方帶到另一個地方，從一個時代流傳到另一個時代，不管是誰持有它。」❶做為演出的核心要素，戲劇可以在不同的情形下、不同的文化中，透過不同的媒體手段表達，商業也包括在內。做為內部的用途，戲劇描述了體驗的情節，告訴演員要做些什麼。在商業這個空舞台上，**策略就是戲劇**，也是一個企業的核心。但是它自身的表達有無數種方式，比如：策略願景、使命聲明、商業計畫、競爭目標（比如小松製作所〔Komatsu〕在1960年代就一心一意地將焦點集中在「贏過開拓重工〔Beat Caterpillar〕！」），或者計畫的詳細列表（比如奇異公司事業部的目標描述）。不管採取什麼形式的策略，企業的所有者都會揭開該策略在一段時間中（策略的時界）的可能表現。即使公司員工不斷地來來去去，對於那些在企業中有一席之地的人來說，戲劇仍然是所有商業活動的核心要素。無論商務活動的表演是在什麼場合進行的，戲劇都提供表演的本質。

同樣地，**劇本**就是「所有可以在時間和地域間傳送的事件的基本編碼」，是「表演的先決因素」。❶劇本透過超越特定時刻、狀況或慣例的方式來傳送戲劇。在商業上，**流程就是劇本**。企業採用（通常是）編碼化的途徑來演出戲劇。員工必須學習劇本，確認潛台詞

（subtext，即策略中並未明確說明的部分），提煉出來以應用於生產，對它進行必要的修改以達到盡可能最好的演出效果。劇本必須表達出戲劇的思想，忠於劇中原來的精神，並且出人意料地超越觀眾的期望。

接下來，劇場就是：「由特定的演員集體演出的事件；在生產流程中演出者實際做的事……是戲劇和／或劇本的演繹。」[19] 換句話說，劇場既體現了進行生產的內部工作特徵，也體現了工作的外在表現——這些功能和形式將戲劇和劇本活生生地帶到觀眾的面前。[19] 劇場將戲劇和劇本透過表演和客戶聯繫起來，為客戶安排了一種身為觀眾的體驗。在這裏，我們又一次認識到體驗經濟中「工作就是劇場」的含義。

最後，根據謝喜納的看法，表演就是「所有事件的組成，它們當中絕大多數都是在不經意之間流逝的，從第一名觀眾進入表演場地開始，直到最後一名觀眾離去，在表演者之間和表演者與觀眾之間所發生的事情。」[20] 這是最廣泛的一環，在特定的事件和場合演出完整的事件。如同圖6-2所示，表演涵蓋了演出的所有範圍：劇場、劇本和戲劇。很清楚，產物就是表演，它是企業為消費者創造的經濟價值。透過劇場演出和商務演出的對比，我們得到下面的結論：

〔戲劇＝策略〕

　　〔劇本＝流程〕

　　　　〔劇場＝工作〕

　　　　　　〔表演＝產品〕

所有的經濟產物——不只是體驗，還包括初級產品、商品和服務

圖6-2　表演的角色扮演模型

資料來源：改編自 Richard Schechner, *Performance Theory* (New York: Routledge, 1988), p.72.

──都是企業從戲劇、劇本一路進展到表演的成果。回到謝喜納的說法：「戲劇是作者、作曲家、劇作家和巫師（這兒我們加上策略家和管理高層）的領域；劇本是教師、專家和大師（經理人、總監和團隊領導者）的領域；劇場是演員的領域（在劇場和商務中演出）；表演是觀眾的領域（包括那些現在需要體驗的顧客）。」**㉑**

　　不管你的公司是否已經對上演的事件收費而完全進入了體驗經濟，也無論你在公司裏的職位以及同事是誰，**你都是一個表演者**，你的工作就是一齣戲，現在你必須這樣開始演出。

你是說「表演」嗎？

　　有些人誤解了表演。他們認為電影明星都是自我中心、不負責任

的人，或是騙子；而那些百老匯明星都是在自我炫耀，或是更糟。在娛樂事業的領域之外，還有諸如華而不實的房地產業者、娛樂節目的主持人，或是心懷不軌的汽車業務員。我們真的是在說所有的人，包括你在內都要表演嗎？當然是！正是因為一些錯誤的觀念，使得那些糟糕的演員和糟糕的表演和表演本身混淆了。真正的演出是用從容而謹慎的方式與觀眾互動，那些假表演和無精打采的員工必須從演出中剔除，然後開始為充滿期待的消費者安排新的、令人興奮的體驗。

　　對於表演的厭惡也許源自這樣一種信念：只有完全揭開面紗的事物才是真實的。但是如果芭芭拉‧史翠珊咀嚼一塊真實的口香糖，那整個事件會變得更真實嗎？不會，用商業語言來說，史翠珊只是「以小搏大」，有效地以更小的投入獲取同樣產出的效果。是否嚼口香糖的決定，與整個事件的真實性無關；而且，那樣的決定考慮的是為了取得特定印象而採用特定的道具。同時，史翠珊的行為是在觀眾期待她開始表演之前就已經發生，但是這並不會讓她顯得不夠真誠。對於工作的安排，諸如開始時間以及結束時間，這樣的人為（我們能說是虛偽嗎？）限制往往會抑制創造力。舉個例子，如果汽車服務僅僅在客人把車開來的時候才開始，那麼凌志（Lexus）汽車就不會想到派員工到消費者家裏替他們把車開來了。

　　另外一種不願意進行表演的理由就是：認為表演會扭曲自我。但是表演其實不是要你假裝成某某人或某某事。再思考那已經舉世聞名的派克魚市場（Pike Place Fish Market）裏的工人。他們都是實實在在的漁夫，卻也是完完全全地在他們的魚市舞台上表演。明尼蘇達州的波恩斯維爾市（Burnsville）有個企業訓練教材公司海圖屋（ChartHouse Learning），他們讓這些工人在《魚！》（Fish!）的影片

裏永垂不朽，片中闡釋他們利用四個原理去創造派克魚市場的體驗
——包括最經典的，工人與工人之間將魚拋來拋去的橋段。[22]四項原
理當中，每一項都是一種表演的技巧：

- **玩耍**：儘管這是嚴肅的工作，卻也是一種樂趣，工人和顧客都
  在舞台上，為每一個人快樂地演出。
- **給他們美好的一天**：重點是顧客——也就是這項表演的觀眾
  ——盡一切努力，為他們創造出美妙的回憶。
- **置身當下**（be there）：知名導演與表演大師史坦尼斯拉夫斯基
  （Konstantin Stanislavski）的另一種說法是「現身當場」（be
  present），意思是忘掉其他的一切，只要在那個時刻，在當場
  全心投入。
- **選擇你的態度**：亞理斯多德率先指出，基本上表演指的就是做
  出選擇。我們在同事之前和在顧客面前的表演會不太一樣；在
  孩子面前和在父母面前也大不相同；在朋友面前和陌生人面前
  當然也會有所不同。這並非表示我們在這些情境之中，都在虛
  偽造作；我們只是選擇要在什麼人面前表現自己的哪一個面向
  而已。

　　在表演之中，人們會透過新的生活體驗，發掘自己的內心，而這
樣的體驗則有助於建立讓別人信任和接受的新形象。這不僅發生在純
粹的演出中，在商務活動的劇場上也看得到。一個演出者一定要完全
按照他表演的角色進行，否則就會面臨消費者的不信任，進而對他所
提供的商品失去興趣。
　　不良的演出往往有個特徵，即演出者在表演的過程中，不停地提

示觀眾「我正在進行表演」，只有當演出者的準備不夠，觀眾才會感覺到他的行為很做作。偉大的俄國演員麥可・契科夫（Michael Chekhov）這麼說：

> 優秀的演員在讀劇本，庸俗的演員和非演員也在讀同樣的劇本，這兩種閱讀的區別在哪裏？非演員完全客觀地看待劇本，事件、劇情還有角色都無法激起他們對自己生活的共鳴。他理解劇情的方式完全像一個局外人或旁觀者。而演員閱讀劇本的方式則是主觀的。他通盤研究劇本，並且在這一過程中不可避免地體驗到他自己的反應，包括他的意志、感覺和投射。戲劇和情節只是他演出的劇本，它們能激發他的表演欲望，展現他豐富的內心世界。[23]

契科夫以融入劇中角色的高超能力而享有盛名，他的「角色工作」（character work）做得如此之好，以致人們根本沒有發現他在演戲。

投入最徹底的演員，對於他們演出的角色會有非常親切的感覺，具有完全融入角色的能力，使得觀眾幾乎忘了他們是在舞台上。我們生活的各個角落都可以發現這樣的演員：商業世界中的華倫・巴菲特、學術領域的華倫・班尼士（Warren Bennis）、政治家隆納・雷根（Ronald Reagan）、慈善家波諾（Bono），不勝枚舉。有太多人未能進行成功的演出，在舞台上和在私人生活中，他們行為的方式沒有什麼不同，他們對每天承擔的任務就像什麼也沒有發生一樣，他們的工作因此毫無生氣。要在體驗經濟中吸引顧客，你就要努力表演，顯示出這就是你的工作！

唯有當工作是明確為〔觀眾＝顧客〕提供舞台的時候，體驗才會成為新的經濟活動的基礎，也才能因此而繁榮起來。你可以這樣開始：審視你企業中的日常活動，然後把工作的場所設計成一個特殊的地方——演出的舞台。要精彩地展示動人的體驗，不僅需要設計這樣一個舞台，而且這樣做（何況並不難）是不可或缺的一個步驟。所以，請不要猶豫，現在就開始吧。然後宣布：這是我的舞台。

入戲

現在你已經有了自己的舞台，已經是個真正的演員。你的演出結果如何，將取決於你對於演出的準備如何。實際上，演員的絕大部分工作在他走上舞台以前就已經完成了。準備可以用很多方式進行，但最重要的應該是你如何描述你的角色，它將決定你工作的效果，也就是觀眾會獲得怎樣的印象。正確的描述使得一場戲看起來自然、可信、主動而且真實。

艾瑞克・莫里斯（Eric Morris）很擅長幫助像傑克・尼柯遜（Jack Nicholson）那樣的演員改善他們的角色。聽聽他的建議：「對於任何一代的演員來說，劇場中最時髦的概念及觀點就是演員『變成』了那個角色，這就意味著演員採取或獲得了特定角色在劇中的行為、癖好、思想還有各種行事的動機。而且我相信這句話反過來說也是對的：**角色變成了你！**」❷⁴完全不做作的成功演出，不會讓角色的性格和演出角色的真人之間產生明顯的差異，也就是：所扮演的角色與自己——工作人員的真實身分——在感情、身體、心智和精神上的獨特特徵一致。莫里斯進一步解釋：「當你將角色完全吸收到自己體

內，你將和他在劇中所做的一切緊密聯繫在一起。你與世界溝通的特有方式，你的每一次衝動、思考還有反應，都包括在他的一舉一動之中。也就是說，透過你在劇中演出的每一個部分，演員創造出一種獨特的以及個人的陳述。」❷

　　為角色塑造特徵，讓提供體驗的工作和其他商業活動區隔開來。實際上，正是因為缺乏這些特徵，才會有那麼多服務人員簡直像機器人一樣。你遇到過多少次旅館服務人員對你幾乎千篇一律的問候？有多少汽車業務員都使用同樣的語調？又有多少速食服務讓顧客忍受一成不變的經驗呢？恰當的角色塑造，可以將這些平凡的服務轉化為令人難忘的演出。正是如此，在麗池飯店的客服人員親切地用名字來招呼客人──只要查看一份每天列印的可能入住旅客及其特徵的資料即可（就像肥皂劇演員每天翻看的劇本一樣）──就令人留下深刻的印象。同樣地，到凌志和鈕星（Saturn）的經銷商那兒參觀，也能夠獲得不同於一般的新鮮體驗──在那兒顧客分別進入自己的小隔間進行討價還價。即使是賣碳酸飲料的流動攤販，都可以透過塑造他自己的角色來創造令人難忘的事件。我們看看這位在俄亥俄州克利夫蘭高地（Cleveland Heights）的賽德─李電影院（Cedar-Lee Cinema）販賣部的一個角色，他的工作方式就是「輪到誰來振奮一下？」他的表演比許多銀幕上的影星還要好，客人都想要買他那個攤子的東西。

　　演員會運用各種戲劇技巧來塑造舞台上的角色，包括寫日記（用日記記錄一天裏發生的事情，然後分解每一個事件做為未來的方針）、畫圖（繪製整個劇本中演員的行為，一行接一行，一幕接一幕），或做一個關係圖（舞台上角色之間關係的圖）。透過各種方式，完成角色刻畫的過程，吸收角色的特點，成為在觀眾面前表演的

基礎。

　　要完整刻畫角色需要細心管理「潛台詞」，也就是說，並不是所有的東西都在劇本裏。在演員和導演一同工作的時候，導演協助將〔劇本＝流程〕轉化為現實的〔劇場＝工作〕，而潛台詞進一步提供了劇本的內涵。舞台上的表演者透過語調、手勢以及合適的道具完成表演，包括：**肢體語言**——比如姿勢、手勢、眼神接觸以及其他表達（業務員的微笑就傳遞了充分肯定的訊息）；**道具**（一個手機代表可以被找到，而當你關掉呼叫器並將它放進公事包裏，就可以吸引觀眾的注意）；還有**服裝**——衣服以及配件（一名執行長穿著涼鞋和卡其布便服，和穿著三件式西裝講話所傳遞的資訊截然不同，但是每一種方式都可能有道埋，就看這位執行長想傳遞的角色內涵是什麼）。**❷⑥**

　　任何一個因素對整個角色的塑造都是非常重要的。我們來看看商務活動中小小的名片，在和客戶的往來之中，這是個再平凡不過的基本道具，然而就因為它的平凡，在商務活動中，名片對角色刻畫的作用往往都被忽略。在絕大多數情況下，同一家公司或組織的工作成員的名片，差別僅僅是名字、頭銜和電話號碼。當然，名片的基本風格設計有助於傳遞特定的資訊，但是大多數的名片對每一個工作人員來說，都只是提供一種標準的模樣，彷彿在表演中所有的演員都沒什麼特色。這種方式反映了大量生產的思維，在組織圖上每一個人都只有一個確定的位置。

　　在今日變化多端的生產方式當中，人們扮演著多重角色，所以他們需要不同的角色刻畫方法。我們已經知道，在大公司中有的人已經開始攜帶多種名片，每一種都代表他扮演的不同角色。我們還知道一些著名的企業家使用個人電腦桌面排版的特製名片，以適合他們正在

進行的每一次商務會晤。他們並不是在欺騙別人（就像詹姆斯·賈奈〔James Garner〕在老電視影集《洛克福德檔案》〔*The Rockford Files*〕中的主角角色一樣）（譯注：《洛克福德檔案》是美國1970年代的電視影集，賈奈在戲裏扮演一個私家偵探，並在1977年因這個角色而獲得艾美獎。），而是在表現不同情況之下的相應角色。（這裏對他們的身分以及公司名稱匿名處理，以保持他們與客戶之間的透明性客製化。）

　　名字也有助於角色的塑造。很多商務中的演員如今都在扮演自己（在娛樂事業則不是，大多數演員往往都使用假名）。但是在這兒不一樣。在一家大型電腦製造商的電話客服中心，每一個工作人員都必須使用和自己不一樣的名字，只有最初的員工使用他們自己的名字「凱特琳」或「查德」，以後的繼任者都是使用這些名字做為假名。這樣的好處是：正如顧客期望的，他們可以與自己認為的同一人繼續進行商品和服務的洽談，而不用管現在管理該業務的員工是誰。

　　顧客對這樣的措施有很高的評價並且樂意使用，這使得一對一的方式成為服務的基礎。最深奧的就是，這樣的做法提供了一個刻畫角色的舞台，演員不再是可以變化的部分，這些電話處理者可以自由使用那些假想的名字來表達自己。他們可以透過自己的獨特的表達風格、習慣以及其他的電話處理方法，創造一種難忘的業務處理方式，形塑並且集中對話焦點。大型的電話客服中心的表演者會發現，自己為許多客戶和公司所需要。

　　融入角色使得每個公司員工有一種「目標明確」的感覺，即把自己融入整個主題中，為顧客提供體驗。沒有那樣的角色發展，工作中提供給客戶聯繫的機會就會很少。也許沒有別的公司比迪士尼更了解這一點。每一天，演員表上的成員──不管是扮成卡通人物的樣子，

還是車上的服務生或是清潔工——都穿著他們的表演服飾，拿著相應的道具，進入不同的舞台體驗中。每一個人都對這個有如家一般的娛樂和幻想天堂的感覺做出自己的貢獻。在不同的時段裏，演員在舞台下進行著舞台下的工作，在舞台上進行舞台上的工作。如此而已。

在迪士尼專案（Project on Disney）中，一隊旅客觀察迪士尼世界的一系列工作條件（他們將那一章稱為「老式的工作」〔Working at the Rat〕），他們的看法是：那些拿薪水的員工，像付費參觀的觀眾一樣，「說他們也知道這不是真實的，並不是它們看起來的那樣，然後他們會繼續討論就像它是真的一樣。」❷❼ 好極了。這種方式可以到達角色的核心，康斯坦丁·史坦尼斯拉夫斯基將這稱為「神奇的好像」（Magic If）。❷❽ 從此，許多演技教師就把這種觀念發展成正式的演技方法，並稱之為「就好像」（As If）。一位名叫麥可·科恩斯（Michael Kearns）的教師說：「採用『就好像』的表演方式，是可以應用於現實生活中的重要技巧。雖然它聽起來就令人反感，但它是一種積極的思考方法。你在一場大型宴會中，覺得悶悶不樂而決定放縱一下。有些時候某些調整——就好像你在真實生活中——可以有效地調整你的情緒。然後你會用不同的眼光看待你面臨的情況。」❷❾ 那些在舞台上情緒低落的服務人員，就是缺乏「就好像」之類的角色塑造方式，只會用一種方式表現真實——非常的粗魯無禮。在美好的商務體驗中，那樣的方式將不可能存在。工作人員即使心情不好（我們每個人都會遇到），都還是必須覺得他們就好像非常高興一樣；遇到一個故意刁難的客戶（有時確實是很大的挑戰），工作人員必須覺得他們一點也不介意。在這樣的方式下，一些有趣的事情就發生了：令人愉快的服務提供了值得回憶的體驗，那些舉止不當的客戶一般會為此道歉並且

高興起來。

　　訓練有素的演員——以及任何觀眾——都知道機械化的演出與那些透過角色塑造而表現出的高超演技之間的區別在哪裏。「機械化的演出」代表了今天絕大多數服務業的狀況，在這樣的情況下，客人迫不及待地想要結束一切。（就像之前提過的，服務業的管理者知道這一點，並且費盡心思去減少為每一個客戶服務的時間，於是造成一種「劣質服務」、「自我服務」甚至「無服務」的狀況。）然而一旦工作人員選定了適當的角色並且成功地塑造了角色，他們所提供的體驗將使消費者願意花更多時間。什麼東西會帶來這種意願呢？很簡單：表演的方式。

有意圖的表演

　　史坦尼斯拉夫斯基時常告誡演員要「削減掉95%」。❸透過這句簡單的口號，史坦尼斯拉夫斯基指出，演員往往有表演過火的傾向。他不僅是在說表演的動作過多，而且是指在特定的演出動作中過分表現的情況。（舉個例子，許多工作人員，從醫師到汽車維修工，都在工作中做出過多的解釋或歷史說明，而客戶需要的只是簡單的事實。）他希望去除戲劇中過多的動作、過多的移動、對白和其他不利於主題表達的因素。他將表演削減到必要的核心內容，使得這些表演可以清晰地表現情節和主題（他稱之為「最高目的」）。傳說有一次史坦尼斯拉夫斯基問拉赫曼尼諾夫（Sergei Rachmaninov）掌握精湛鋼琴演奏技巧的祕訣，這位偉大的鋼琴家兼作曲家的回答是：「不要碰到旁邊的琴鍵。」❸史坦尼斯拉夫斯基一定非常喜歡這個答案，因

為這就是他戲劇的標準之一。

得益於廣泛流傳的全面品質管理（total quality management，簡稱TQM）和企業流程再造（business process reengineering，簡稱BPR），許多組織現在理解到重新設計以及改善工作流程的想法。這些改善計畫一般都是將流程做為重新設計營運方式的一種工具。在很多情況下，這樣的做法只是勾畫出組織正在做什麼，現在這些活動應該如何進行，工作流程仍然缺乏意圖的感覺。僅僅完成一項工作遠遠不夠，有些工作需要激勵性的措施使得表演充滿活力，以達到最終影響消費者購買的效果。舉例來說，每個人都能夠區分出以下兩個接待人員的不同：一個很少向與會代表打招呼和問候，而另外一個熱情地歡迎每一位代表，因此同樣的任務就加上了意圖的色彩。在大廳裏的接觸，不論多簡短，對於客人都會有影響，並且對於接下來的整個會面設定了一種基調──有時還會影響到結果。

平庸的服務互動與令人難忘的體驗之間的不同，就是將焦點放在**如何**，而不是**什麼**。當每一個工作人員都能自覺地、全面而有意圖地工作的時候，就真的可以吸引消費者。在意識中進行有意圖的設計之後，一舉一動都成了有含義的動作，缺少它，工作就是無聊、空泛和老套的。（那些從頭到尾不能讓人留下什麼印象的活動，怎麼可能帶給人們「美好的一天」？）因為有太多的人員在演出時沒有運用謹慎的意圖，所以史坦尼斯拉夫斯基會時常要求演員砍掉他們所做的95%。對於商業演出也同樣適用。卓越的流程──至少具有真正吸引消費者的效果──只有當工作人員決定改善他們每次的表演時才會出現，就像演技指導科恩斯所說的：「決定你到底要什麼，對於結果非常重要……如果你還沒有確定自己要的是什麼，那麼你的行為就沒有

中心,從而結果也是模糊和無意義的。然而一旦清楚地認識自己的意圖時,你的行為就是具體而清楚的,而且可以和別人聯繫起來」。❷當每一個舞台上的工作人員——在農場、工廠、服務台,以及具有主題的活動——都為工作賦予意圖時,任何商品的價值都能提升。

科恩斯為此提供了一系列的工具。對工作的每一個部分,人們必須用短語「為了」來描述他們的意圖。❸芭芭拉‧史翠珊咀嚼口香糖是為了證明她的外表不重要——重要的是她優美的音色;雅各體育場外的表演者清掃大街,是為了表現出新的環境是乾淨、安全、舒適的,並且渴望復甦;那些在旅館大廳裏充滿活力的接待人員,是為了歡迎客人來到這個會發生重大事件的地方。

想像你現在正站在老闆的辦公室門外,你的下一個動作就是要敲門。你要採取何種敲門方式,為了顯示你是剛到?還是為了遲到來道歉?還是為了讓老闆知道你在外邊,而又不打擾他手頭的工作?或是為了提醒老闆開會的時間就要到了?每一種不同的意圖都可以決定不同的敲門方式。

或者,讓我們來考慮一下現實的醫師和病患的關係。醫學研究證明,患有乳癌的女性使用乳房腫瘤切除術(簡單的腫瘤切除)和選擇乳房切除術(乳房整個切除)的存活時間一樣長。儘管法律要求醫師必須把乳房腫瘤切除術做為一種選擇,並加以解釋說明,但在美國的一些地方,保留乳房的外科手術比率仍然較低。《華爾街日報》評論道:「部分原因是,問題不只是醫師說了什麼,而是他們是怎麼說的。」❹醫師必須為病患提供他們所面臨的選擇,以確保每一個病患都能充分地考慮各種替代方案。❺

善於在法庭上唇槍舌劍的律師,也必須將其意圖貫徹到他們的工

作中。「你要計畫好每一個細節，包括你的衣著以及你桌面的整潔程度，」一位芝加哥的律師弗雷德・巴里特（Fred Bartlit）這樣說。❸❻巴里特是一個辯護律師，他總是仔細審視他們所做的每一件事，從他們走路的方式到站立的姿勢，以及什麼時候採取怎樣的眼神接觸，到拿文件、使用電腦的姿勢，到怎樣發表即席演講。❸❼他們進行每個動作的意圖都會對整個的表演產生影響。如果只是做工作而沒有意圖（也就是只是為了做完），那麼工作就沒有吸引人的潛力。

像醫師和律師這種直接影響客戶生命的工作一定要注入意圖，這並不令人驚訝。然而，在注入意圖之後，任何的活動都可以變得更有價值、有意義。來看一個簡單的例子，在賓州大學的希爾之家（Hill House）宿舍中，一名大家都稱她為「巴布」的服務人員就證實了日常工作中的意圖。巴布在宿舍的咖啡館裏工作，對很多學生來說，巴布是他們的學生生涯中對他們影響最深的人。她的工作只有一項內容，在一日三餐中，巴布坐在入口處的椅子上，經手學生的預付款餐卡——一個接一個——透過一部機器，如果呈現綠燈則表示還足夠支付一個星期的飲食，如果是紅燈就表示不夠了。那就是她的工作。對一般人來說，這是一項再無聊不過的工作，但是巴布就在這項簡單的工作中加入自己的意圖。首先，她拿起卡片可以知道學生的名字，以後她就會叫出學生的名字跟他們打招呼。如果有學生錯過用餐的時間，她下一次就會提醒他。她甚至會根據卡主的名字告訴他，他的朋友正在咖啡館的某處。在每一次接觸中，透過言語以及寥寥幾個動作，她的這種意圖使得整個情景充滿歡迎學生用餐之體驗的溫暖氣氛。難怪巴布在退休之後，她的工作崗位並未遭立即撤除。❸❽

在所有的工作中，我們都會遇到這樣的角色。有賓州大學處理學

生餐卡的巴布,有芝加哥叫做弗雷德的律師,有卡拉馬如機場裏的亞倫,有華盛頓特區的西雅圖極品咖啡的「神奇的馬修」,你只要遇到他們,就會記得他們。他們有意圖地工作,在他們的角色中傾注了對顧客的感情和對公司的投入。他們是這個世界上真正的演員,我們都應該以他們為榜樣。

表演的四種形式
Reforming to Form

根據劇本和演出方式的不同,劇場有四種形式:即興式劇場、舞台式劇場、搭配式劇場、街頭式劇場,每一種皆可對應到不同的商務舞台。

　　琳達是美國某汽車製造商的新車開發團隊的領導人。❶她一進辦公室，就馬上看今天的行程安排：「上午十點在主管會議中心，我要對供應商進行例行講話；下午一點半是有關秋季策略週期的會議；下午四點去本地經銷商那兒拜訪。今天看起來還不錯，但是我必須趕快做好準備，還有許多事情要做。」

　　琳達啟動筆記型電腦，打開PowerPoint檔案，開始為她上午的簡報做準備。在瀏覽簡報檔時，她發現其中的一張已經過時了。她進入公司內部網路，找到最新的資料，更新了內容。她馬上開始設想根據這些最新的資料她要說些什麼，在記事本上寫下這些思想的火花。很快地，另一頁的內容又使她停下來，因為她想起了上一次演講中的一個障礙。琳達站起來，面對著關閉的辦公室門，仔細地想在簡報時她要說些什麼還有做些什麼。過一會兒，她就發現問題的所在：她同時做太多事情了。而且檔案也跑得太快，使她不得不一直回頭注視螢幕。她也說得太快，以致沒能兼顧到清晰和連貫，同時她的習慣性動作也顯得很彆扭。

　　為了糾正這些問題，琳達坐下來，去除簡報檔中不必要的資訊。她又在筆記本上記下一些東西，這是她必須提到的內容，涵蓋了簡報的要點，然後她又站起來，根據筆記繼續演練。透過這樣一次又一次的反覆演練，她找到了表達關鍵地方的恰當手勢和姿勢。由於她對自己的表現很滿意，她又表演了一次——這次她沒有看筆記。然後她打開Word檔案更新她的文稿，包括一些動作的提示。

　　這時候有人敲門，是保羅，她屬下的一位經理。敲門聲再次響

起，琳達闔上筆記型電腦，這是為了讓保羅確信，她正一心一意地關注他的彙報。其實琳達並不是真的很在意那些關於市調資料的新問題，但是，她表現得就像初次聽到保羅的問題一樣。她認真地和他討論一些細節。琳達盡力驅散思緒中剛才專注的內容。當琳達和保羅握手道別的時候，琳達輕輕拍了保羅的肩膀，表示肯定他設法解決問題的誠意。

接下來，琳達繼續凝神準備針對供應商的簡報。到達會議室之前，琳達在休息室裏短暫停留，確認她的外套是否整潔，髮型是否得體，早餐有沒有塞在牙縫裏。然後她從提包裏取出會員標記胸針，別在外衣上。欣賞完鏡中自己的形象，琳達露出滿意而自信的笑容。接著她大步離開休息室。「到會議室去，」琳達對自己說。同時，她開始在腦海中想像著會議已經開始的情形，讓自己迅速進入狀況。在到達後的幾分鐘內，主人就向與會的代表簡單地介紹她。在進行簡報之前，琳達停下來，看了一下今天的聽眾。從最後一排開始，然後是中間，最後是坐在第一排的供應商，他們都微笑著。❷ 然後，琳達用她的「四字訣」開頭：「合作需要學習的關係」（Partnerships demand learning relationships）。略微停頓之後，她才繼續⋯⋯。

琳達興致勃勃地完成三十分鐘的講話，她的表現完美極了。「從此，我們不再有游擊似的貿易戰！」台下響起熱烈的掌聲。又一次關注前排的聽眾之後，她走下講台。一名與會的採購經理後來對主辦單位的助理說：「哇塞，我簡直不敢相信她能表現得那麼自然不做作，而且清晰地指出問題的所在。」「的確如此，」助理回答：「她已經做過很多次這樣的簡報了。除了有一點小小的變化之外，每一次簡報中的每一個用詞都恰如其分。」這位採購經理只能又一次地「哇塞」。

　　就在這個時候，琳達已經回到自己的辦公室，開始準備下午1點30分的策略會議。這和上午的簡報不同，不需要PowerPoint，沒有準備好的筆記，也沒有掌聲。成功的關鍵，是保證業務線上的每一個人都全力以赴，讓公司高層體會到這一商務系統可以完美地執行完美的開發計畫。在這兒，她的角色不再是一個充滿自信的主管，而是參與其中的內部嚮導。

　　為了這個目標，琳達回顧她以前的會議筆記、電話和備忘錄，各個參與者的往來電子郵件，這些郵件大多是針對如何能夠做得更好的建議。她準備的重點在於這次會議要和上一次會議的結論相互銜接，表達的基調一致，達到每一個與會者都滿意的效果。這樣的準備就會使會議圍繞特定的重心，不會離題（順帶的好處是，不會耽誤到下午四點的業務拜會）。琳達開始使用她的「奔跑計畫」（runplan）技巧，將策略計畫用畫面一一展示，並為即將使用的圖表寫下提綱。

　　她的準備同樣沒有白費。除了要回應一兩個小問題之外，身為內部嚮導的琳達不僅使得會議順利進行，還推動整件事情的進程，使得各方面的協作像交響樂團一樣和諧有序。現在，她要出去跑業務了——換上一件較為隨意的外套（以便和所要拜訪的公司性質相稱）之後——她和約好的租賃部副總裁史蒂夫一道出門。

　　這並不是普通的業務拜訪，琳達和史蒂夫要見的是當地大經銷商的老闆，目的是說服他加入汽車製造商的原型產品計畫：出租前執行汽車試車體驗（Pre-Lease Executive Automobile Sampling Experience，簡寫是PLEASE，和Lease部分諧音）。透過PLEASE，公司要推出一種試車活動：潛在的高檔客戶只要支付至少15,000美元的租金，就可以測試各種高性能的汽車——從豪華型到造型奇特的汽車——在各種

令人興奮的條件下，與其他人（包括本地的名流）一同賽車或在雨地上滑行。最後，經過一整天的測試，每位客戶可以將他們選擇的汽車開回家，獲得一年的免費租賃以及一卷預錄自己駕車體驗的客製化錄影帶。這種體驗的要價是普通一年租金的2～3倍。琳達、史蒂夫和他們的夥伴都知道，這將帶來豐厚的利潤。現在，他們的頂頭上司也了解到透過租賃比製造賺得更多，終於同意在協定中加入可租賃其他製造商的汽車的條款。

在琳達和史蒂夫一同駕車前往拜訪經銷商的途中，他們計畫好要說服經銷商在他的區域推展這個試車計畫。根據以往的銷售經驗，他們對於促銷一些特定方案已很有默契——琳達專注於PLEASE體驗的本質，史蒂夫則強調財務面。琳達將向客戶展示即將完成的全景式的B版本，史蒂夫則解釋對經銷商本身有什麼幫助。在展示完之後，琳達將展示設計草圖和彩色效果圖，透過描述美好的業務前景證明PLEASE是一種截然不同的體驗。從頭到尾，史蒂夫都將扮演琳達計畫的熱烈擁護者。在他們到達的時候，他提醒琳達，根據以往的經驗，在介紹B版本的開頭時提一下冬季的輪胎性能會很有用。

在經銷商的辦公室入座之後，他們相互配合著演出，話題的銜接很流暢，每一個環節都進行得很完美，只是會面比預定晚了二十分鐘開始，經銷商他們的人不時打斷簡報，還有對方不斷地提出反對意見。但是，自始至終，琳達和史蒂夫都很清楚彼此的角色和目標，他們將每一次打斷轉化為一個笑話或令人愉快的插曲，將每一個反對都轉化為向下一個環節過渡的有利因素。為了幫助經銷商跨越最後一道障礙——包括別的品牌會吃掉自己存貨的銷售機會——琳達向史蒂夫使了一個眼神，兩人一同站起來，走到經銷商的桌前，指向他們之前

注意到的多羅里恩（DeLorean）賽車模型。不待他們發問，經銷商就說：「的確，那就是我的夢想，我的第一輛賽車……」對此琳達回答說：「而且你也喜歡駕駛它的體驗，對吧？我們將會給你的客戶駕駛他們的夢幻車種的體驗，而且比起僅僅銷售五輛我們的普通車款獲利更高。誰會在乎是誰製造的車，那只是駕駛體驗的道具罷了。這對我們的好處都是顯而易見的。」很快地，他們三個人一同走向大門口，琳達在和經銷商握手時拍了拍他的肩膀。

劇場的四種形式

　　剛才這個實例，描述了我們在第6幕中討論的有關劇場的許多要素，還包括了一些新的。琳達當然了解做為一個表演者意味著什麼，以及每一次的互動──無論生產的是什麼商品，無論工作的舞台在哪兒──都會成為一種體驗。但是我們注意到，她針對這一天的四個不同場景扮演了不同的角色。在準備發言的時候，她遇到自己的下屬保羅帶來的問題，而且必須立即解決，在這裏琳達採用即興式劇場（improv theatre）。就如同與公司外的人打交道的舞台一樣，琳達很快找到應付的辦法：運用長期工作經驗所累積的管理技巧。

　　琳達對供應商夥伴進行演講時，採用的則是舞台式劇場（platform theatre）。她事先勾畫出要說的每一句話和每一個動作，並且一次又一次地進行排練，直到她相信她的演出是完美而成功的，同時一切看起來又那麼的自然。在準備下午的策略會議時，她仔細地審視以前每一次的互動成果──電話、電子郵件、書信，還有那些面對面的經驗。這時，她表演的場景就是搭配式劇場（matching theatre），將所

有不連續的部分拼接成為一個有機的整體，這非常像是電影剪接或導演所做的工作。

最後，她和史蒂夫一起到經銷商那兒推銷出租前的試車體驗，琳達發現她身處一個自己不能控制的環境。這時候不能再使用即興發揮的技巧——這風險太大——因此他們兩個表演了街頭式劇場（street theatre）。在這兒，一些小環節和因素按照不同的要求組合起來，構成一齣戲（並且能夠處理任何突發的事件和障礙）。儘管看起來劇中的每一個動作都經過演練，卻又不是事先做好計畫，而是隨著事件的進行隨機發生的。

現在考慮一下你在工作中的不同角色。和琳達一樣，你在開始演出之前，必須根據事件發生的時間、情況及觀眾的組成，確認哪一種形式的劇場最適合。在圖7-1中這四種劇場——即興式、舞台式、搭配式、街頭式——是根據謝喜納的表演模型（圖6-2）而來的，劇場內部以劇本為界，外部以表演為界。表演和劇本的變化幅度，對每一

圖7-1 劇場的四種形式

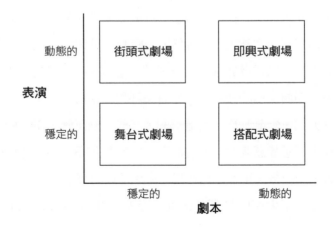

個觀眾來說，無論變化是動態的（持續變化）還是穩定的（幾乎不變），都決定著演員如何表演。四種劇場各代表一種不同的工作表演方式，究竟應該採用哪一種，端賴產品本身的性質和公司與顧客接觸的形式，或參與的同事而定。

即興式劇場

即興是包括想像、創意以及採用前所未有的表演方式。即興式劇場是自發而且自由的，那是無法預見的一種工作模式，它的基礎是從新的事物中尋找價值——創造、發明，從一個點子衍生新的點子，或只是很隨興。在即興式劇場的動態過程中，並不只是缺乏結構地產生自由聯想和無目的的思想活動；恰恰相反，即興的表演需要原創的思想，新鮮的表達，用新方式來思考老問題。這些環節中的系統性和慎重考慮的做法，通常沒有寫下劇本，頂多只有概括性的描述。

在即興式劇場，可以預見到表演過程中的失誤，有意引發場景「產生誤差」，看看會發生些什麼事。這樣的情況在其他形式的劇場中也會發生，當預料之外的失誤出現時，就要透過回應失誤——即興表演——來排除困境。在任何情況下，即興表演都包括一整套的特定學習技巧（所以是可以學的），同時，不同的工具和技巧在看似毫不相干的情形下，可以透過非常規的方式結合運用，從而得到一些前所未有的發現。即興演出的技巧充斥於各種課程和手冊中，包括快而不清楚的說話方式、默劇動作、對隨機的道具的互動反應，還有戴面具。每一種技巧都是故意刺激以便觸發不同的觀點、不同的可能性或不同的可行方案的組合。這些都是在幫助產生即興的想法以付諸行動。

這些技巧至少可以追溯到16世紀義大利的commedia dell'arte（編

按：即興喜劇，是喜劇表演的一種即興處理方式，源自16世紀的義大利即興喜劇團體），這一室外劇場的表演者在劇中使用粗俗的肢體動作，穿戴具有特色的面具，還有簡單、容易辨認的服裝。這些400年前的劇場中的角色，今天仍然為人們所熟知：潘大龍（Pantalone）、哥倫比那（Columbina）、軍官（Il Capitano）、聖姆齊（Scaramouche）、阿萊齊諾（Arlecchino，從這裏衍生出英式喜劇演員）、普欽奈拉（Pulcinella，後來變成了木偶戲）、男僕（Zanni，後來衍生出小丑〔zany〕一詞）等等。每一齣戲都不是根據寫好的對白而是根據劇本大綱（scenario），正如約翰‧魯丁（John Rudin）所說的：「嚴格說就是『所有在布景上的東西』，也就是在幕後準備的一切。它只是一個情節的概要，只是一個骨架以指示某人在何時做什麼。」❸於是所有的對白及很多動作都成了即興式的，這些舞台上的角色，為普通的劇本加上了翅膀。

　　如果你正在給你的劇場「加上翅膀」，你就是在進行即興演出。任何沒有經過準備和排練的假想劇中的角色，比如汽車業務員與業務經理扮演的「好警察壞警察」，就是遵循著commedia dell'arte的傳統。演出者也可以在更複雜的銷售情況下採用即興手法。假設某旅行社的一個四人小組跨部門團隊，我們叫他們鮑伯、卡羅、泰德和愛麗絲，一起負責公司的旅遊業務銷售。由於準備時間不多，他們迅速確定了所售商品的三種不同特徵，據此他們相信可以贏得生意：成本控制、高水準的服務、員工士氣的改善。除了他們個別的角色功能——銷售、經紀、財務、人力資源之外，每位成員都選擇一個即興表演的特定角色，並且很快地商量好適當的劇本。鮑伯扮演微笑的接待者，對客戶投以微笑、倒咖啡，並且熱切回應對方的意見。泰德則是不苟

言笑的角色，他壓縮話語，減少不必要的對話，並且努力使會議按照計畫進行。卡羅和愛麗絲則分別扮演運動分析師一號和二號，就像《早晨的麥克與麥克》（*Mike and Mike in the Morning*，兩名運動分析師在廣播電台、電視和網路上主持節目），兩人爭辯著各種可能的替代方案，全力促成交易。用這樣一種即興的銷售表演方式，可以把公司的經濟價值用一種動人的方式表現出來。

　　當公司必須為客戶創造新的商品時，也可以採用即興式的表演。這和研發小組、建築師或圖案設計師的工作是一樣的。當他們必須處理工作過程中不可預見的新情況時，也會採用這樣的手法。這種形式的劇場不僅對人們的行為、而且對思考方式來說都是有效的。舉個例子，創造性思考的大師愛德華・迪波諾（Edward de Bono）博士，就是採取即興的練習以激發新的點子。❹在迪波諾集中思考、轉移思考、剪裁以及獲取新點子的方法背後，都存在著一種確定的結構。他的方法是激發活潑的思考活動，將人們思維中即興的產物結構化。達到這種效果的方法是在刺激的作用下，從一個概念跳到另一個概念。在一次練習中，迪波諾推薦使用隨機的詞語來激發新點子。你的行銷計畫需要新的點子嗎？那麼就從手上的各種資源中隨機地發掘詞語：一本字典、一張報紙、甚至是孩子的教科書。讓我們來看看，我們可以從……一隻烏龜提取出什麼樣的思維？（「烏龜的腦袋可以從它的甲殼中伸出來，也許我們的廣告行為也就是一個軀殼——只有在最終的一刻資訊才會探出頭來」）或者我們怎樣將它和……一輛三輪車做比較？（一個蹬著三輪車的成年人往往會被認為腦筋有問題。由於競爭而被犧牲的消費者，看來就像是蹬著三輪車一樣不協調。好，我們大量客製化的產品必須「完全協調」。決定了，就這麼辦吧！）

雖然是巧合，體驗經濟的興起也符合創造性思考的熱潮。它也造成了工作場所大量需要即興式的表演，尤其是在新的場合工作時。❺這方面的一個例子就是：家庭購物網絡公司（Home Shopping Network; HSN），他們的銷售人員就採用了即興劇場的各種技巧。網站有鮮明的入口和出口，強調視覺化的小道具，同時，採用整個銷售團隊（用即興劇場的術語，稱為銷售**劇團**或許更合適）一起亮相的方式。他們還注意到聲音的重要性：學會選擇音調，調節音量節奏，轉換重音的位置以及製造和諧的韻律。這些都是在即興表演的課堂上可以學到的。為什麼家庭購物網絡公司的銷售人員會有這麼好的表現？因為他們知道有觀眾在那裏。同樣的，對於即興演出的技巧有強烈需求的工作人員，也必須有這樣的共識。

如今，對於那些必須透過電話來互動的工作人員，這樣的技巧變得日益重要。在這兒，我們可以從廣播這一行業學到很多。廣播曾經很類似劇場。第二次世界大戰以後，在電視機普及以前，無數的聽眾在收音機前聆聽他們喜愛的節目，這些表演使他們完全入迷。即使在今天，當電視的普及已經達到最高峰的時候，電台依舊提供了一個表演的舞台。看看那些最受歡迎的主持人：吉姆·羅姆（Jim Rome）、魯希·林鮑夫（Rush Limbaugh）、霍華·史騰（Howard Stern），還有許多地方電台的知名主持人，他們創造並且演繹了引人入勝的角色。在這些廣播節目中，演員必須依賴即興演出的技巧展開工作。沒有其他地方會接到更多的電話了。也許有人會對這種表演是否明智以及它所涉及的範圍產生懷疑，但毫無疑問的是，這些電台的工作人員在演出即興式劇場。實際上，即興演出就是他們的工作。

因此，這就是那些仰賴電話維生的人們的工作方式。電話線是一

個空的空間，隨時可以變成一個空的舞台；如果電話客服中心的工作人員採用即興的方式工作，這樣的交流會變得非常活潑。且不管最糟糕的語音服務，這裏我們指的不是那些0800服務專線或是午夜的心理諮詢熱線（那些受雇的「心理分析師」當然知道是在演出），而是電話行銷。其他形式的電話服務有沒有讓人不滿意之處？其他的語音服務可不可以透過即興的演出方式而得到改善？電話行銷人員的劇本往往是要他們接聽更多的電話，但是這樣的話，有幾通對那些潛在顧客真正產生影響？打電話的顧客，往往對員工事先準備好的介紹性套話感到厭煩而立刻掛斷——這是一種可以理解的反應，因為顧客針對一個問題的回答與員工接下來的問題毫不相關。採用即興式劇場的電話行銷，比較有機會把潛在顧客引入有趣的對話中，因為服務人員會根據客戶的特定需求，做出及時的回應。這樣的服務將會越來越取代以往被掛電話的模式。

舞台式劇場

　　提到劇場，人們馬上會想到的一種形式就是舞台式劇場，這樣的名稱可以追溯到古典式舞台，演員就在觀眾上方的平台進行演出。演出用一塊布幕與觀眾隔開（在幕與幕之間通常是用一塊簾子遮住）。❻舞台式劇場的演員按照正式的台詞——也就是劇本——演出。❼在企業界，劇本的形式各異，從演講的草稿、程式碼到標準化工作的指示，其主旨在於規範工作進程以創造價值，甚至包括工廠的生產流程。舞台式的工作，是線性而且固定的，按照特定的流程進行，所以工作的進程和原先的計畫與劇本之間的差異很小。舞台式演出的工作人員企圖使所有事情都穩定有序，透過排練，複製出一個可以一再重

複運作的最佳方案。不管人們看到的是什麼——音樂演出或是產品生產線——這些演出的方式都是一樣的。

這樣的穩定往往是好事一件。程式設計師會發現他設計的流程被嚴格地遵守，而高階管理者會按照自己的精心準備，與董事、投資人、供應商和公司的員工進行例行會議。正因為如此，產生了許多協助發展IT解決方案以及穩定生產流程的技巧，還有許多訓練說話技巧的講師（多數都有從事藝術表演的背景）。這樣的協助有助於建立舞台式演出。但光是機械化的閱讀劇本，並不能建構出好的舞台式劇場——甚至連糟糕的演出也算不上。根據《華爾街日報》的報導，許多財務長都參加過表演課程，以應付每季一次與財務分析師的討論，因為如果在這種情況下即興演出，可能會使公司陷入財務窘境。❽

在舞台式劇場中，演員都必須排演他們的角色，不管用什麼方式，如死記硬背、透過提詞卡或其他儀器。他們必須完全熟記劇本裏的每一行、每一句的含義，才能丟開劇本。當一名演員了解——真正了解——他的角色時，他並不是在背劇本，而是自然而然地用自己的理解將它們表現出來。

過分依賴舞台式劇場是件危險的事。有太多的企業，尤其是從事大量製造的企業，命令他們的工作人員按照標準的劇本工作，然後重複同樣的工作或話語。這是一種無意義的效率。（這就是為什麼電話行銷人員認為劇本化是一個不好的詞——因為他們在應該使用即興或街頭式劇本的場合使用舞台式劇本。）最專制的組織——看看汽車監理所或航站服務處——要員工必須遵守一堆紀律，不管這是否合乎消費者的真正需求。但是，在從事標準化的活動時，比如只是面對客戶而不和他們直接互動的時候，舞台式劇場就很適合。舉個例子，對於

提供速食服務的工作人員、眼鏡速配店的技師、舞台上固定的工作角色、飛機上背誦各種安全守則的空服員，以及任何進行標準化陳述的人員來說，這都是一種合適的劇場選擇。

舞台式劇場的技巧，也適合那些根據劇本進行聲音或圖像錄製的工作人員，比如錄音廣播以及語音郵件系統。來看看利潤豐厚的有聲出版業，儘管這樣的模式出現不過十年左右，大大小小的出版社現在每年出版數百種不同主題的出版品。出版商現在都已經找上威廉‧莫里斯經紀商（William Morris Agency），以便預約受過聲音訓練的專業人員。他們經常聘請百老匯和好萊塢的藝人錄製暢銷書和特殊的出版品。哈勃有聲公司（Harper Audio）的執行製片瑞克‧哈里斯（Rick Harris）說：「音樂劇的演員非常擅長這個，因為他們知道如何反應、潤飾以及描述這些場景。」Bantam Doubleday Dell 出版公司有聲部的總裁兼發行人珍妮‧佛洛斯特（Jenny Frost）說，最棒的配音員「在進入錄音間之前確實會對劇本進行仔細的研究。」[9] 其他對聲音及劇本有需求的行業，包括發聲玩具廠商、網路聊天室、網路遊戲還有培訓教材等等。

年度會議、投資人聚會、還有商展都提供了舞台式劇場的場合，這些通常都是由外頭的公司負責舉辦，例如 Populous、George P. Johnson、傑克茂頓公司（The Jack Morton Company）或者迪克‧克拉克製作公司這些專業公司舉辦。後者是電視節目《美國音樂台》（*American Bandstand*）的主持人迪克‧克拉克（Dick Clark）所創立的，對於舞台式事件要價是 15 萬～1,000 萬美元。「所有這些演出都有著同樣的形式：一段講話，一段附有圖表說明的財務報告，然後結束。」克拉克說：「我想說，我可以採用電視中那種方式：請觀眾入

場，吸引他們注意，使他們感覺愉快，同時傳遞公司的訊息。」❿工作包括修改標準化劇本，然後根據劇本製造舞台事件。

搭配式劇場

搭配式劇場，比如說電影和電視，是將不相關的一幕一幕連接成為整體，最終的結果，是將不同時間與不同地點進行的工作都組合起來。在進行搭配式劇場表演的時候，不僅要注意那些可用素材的數量，還要注意這些片段內容的一致性，以及採用怎樣的方式將它們結合起來，以便完成整體演出。從事娛樂業的人很少用「搭配」（matching）這個詞來描述他們的工作，而是籠統稱之為「拍電影」或跳接式（jump-cut）劇場，表示需要在不同的場景和鏡頭之間跳躍，然後剪接成一個整體。⓫正如普多夫金（V. I. Pudovkin）這位1920～30年代俄國偉大的默片導演所說的：「電影藝術的基礎就是剪輯。」⓬當一些公司開始將不同的商業活動的不同產出連結成為一個整體的時候，他們也就是在進行搭配式劇場的演出。

如果你看過這樣的電影或電視節目：(1)銀幕上出現一個角色；(2)畫面切換到另一個角色；(3)鏡頭重新回到第一個角色，但他的位置、姿勢、表情、氣質、甚至外觀都和第一次出現時不同了，那麼你看到的是糟糕的搭配式劇場。因為它引導觀眾去注意到這樣拙劣的表現，而讓觀眾興趣盡失。同樣地，潛在的搭配不當時常存在於許多商業流程中，尤其是將大量製造的工作分成各個功能性的動作時，這些垂直切割的功能常常無法相互配合。而那些擁抱持續改善（Continuous Improvement）或精實生產（Lean Production）模式的企業，透過搭配式劇場，將重點放在水平式地將作業活動結合成緊密的一體，而解決

了這個問題。

　　和舞台式劇場的導演一樣，搭配式劇場的導演也是從一個寫好的劇本開始工作的。在製作的整個過程中，劇本通常會有大幅更動。實際上，這樣的更動**一定**會發生，為什麼？因為在實際的製作過程中，會不斷發現原先劇本中的缺陷。正如任何生產過程——初級產品、商品、服務、體驗——在編制的過程中也會不斷地發現和彌補不足，然後再發現。所以搭配式劇場的劇本往往是動態的，有時有大量的改動和修訂，有時會**即時調整**。（在舞台式劇場中，對劇本的修改也常常發生，但是那是在構思的過程中，是在整個表演開始之前。如同大量生產一樣，舞台式劇場在執行時是不允許有改變的）。在公司進行持續改善時，隨著工作的一步步改善，所有部分都服從於高品質產出這個目標，透過改善創造了價值。

　　只要工作人員想要改善產品的基本品質，他們就應該採用搭配式劇場，「工作人員」包括行銷經理（他們所雇用的廣告商則否，廣告商要用即興式劇場來產生新的活動）、速食店的服務生（廚房中的工作人員則否，在那兒舞台式劇場對他們來說最合適）、零售商店的櫃台服務人員（業務人員則否，它們應該用街頭式劇場的技巧），空服員更不用說了，他們一遍遍地重複著問候和招呼，送別旅客和致意，絲毫不知悔改。

　　在更高的層次上，公司在與同樣的顧客多次互動時——往往是由同樣的工作人員為之——應該採用搭配式的表演方式。在這裏工作人員**依需要改變搭配**。想想業務人員在與顧客進行例行會面的時候，會面時發生的任何事，都必須與過去的印象和未來的表現相互搭配。舉例來說，如果一名業務人員要讓客戶對他產生專業、見多識廣、樂於

助人的印象，那麼在**每一次**的會面中都必須加強這些印象——最好是全部，而且**不能**有損害這些印象的體驗出現。

　　其他的溝通方式如電話、傳真、電子郵件或書信來往也是如此，這些表現同樣要給顧客一貫良好的印象。如果一家公司要取得這樣的效果，那麼它在進行任何行為之前都必須考慮到之前往來的經驗。正如嘉信理財（Charles Schwab）的電子交易資深副總裁亞瑟·蕭（Arthur Shaw）對《商業週刊》所說的：「最大的挑戰是使事件的所有分支和脈絡都成為無縫接軌的體驗。」❸確實如此，與客戶溝通的每一個片段，無論是採用什麼樣的媒介，都應該達到這樣的要求，才能成功實現公司與客戶之間溝通良好的目的。拙劣的業務員往往不管這些，對以前的往來經驗置之不理；優秀的業務員則會謹慎地搭配每一個細節，最後的結果就是：工作需要的步驟減少了，而且更容易達到溝通的目的。

　　當同一組織中的多人在一段時間內與同一顧客溝通時，人員的**多重搭配**也需要審慎處理。需要這種搭配方式的工作包括所有零售作業、不同部門的業務人員與同一顧客接觸，以及訂單處理、技術支援以及客戶服務等等。這些直接和顧客打交道的人和前述的幾樣要素一樣，也要包括在搭配中。這樣的情形不僅點出需要有一個人負責引導整場演出，同時每一個業務人員必須清楚他的行為必須和同事一致。員工的制服——無論是胡特斯（Hooters）餐廳隨意的工作服飾，還是以前IBM公司的藍外套、白襯衫——都表達出管理者希望代表公司的員工保持搭配的一致性。同樣，我們也可以注意那些設施、道具、姿勢還有其他細節，它們共同作用可以增強公司的互動體驗。

　　在同一時刻、同一地點和同一顧客接觸時，業務團隊人員的搭配

也很重要，即使是那些沒有安排發言的成員也必須和那些發言的同事做好搭配。他們的肢體反應不僅要增強他們正在發言的同事的意圖，還要準備對特定問題做出反應。他們應該採取一種有助於提高整體演出可信度的謹慎態度：點點頭、專心的注視、一些不經意的動作被關鍵決策者覺察到了──這些都會對整個演出產生影響。就像在經典名片《北非諜影》（*Casablanca*）中，最後的眼神和眼淚表達出來的一切盡在不言中，一筆生意之所以成功，極可能由所見到的而非所聽到的來決定。

　　搭配式劇場其實並不容易，它需要謹慎和思考。然而日常商務活動的節奏不容許人們花很多時間一幕幕地排練整個活動的過程。在這種表演藝術中，投入排練的時間（以及對於NG的容忍度）會根據媒介的不同而互異。大型的動畫片、獨立製片、三十秒的廣告、娛樂性節目還有肥皂劇等，都有不同的門檻。商業活動也是如此，對會議的準備時間各有不同，而且「再來一次」往往可以決定整個演出的成敗。正如舞台式和即興式劇場一樣，搭配式劇場的技巧也是可以學習的。湯瑪斯‧巴布松（Thomas W. Babson）讓那些進行搭配式劇場演出的演員得到一些啟示，他的著作《演員的選擇：從舞台到銀幕的轉換》（*The Actor's Choice: The Transition from Stage to Screen*），描述了如何從舞台式劇場向搭配式劇場進行轉換。巴布松的「三層次系統」透過「六要素選擇」（角色、關係、目的、開放式感情、過渡以及他稱為「表述出來」（speak-out）──演員在不說話時所想的）來引導角色的肢體動作、動機與情感，這可以應用於電影，也一樣可以應用到任何商務活動中。❶

街頭式劇場

第四種，可能也是最吸引人的劇場模式就是街頭式劇場。在歷史上，這曾經是江湖術士、魔術師、說書人、木偶戲、小丑還有默劇表演者的領域——所有這些，演員都必須先將觀眾吸引過來，在人們面前展示他們的能力和技藝，然後也是最重要的——要他們掏腰包。當莎莉‧哈里森－派波（Sally Harrison-Pepper）還是紐約大學表演藝術研究的博士生時，就在下曼哈頓的華盛頓廣場（Washington Square）研究那些街頭式劇場的表演者。在她的著作《在廣場上畫個圈》（*Drawing a Circle in the Square*）裏，哈里森－派波如此描述這種劇場的核心要素：

> 劇院裏有的是燈光黯淡的觀眾席，固定的座位，提前付費的觀眾和使人放心的審查，然而街頭式劇場的表演者突破劇院的高牆，他們全心投入並控制著周圍的環境——擁擠的交通、嘈雜的聲音還有經過的路人，都會成為他們表演的道具。公車轟隆隆地駛過，直升機在上空盤旋，詰問者不時打斷他們的表演，而雨天、嚴寒還有警察，都會把這樣的演出徹底摧毀。觀眾圍著街頭式劇場的表演者，焦躁不安地等待著。就這樣，街頭式劇場的表演者成功地將城市空間轉化為劇場空間，使那些駐足觀望的行人成為觀眾。❶⑤

這是對成功銷售多麼貼切的描述！當他們進入潛在顧客的辦公室、工廠或家裏時，業務人員對於他們遇到的事物無從控制，他們必須「全心投入並且控制」這個完全陌生的環境，然後把它轉化成他們

銷售表演的舞台。最優秀的業務員可以將他們手中的任何東西都轉化為有用的道具，這有賴於他們將過去的經驗成功地運用到現在面臨的新情境，不怕打擾，也不會因為被打斷而感到難為情。他們用適時的言語，將這些破壞性的因素轉化為整個演出流程的一部分。在變戲法、變魔術、小丑表演還有推銷的時候，街頭式劇場的表演者證明了他們高超的技巧和能力。❿他們是如何做到的？練習，練習，再練習。

　　看起來就像是即興發揮一樣，街頭式劇場的表演者實際上經過認真的準備──就像是舞台式劇場所做的一樣，甚至更多。而且在街頭式劇場中，每一次看到的表演都是不同的，這取決於觀眾的成分以及在表演中觀眾的一言一行等表演的外部「因素」（例如：一輛救護車突然經過廣場），這裏還沒有提到表演者當天的情緒如何。表演者必須仔細地分析觀眾並進行分類，確定哪些觀眾會跟隨他們的演出，哪些觀眾不願意（有時會因為觀眾看起來沒有達到「合適」的狀態而推遲或延後戲劇的進行）。然後，他們將每一次的打擾都轉化為表演的一部分，他們唯恐會因為失去這些觀眾而不得不從頭開始。他們沿襲過去成功表演的經驗，在表演的過程中，街頭式劇場的表演者當場決定在已經準備好的節目中選擇表演哪些，而哪些應該放棄。最後的結果是：成為一場以現場觀眾的體驗為目標的表演，並且重新運用已知事物創造新的價值。

　　換句話說，與其說他們的表演是即興發揮，不如說街頭式劇場的**表演者實際上是在客製化他們的表演**。這些組成部分──無論是一次聰明的評述，一種特定的途徑，一種銷售的技巧，或是對某個沉默的觀眾突如其來的點醒──都是標準化的模組，它們在需要時動態地連

接在一起，創造出天衣無縫的表演。每一個〔片段＝模組〕都來自一個穩定的劇本，而最終的表演來自表演過程中的選擇，如同圖7-2所描述的，就像客製化商品來自於互動設計過程的各個選擇一樣。

　　所有的街頭式劇場的壓軸都是一樣的，正如哈里森－派波所說：「通常整個街頭式劇場的表演安排，都是圍繞著最後的壓軸展開的──那些高潮……街頭表演者清楚地知道什麼時候應該出現高潮，必須恰到好處地將觀眾高漲的熱情轉換為大筆的鈔票。」

　　我們再來看推銷：當一名業務人員進行常規銷售的時候，他表演的就是街頭式劇場。整齣戲漸漸地向壓軸好戲發展，要求顧客購買。❶❼業務員已經準備好劇本，就像圖7-2所示，包括開場白的部分，要點A、B、C，以及最後一幕，但是在實際運作時會根據觀眾的需求進行適時的調整。如果他發現客戶正處於興奮中，那麼他就會適當地延長某個要點；而當情況相反的時候，則適當壓縮相應的部分；或者當發現某種特殊利益的時候，他就會採用一種全新的順序來安排各個要點。在整個表演的過程中，他同時對那些障礙和打斷做出必要的反應（和那些大街上的詰問和打斷的道理是一樣的）。由此，業務員可以將

圖7-2　街頭表演的劇本

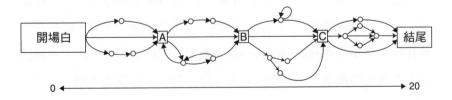

資料來源：Sally Harrison-Pepper, *Drawing a Circle in the Square* (Jackson, Mississippi: University Press of Mississippi, 1990), p.117.

準備好的節目按照正確的順序展現。

　　有趣的是，街頭式劇場的各個方面和即興式劇場一樣，也採用源於即興喜劇（commedia dell'arte）的技巧，畢竟那是最先出現「在市集，在那裏人們被吸引、被取悅，然後掏出錢來——如果是為了謀生的話」。[18]隨著時代演變，即興喜劇的演員逐漸熟知各種被稱為lazzi（譯注：原為義大利即興喜劇中的傳統特色，後指喜劇的動作橋段與戲法，或是成套的把戲）的片段和吸引觀眾的技巧，這當中有許多即使在今天人們也能一眼就認出來：阿萊齊諾騎在豬的身上發出很大的聲音；男僕（Zanni）用「你一元，我兩元」的方式分錢；皮埃羅（Pierrot）在軍官要坐下的時候突然抽走他的椅子；阿萊齊諾假裝捕捉頭上嗡嗡作響的蟲子。而一旦表演停頓的時候，一名角色就會拿出一根長棍毆打一個配角（從中衍生出今天的「打鬧劇」〔slapstick〕）[19]。這些並不全是即興的，而是可靠的、可重複的方法，從以往的表演中可以知道是有效的，因此在情況許可的時候，就可以採用這些方法。

　　哈里森－派波在談到1980年代知名的「華盛頓廣場之王」——吐火表演者托尼‧維拉（Tony Vera）時，說他總是這樣開始他的表演：在南廣場的人行道附近用一支巨大的粉筆畫一個圈，然後在圈的四周寫下他的名字，如此，他就將空地轉換成表演展開的舞台，「我要做的就是走到那個圈子裏，這個時候人群已經開始集中了，」他這樣說：「這一切就這樣發生了，真是神奇。」[20]為了吸引人群，維拉專心地在圈子裏布置他的道具而暫時忽略觀眾（這樣的做法可以追溯到西方十九世紀的賣藥人〔medicine man〕）。最後，在表演開始前，他會環顧四周，然後開始揮動一把小掃帚（很像是雅各球場的清潔工）。

　　維拉的每一舉動都經過精心選擇，他採用的是他認為會獲得最多

金錢回報的組合方式。他會表演他最拿手的技藝，使觀眾的興奮達到高潮。但是他的演出和芭芭拉·史翠珊以及她嚼口香糖的表演不同的地方在於，他會這樣結束演出：透過一種讓人迷惑的手段，從嘴裏吐出直徑十英呎的火球。在這整個過程中，他同樣很老練地處理一些不可避免的突發性打擾。維拉實際上希望在他的表演中，會有消防警報響起，那樣他就能將表演發揮到極致。正如另一位街頭表演者所說的：「我所見過托尼最偉大的一次表演，就是當他點著一個大火球的時候，火警的聲音從某個角落響起，他向四周看了看，然後把火炬交給了觀眾群中的某一位，然後走開，站在觀眾當中，就像『La dee da，我什麼都不知道！』一樣。對觀眾來說，一切看起來都那麼自然。我相信，這在以前一定也曾經發生過。你看，一切都是那麼精準、完美。多麼地流暢啊！」[21]這正是處理那些可能會分散觀眾注意力事件的方法。無論我們的職責是什麼，都應該做好充分的準備，以處理突如其來的各種問題和障礙，人們的反對與打擾，這在與客戶溝通的過程中是不可避免的。

　　一位主管在財務分析師面前的陳述，毫無疑問要採取舞台式劇場，如果到達一種問答式的階段，那麼他當然不能只依賴即興的技巧。他應該採用街頭式表演以預見可能發生的各種情況，並對這些問題提前做好準備。然後練習、練習、再練習，直到每一個問題提出的時候，可以自然而然地回答出來。對於每一個表演者來說，無論所處的環境如何，他都應該做好各種準備，以抓住任何良機。

　　舉個例子，在客服中心從事客戶服務的人員，更需要街頭式表演的技巧，來和客戶建立聯繫，並幫助客戶取得他們所需的資訊，安撫他們在訂貨中產生的不滿，或者僅僅回答一些簡單問題。有些公司會

邀請教練對它的客服人員進行處理電話的培訓。這些教練當中最棒的一個就是「電話博士」（Telephone Doctor），那是密蘇里州聖路易市的南希・弗雷德曼（Nancy Friedman，她創立的公司就叫做「電話博士客戶服務訓練」）塑造的一個角色。這位優秀的博士在十六卷教學錄影帶中展示超過一百種實例，主題包括「確定來電者的需求」、「如何處理憤怒來電」、「如何熱絡地對待每一位打電話來的人」。每個實例都傳授客服人員一種處理的方法，他們可以透過練習而熟悉，然後根據需求運用。

　　哈特福（Hartford）保險公司在它的「私人熱線保險中心」（Personal Lines Insurance Center）裏，採用的是街頭式的表演，它們意識到沒有一名業務人員可以完美地接待所有來電者。[22]該中心的前任主管休・馬丁（Hugh Martin），將這個組織調整為由一系列特定角色所組成：一般人員，負責接電話並盡力處理來電；特別服務人員則是負責處理特定事件與難度更高的問題，比如嘮叨不休的來電者，以及特定狀況的調整。當一般人員處理的來電超出自己的能力範圍時，他們手上都會有些備用的處理方式可供運用。通常，一般人員都有大量的工作等待完成，不過人員是可以替代的。馬丁說，這個中心對每通來電建立了一個「立即反應團隊」，不過「視需求而演出」這個說法可能更恰當一些。他進一步說明：「沒有任何兩通電話是完全相同的，因為沒有兩通電話有著完全一樣的需求。但是我們不能總是在花力氣找答案，所以我們對這些建立了回應系統，雖然這一切看起來很自然。這都是那些已經很熟悉答案的工作人員做出來的。」

　　實際上，街頭式表演可以用來描述很多從事客製化的企業，包括安德森公司、羅斯控制、巴黎三城、以及其他一些本書前面提到的公

司，他們的工作由一個個的模組片段組成，透過這些模組，讓表演者和觀眾可以直接互動。公司勾勒出觀眾的需求做為開始溝通的起點，在整個過程中，為了吸引觀眾，會將很複雜的東西簡單化，並只顯示那些客戶需要理解的環節。接下來在最後一幕之前，觀眾必須耐心地等待街頭式劇場的最後高潮：客製好的商品。

　　這樣的〔街頭式劇場＝客製化〕並不能偽造。街頭表演者必須發展高度的專業技能才能開始嘗試去吸引〔觀眾＝顧客〕。他必須全力準備好他演出劇目的〔片段＝模組〕，他必須學會如何以新的、令人感到刺激的方式，動態地將這些部分連結起來，而且，最重要的是，對於走過他舞台的觀眾的特質，具有感知和反應的能力。❷❸

一次改善一個片段

　　從一頂帽子裏不可能變出街頭式表演的所有片段來（即使是魔術師也不可能），演出者在展現他們的技藝時，總是採取每次一個片段的方式——決定哪些舊劇情的片段已經沒有吸引力，對於觀眾的不同打擾類型做出新的反應，或創造出新的表演組合方式。因為新的表演方式從來沒人表演過，這樣的演出也就不再局限於街頭式劇場了：從某種意義上來講，更像是即興式劇場。所有的新片段第一次都是即興產生的，不管是在觀眾面前還是在排練的過程中，但是即興表演很少能夠產生完美的片段。一個早已被人遺忘的舊片段，也許可以發展成一個極成功的表演組合。或者一個關於新片段的點子出現錯誤，卻可能導向一條未知但充滿希望的路。然而即使表演者不斷努力，成功地開發出新片段，他也不能立即在觀眾面前施展。第一，他必須練習、

練習、再練習，直到他能夠對其中的要領了然於心，運用起來得心應
手，這就意味著他在進行舞台式劇場的演出。接下來，他必須用搭配
式劇場的技巧，進一步提煉他的成果，確保他的每一個舉動和反應都
是合宜的，並且採取必要的調整，使這個片段表演起來具有連貫性。
最後一步是確定每一個片段都銜接良好。只有在這時候，演出者才能
夠將他認為適當的片段在合適的時機展現在觀眾面前。只有在這時
候，他才能夠更新他的街頭式劇場的節目，用新的片段改善自己的表
演。❷

　　這一活動的循環過程，從街頭式劇場到即興式、舞台式再到搭配
式，最後回到街頭式劇場，❷使得街頭式劇場的表演者可以在適當的
時候，成功地將新片段運用到表演中。這也就是托尼‧維拉為他那依
照需求進行的完美表演不停地創造片段的偉大之處，正如他對哈里
森－派波所說的：

　　「你每天在街頭工作，發現有些地方做得不對，是嗎？你做錯
　了某些事，就不要再做了，嘗試一些別的東西。有效的話，就把
　它們保留在表演中。重複這樣的過程，一直到你的演出完美無
　瑕。」在他提到「有效」的時候，他的意思是什麼呢？他回答：
　「他們笑了，他們感到很愉快，而且你可以在演出結束時透過你
　帽子裏的東西來證明。如果不太有效，那麼你就沒有那麼多的
　錢，反之亦然。」

　　最重要的是，街頭式劇場的表演者透過這種嘗試錯誤、增加、
刪除、調整模組結構的方式來建構他們的表演。隨著表演的進
行，這樣的調整時時刻刻都在發生。每一個調整都是隨著「有

效」想法的出現而產生，也就是取悅觀眾，獲得最大收益。但是，維拉並不是隨機地選擇表演的片段，他將整個表演當作一個整體來處理，每一個選擇都對他接下來的選擇產生影響。[26]

因此這段話針對的就是所有的街頭表演者，以及大量客製化者，不管他們的舞台是在城市的實體街頭，還是在虛擬的街頭——商業劇場中。

現在該你來表演
Now Act Your Part

角色必須稱職。讓我們從製作人、導演、戲劇顧問、編劇、技術人員、舞台工作人員等角色,看看在企業中對應的角色,還有如何運用一些技巧。

　　了解了表演之後，許多工作人員可能會對舞台產生恐懼感：即興表演？我的台詞背熟了嗎？能不能和搭檔的夥伴配合良好？我的天啊！你可能感覺自己像詹姆斯·史托克戴爾（James Stockdale）一樣，他是羅斯·裴洛（Ross Perot）在1992年美國總統大選的競選搭檔，也許他夠資格參選，但他顯然沒有準備好和艾爾·高爾（Al Gore）和丹·奎爾（Dan Quayle）這兩位副總統候選人一較高下，因為他已經被諸如「我是誰？」「我為什麼會在這兒？」之類的問題困住了。然而，這種對演出的恐懼並不能成為反對劇場模式的理由，而且這種恐懼的存在，恰恰證明今日企業在提供體驗時，必須學會一些不同的演出技巧。

　　獨立執業者（單一的表演者）會很清楚要扮演企業中所有的角色是什麼滋味。然而，大多數的企業需要各種各樣的人合作以產出成果。工作人員的數量越多，就越形成一種組織的模式──人們會隱隱約約地假設應該如何工作──這會影響到他們做事的成效。❶這些假設其實存在已久，並且根據企業文化不同而有所差異；同時，它們一般都是在大量生產的理念下誕生的。因此，這些假設其實都是企圖以統一的行為標準來約束工作的各個層面。於是我們會立即想到：每個人都有自己的職稱，老闆打考績，人們打著領帶工作。今天，許多商務活動都在挑戰這種做法，他們試圖尋找新的方式來吸引、激發和維持高品質的工作動力。逐漸地，我們將看到沒有職稱的組織方式、全方位的業績評估、隨意的服飾。這些都是在重新思考如何對人力資源進行最有效的運用。

　　劇場在提供舞台體驗的同時，也提供了具有特殊價值的新的框架，擁抱劇場模式可以防止舊經濟模式的失誤，如資料「採礦」和服務「工廠」──新興的體驗經濟競爭激烈，那些舊模式可能會導致工作千篇一律。❷如果工作僅止於提供服務（還有更壞的，如商品的製造和初級產品的提取），就無法以獨特的方式吸引〔觀眾＝顧客〕。對所有工作人員來說，從公司高層主管到第一線的業務人員，現在是需要用新的方式來理解與回應這個逐步變化的世界的時候了。就是現在。

在工作場所建立舞台

　　理查‧謝喜納的角色扮演模型（如圖6-2）可以放大為圖8-1的表演模型，在這裏，員工在任何商務活動中都是處於中心地位。他們就是演員陣容（cast）。要把劇場原則完全運用到商業中，首先要**選角**，也就是選定演員扮演特定的角色。顯而易見，任何商業的成功都要靠挑選合適的人扮演恰當的角色，如果雇用不怎麼出色或過於出色的人，將導致員工的不滿和背叛：也就是為了選擇「最優秀人才」，而將角色分派給不適任的人（裴洛選擇史托克戴爾當他的競選搭檔，就是有疑義的做法）。為使劇中角色更能發揮自己的才能，挑選角色應該使個人的能力與他們的崗位相匹配。為有效地確定〔戲劇＝策略〕，公司必須任用合適的〔演員＝員工〕來實施相應的策略。

　　通常，一個**角色**（role）由一名或多名員工扮演，它被分成各個功能性的**責任**模組以支援〔劇本＝流程〕之外的表演。企業在舞台上表演的成功大部分取決於幕後活動，有些甚至完全在表演前就完成

圖8-1 表演模型

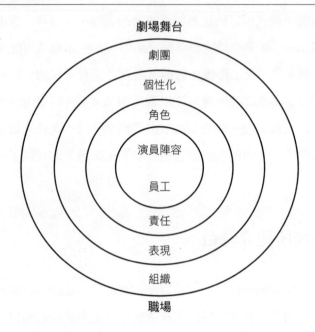

劇場舞台

劇團

個性化

角色

演員陣容

員工

責任

表現

組織

職場

（舞台設計之類的工作），有一些則是在表演過程中完成（舞台經理還
有完成戲劇的所有成員）。雖然在通常的情況下，**演員**和**角色**指的是
在舞台上的表演者，但是也適用於所有工作人員和他們的責任。正因
如此，迪士尼認為**所有的**員工都是劇團的成員。當每一個行業都認為
所有工作人員都在進行著角色扮演時，角色就成為吸引觀眾和消費者
的更有效途徑。然而如果沒有限定〔角色＝責任〕，工作就會變得無
人關心，僅僅是為做而做了。

　　如同第6幕討論的，出色的表演需要將每個角色**個性化**
（characterization）。個性化指的是工作人員如何看待他在〔劇場＝工
作〕中的角色，以及與此相關的一舉一動。人們扮演著角色，但是表

演的還是他們自己，如同身兼業餘導演和律師的舞台技巧教練吉里安‧德雷克（Gillian Drake）所說的：「在劇場，每一個被觀眾看到的事物都是選擇，甚至包括服裝的釦子、角色的髮型、道具還有燈光。對於律師來說也是一樣的。」❸無論在會計、銀行、娛樂、乾洗或工程，事實上，在每一個行業中，都需要透過〔個性化＝表現〕的選擇來吸引觀眾。

　　當演員在劇中扮演帶有個性的角色時，〔表演＝產品〕已經超越了一般的服務。個人的個性要能夠融入整個劇團（ensemble），根據國家教科書公司（National Textbook Company; NTC）的《戲劇術語辭典》（*NTC's Dictionary of Theatre and Drama Terms*），「劇團」的定義是：「在表演中，劇團做為一個完整的團隊，創造集體的效果，而不是一群人行為的總和。」❹個性化的力量就在於將所有角色的演出聯合成為一個有機的整體。無論是一個團體、一家較正式的表演公司、一家製造商、或是街頭演員的集合，〔劇團＝組織〕都給每個演員創造他們自己個性的自由。同時，他們塑造的個性要能夠推動整體的效果。在表演藝術中，當一名演員的演出超越其他的角色，將自己的表演凌駕於整體效果之上的時候，**明星表演**就會產生。在商業中，我們稱之為「玩政治」。優秀的演員經年累月地吸收工作夥伴的菁華，才成為真正的明星。他們觀察、聆聽、尊重所有劇團的成員，而真正能提升每場演出的水準。在這個過程中，他們提升了自己的能力和聲望。想想那些與明星一起工作的人的感受是什麼？可能就是：「和傑克一起工作會是什麼感覺？」

　　出色的角色扮演應當存在於所有的行業，而不僅僅局限於娛樂業。在商場上，服務經濟作業方式自動化的情形越來越普遍，人與人

的交流中心也逐漸轉化為提供體驗的舞台。❺因此，每個角色都應該在公司的體驗產品中形塑出一種獨樹一幟的觀眾與演員關係。最後，公司的

〔演員＝員工〕

必須承擔

〔角色＝責任〕

透過做出的選擇而形成吸引人的

〔個性化＝表現〕

形成具有凝聚力的

〔劇團＝組織〕

以令人難忘的方式吸引客人

這個結構形成了體驗經濟商務的核心本質，同時也深刻地暗示，所有台上台下的工作人員都包括在內。雖然這種經濟轉型的深刻影響還沒有被企業及其員工完全理解（工業革命對各行各業的劇烈影響在一百多年中都沒有被徹底了解），我們還是可以討論在新的體驗經濟裏，工作的實際本質為何。在第 6 幕中，我們已經解釋過做為一名演員意味著什麼，在這兒我們將說明身為製作人、導演以及支援他們的各種角色（戲劇顧問、編劇、技術人員、舞台經理和整個工作團隊）又分別代表什麼。我們也會討論星探的角色，他們幫助製作人和導演找到合適的人員去擔任合適的角色，包括台上和台下的角色。

製作人的角色

在任何產業中，做為企業財務後盾的都是製作人／生產者（producer），他們可能是創投資本家、私人投資者，或是代表幾百萬股東的高階經理人。製作人決定企業生產什麼——提煉的初級產品？標準化的商品和服務？或是全新的體驗？組織裏沒有其他人能回答這個問題，因為它指向另一個更基本的問題：**我們要展現什麼樣的作品**？對於這個問題，沒有簡單的答案，也沒有現成的解決方案。製作人啟動變革，因為對於策略的擬定將會影響企業的需求和未來的視野。製作人選擇他們想服務的〔觀眾＝顧客〕以及他們〔劇場舞台＝工作場所〕的本質，在那兒，戲劇將在付費大眾的面前開演。

如果製作人不能清楚地界定他們的表演想要改變什麼，就表示他們沒有扮演好自己的角色。不幸的是，我們今天看見的很多使命聲明（mission statement）都只是很含糊地描述他們這一行業的既定目標。這些是適用於所有商務活動的一般看法，而他們並沒有改變機械式的思考。使命聲明、策略規畫、行動方案都必須基於你的企業的獨特性，這不是你如何和競爭對手區隔開來的簡單問題，而是在探索你內部**還未覺醒**的部分。這種自我檢視——和所有演員所做的一樣——可以提供組織再生的泉源（就像檢視顧客的獨特性，就是一種發現他們未說出的需求的方法）。唯有角色了解到，企業透過他們的商品會對這個世界產生怎樣的影響，製作人的願景才會有意義。〔劇團＝組織〕的每一活動都必須促進外部變化的發生。

看來，許多的公司都對未來很冷漠，而沒能理解他們的行為才是事業發展和經濟形式更迭的最大影響力量。在商務活動中，是人在做

選擇，而不是所謂的自然法則在決定人的命運。優秀的製作人透過做以下的事情決定他們的命運：**不斷探索在經濟上可以帶來優勢的策略支撐點。**

即將出現的體驗經濟，為新的策略開啟了可能性。新的策略超越以商品和服務做為利潤來源的舊方式。面對著迅速客製化的商品和服務，以及越來越多的需要體驗的消費者，製作人必須要求他們的主管和管理者能夠回答下列關鍵問題：

- **認清**如何加入新的體驗因素，以增加需求和／或提高商品和服務的價格：怎樣訴諸人們的感官以強化你的商品？為了使顧客更能融入具有吸引力的主題，哪些負面因素應該去掉，哪些正面因素應該加入？你如何大量客製化你的商品以提升經濟價值的層次？

- **判斷**哪些商品和服務可以有更高的價格，然後，將其做為關鍵資源，提供給真正的體驗提供者，重新定位自己的商品為道具，以自己的服務為舞台，為潛在顧客提供新的體驗：你的公司能否幫助其他公司提升經濟價值？你的東西能否活起來，以加強顧客對商品的體驗？服務能否重新布置成顧客體驗的舞台？

- 為了提供體驗，要去除一些既有的做法，因為要讓商品和服務銷售更多，免費並不是一個有效途徑。重新定義這些因素，讓它們成為可以有特定價格的獨特體驗：對於收費你將如何制定出不同的標準？你如何將現有的體驗融合娛樂、教育、逃避、審美於一體？

- 藉由展示全新的體驗，將競爭對手**商品化**：為了設定舞台，你如何為體驗設定主題，增加積極的因素，消除負面的因素，讓各種印象和諧地聯繫在一起？如何在值得記憶的事件中，吸引所有的五種感官？哪一種劇場形式最能表現你希望創造的體驗？

這些策略探索僅僅是所有探索的開始。工作開展的底線就是：優秀的製作人會堅持，在有足夠的資金支援全部的生產之前，這些問題必須有令人滿意的答案。因為〔戲劇＝策略〕的答案要由〔劇團＝組織〕來提供。

導演的角色

導演（director）的角色，包括要使〔戲劇＝策略〕的概念材料變成可能的現實。❻這個角色所面對的壓力比其他角色都來得大，因為導演對發生在商業劇場舞台上的每件事都有責任指揮，他需要所有參與者的配合——演員、戲劇顧問、編劇、技術人員、舞台人員——而且在演出的關鍵環節必須有製作人的配合。或許還不止這些呢。

導演需要組織的能力：安排和指導試鏡（在星探的幫助下），確保技術人員在規定的時間前完成相關設備的製作，以及服裝和道具的選擇，還要決定演員每天的動作或走位（blocking）。導演必須幫助演員透過正式的排練做好準備，就像是運動員身邊的教練一樣。他們必須花時間研究〔劇本＝流程〕，醞釀他們自己如何領導整個團隊的想法。他們也必須留足夠的時間給製作人，一起研究如何使〔戲劇＝策

略〕完全實現。總而言之，導演必須創造一個和諧的整體。

　　為滿足所有這些要求，導演的角色必須有絕對的權威，導演要不時地告訴人們要做什麼。然而，開明的導演並不是盲目地指揮劇團人員，而是將命令和合作結合為一個整體，命令與合作的結合**就是**導演技巧。為了使兩者成功地結合，導演要有激勵人心的能力。這種對演員混合指揮的結果，會讓演員願意服從，卻不致喪失自己發掘角色特質的感覺。個性化的角色塑造經由合作而產生，而且往往是在演員和導演對演出都還各持己見的情況下醞釀出來的。

　　導演還必須具有**詮釋**能力。❼應該設計什麼樣的舞台？應該挑選什麼樣的演員？對這兩個問題的回答，都需要將宏觀的策略轉化成合適的行動方案。當經濟發展的過程從想法過渡到實作的時候，這樣的詮釋應該體現為一系列在排練過程中做出的決策：在每個節目裏，什麼應該涵蓋，什麼應該排除？在劇目的展現過程中，什麼應該維持或排除？哪些工作應在台下而不是台上完成？這些決策過程的基礎，就在於辨識出哪些策略最有利於戲劇的表現。這種辨識能力必然將導演置於概念和原則的世界中，再轉化為詮釋的行動。為了達到目標，導演必須學會在30,000英呎高空飛行的同時，處理地面上排練的細節。

　　最後，導演要有**說故事**的能力。實際上，每個導演最終都想製作出「讓觀眾完全融入到故事裏的節目」。曾經在好萊塢擔任編劇的彼得‧沃頓（Peter Orton）現在加入了IBM，他跟IBM的經理人進行案例分析時說：「故事可以吸引注意力，創造期待，幫助記憶。故事提供我們熟悉的動人情節，可以幫助我們消化那些吸引我們的資訊。」❽《高速企業》（*Fast Company*）中一篇文章的題目，就引用沃頓的話：「每一位領導人都在說故事。」

把戲劇變成表演，把策略變成產品

為實現他們的主要任務──把戲劇變成表演，把策略變成產品──導演需要四個角色的支援，每一個角色都對應到為〔觀眾＝顧客〕展現體驗的四個要素（如圖6-2所示）：

- 戲劇顧問幫助創造出〔戲劇＝策略〕
- 編劇幫助發展〔劇本＝流程〕
- 技術人員輔助〔劇場＝工作〕的完成
- 舞台工作人員協調〔表演＝產品〕的操作元素

每一個角色，都有助於導演創造和諧一體的演出。

戲劇顧問

戲劇顧問（dramaturg）在導演考慮〔戲劇＝策略〕的時候提供建議。劇場藝術的教授大衛・康恩（Davie Kahn）和多納・布里德（Donna Breed）解釋說：「戲劇顧問可能對導演的分析有重大的影響力，他們指出模式、問題、形象、角色功能和其他影響戲劇的因素。戲劇顧問應該熟悉對戲劇結構的操作技術，要能判斷劇本如何建構和什麼模型對分析有用。」[9] 在商務活動的劇場中，內部的**企畫人員**和外部的**策略顧問**可能會擔任這一角色。總之，戲劇顧問研究分析公司計畫推出的產品可能面臨的競爭環境，接著為導演綜合歸納各種發現。要扮演戲劇顧問的角色，就必須具備一種能力──他要能區分哪些消費現象將影響公司制定決策，尤其是注意有哪些利基（比如數位化和網際網路的潛在功能）可以為公司所用。

在藝術領域，戲劇顧問幫助劇團成員將已經完成的劇本化為今天表演的藍本。同樣地，以前的策略必須因應此際的需要而重新詮釋。當然，所有的策略在出現的同時就已經過時了。戲劇顧問不必改變既存的策略以適應當前的環境，而要在當前環境的前提下操作所有的其他因素。在實現這些角色的過程中，戲劇顧問必須記住三個重要規則。第一，戲劇顧問必須使演出夠吸引人。第二，他必須將難以詮釋的地方清晰化。第三，他對於導演和演員的劇本和指示應該是去描述，而不是去規範。無論在組織內或組織外，戲劇顧問都不是製作人或導演──那不是他們的工作。

導演對於他們希望的戲劇顧問風格可能各有不同，並據此選擇合適的戲劇顧問，但是他們不應容忍任何濫用導演權力的人。任何允許戲劇顧問介入自己角色的導演──從投入到產出──實際上已經削弱了自己的導演權威，劇團成員終究會知道這一點。為防止這種情況，戲劇顧問不應試圖提出所有的答案，而應把他們的能力用於創造更有效的成果。

最後，導演依賴戲劇顧問講出他們想要的故事。例如，在3M，公司內部的戲劇顧問──它的計畫者和策略家，促使它的導演──每個事業單位的經理人──全面重新調整他們的策略劇情，形成公司主管戈登‧蕭（Gordon Shaw）所稱的「策略故事」：「故事性的計畫很像傳統的說故事。像一位擅長說故事的人一樣，策略規畫者需要布置舞台──以清晰的、連貫的方式描述當前的情形⋯⋯下一步，策略規畫者必須引入情節衝突。最後，故事以令人滿意的、信服的方式結尾。」❿對公司的戲劇顧問來說，講述內部的策略故事以幫助實現導演的對外演出，實在是責無旁貸。

編劇

導演會要求編劇去決定採用怎樣的流程以產生最後的演出，❶因而編劇必須關注四種不同形式的劇場，和圖7-1中強調的〔劇本＝流程〕和〔表演＝產品〕的獨特組合方式。即興式劇場需要有系統的技巧，來幫助演員發現觀眾的反應並且回饋他們；舞台式劇場要求正式的創作文本；搭配式劇場必須有十分精緻的、經過仔細研究的流程安排，確定誰在什麼時間做什麼；街頭式劇場需要一系列動態的要素來產生獨特的表演。在每一種劇場形式中，由編劇提供的〔劇本＝流程〕對演出影響很大。

由於全面品質管理（TQM）和企業流程再造（BPR）的結果，在商業上編劇已經獲得充分的重視。關於TQM和BPR，已經有許多文獻，所以只有幾個重點需要在此稍做說明。TQM試圖將一系列的持續改善流程寫成劇本，而BPR透過大幅度的流程重新設計，進行劇烈的、斷裂式的改善。BPR的擁護者已指出，TQM的持續改善所產生的高品質工作流程並不是必需的。「別自動化，而要徹底改造」這類流程，麥克‧哈默（Michael Hammer）這麼說。❷這一說法和那些對TQM之結果感到不耐煩的生產管理者是一致的。同時，那些BPR的編劇在某一方面是對的：許多年來，公司應用資訊技術只不過使得已經存在的商業流程自動化，而每一個新技術的應用都需要將現有的商業流程完全改變，也就是說，會導向一種全新的工作演出。❸儘管人們十分清楚兩者完全不同，但是BPR與TQM都是用已經存在的情形做為假設。在新技術的條件下，人們需要重新考慮生產流程和策略，正如蓋瑞‧哈默爾（Gary Hamel）和普哈拉（C. K. Prahalad）教授所

說的，他們呼籲整個產業界透過富有想像力的編劇來改造。❶

　　今天，由於TQM和BPR，大量的流程管理技術對商業的編劇來說是現成的，得益於哈默爾和普哈拉，越來越多人了解到，要想設計有效的生產方式和富有想像力的策略，就必須創新流程。僅僅參考戲劇顧問的意見以創造他們的〔戲劇＝策略〕的導演（還有製作人），常常失去對整齣戲的控制，而在編劇也發揮作用的情況下，就可以得到更富有想像力的策略。

　　來看看幾個新流程導致新策略，從而深刻影響整個行業的例子。在1980年以前，要配新眼鏡的消費者必須到當地驗光師的小工作室裏，在那兒驗光之後，他們要從幾十個不同的框架中選擇鏡框。工作人員把訂單送到中心工廠，幾個星期後，技師生產出一副眼鏡，再送回驗光師進行改進和修配。眼鏡巧匠公司（LensCrafters）的創建者狄安・巴特勒（Dean Butler）──他不僅是個企業家，也是製作人、導演、編劇──了解怎樣把眼鏡製作的過程帶到銷售點，而且做到最好。眼鏡巧匠公司的新〔劇本＝流程〕帶給公司競爭優勢，從而導致行業的本質發生了改變。如今，零售店為驗光師提供空間，驗光師為消費者驗光，並在大約一個小時之內將眼鏡客製完成。

　　第4幕曾經討論過，戴爾電腦代表另一種透過編寫劇本而成功的大量客製者，它在二十五年之間，從一無所有成長到了六百億美元。但是在成功編寫電腦產品的大量客製劇本之後，戴爾卻沒寫出成功的續集，為它的支援服務進行大量客製化（零售經驗方面就做得更少了）。百思買在2002年併購雜耍特攻隊，為它的居家電腦服務撰寫新劇本，蘋果電腦也在2001年時，以它革命性的店面為它的電腦零售體驗更新劇本，在此同時，戴爾電腦卻變得越來越商品化，而且迫切

想要回頭透過零售通路進行銷售，那是它曾經避之唯恐不及的。

其他公司包括小型鋼鐵生產者，例如努克（Nucor）、堀多美國鋼鐵（Gerdau Ameristeel）、加拉丁鋼鐵（Gallatin Steel），編劇使新策略得以實現，他們比過去的大量生產者大大地降低生產成本，同時提高生產的靈活性。又如美國線上，它的劇本曾經優於 Prodigy 和 CompuServe，卻又被後來的臉書（Facebook）、YouTube 和推特（Twitter）迎頭趕上。再來看看英國的比爾金頓兄弟公司（Pilkinton Brothers）如何改寫劇本，它建立了一系列的流程，使得大型平板玻璃可以透過整合的流程生產出來。❶編寫流程本身是一種創新，而且必須圍繞著策略開發。在藝術中，有誰能夠想像沒有劇本的戲？那為什麼還有那麼多企業不曾考慮流程對他們的商品有何影響呢？

技術人員

在定義公司產品的本質時，各種技術人員（technician）也有其貢獻。他們用技術來呈現演出，而其呈現則定義了〔劇場＝工作〕的脈絡或作業環境，這個陳述通常包括場景設計、支援的道具和服裝，這些技術元素的結合和表達方式，則因劇場的形式及所對應的產品而有所不同。業務人員在拜訪客戶時通常無法控制場景，因此，他們的即興式或街頭式表演，便高度依賴身邊道具（或是偶發事件）的組合及利用。舞台式和搭配式劇場通常可以為體驗所需的設備提供更大的施展空間。

場景設計師（set designer）　當〔劇場舞台＝工作場所〕處於公司的控制下時，如同在舞台式劇場那樣，場景設計師將專注於構成場景的六個面向：後台、舞台、觀眾席、舞台前部裝置、入口和出口，

其中只有後台是觀眾席上的觀眾看不見的,所以可以根據它的功能單獨設計。其他所有的地方都必須綜合起來,考慮場景設計可以如何支持〔劇場＝工作〕。入口和出口不能忽略,因為它們能導引和強化顧客的記憶。場景設計師必須特別注意舞台,當然,也要注意觀眾席,和觀眾視野之內的舞台前部裝置。還記得拉斯維加斯的論壇購物中心,每一家商店都創造了舞台一般吸引人的前門,以符合整個商場有如古羅馬市集的主題。

很清楚的,場景設計屬於建築藝術的範疇,而有經驗的表演者必須聽取建築專家的意見——為了內部和外部的目的——以設計出新的體驗裝置。對於這種技術工作,只有三點規則要遵循。首先,必須在傳統的建築設計方法之外,進一步考慮場景對於顧客的影響,有時更要考慮到顧客可能遇到的每一種情形。迪士尼用於迪士尼樂園的暗示是樹:一個簡單但不可或缺的設計,以完全普通的外表和日常現實性幫助實現所需的幻想。就像傳記作家湯瑪斯(Bob Thomas)解釋的:迪士尼「想讓樹變成迪士尼世界的美和戲劇性的一部分。為了扮演好角色,它們必須很高大……迪士尼想讓每棵樹都能適應它所在的地方——楓樹、小無花果樹和樺樹代表美國的河流;松樹、橡樹代表前方的土地,等等。他們經常以『它不相稱』這樣的意見拒絕一棵樹。」**⑯**場景設計師必須確保沒有任何東西是不相稱的,否則,將會破壞整個演出的完整性。

第二,設計應該圍繞著五種感官:視覺、觸覺、聽覺、嗅覺甚至味覺。想想過去二十年來,旅館業做出了多少感官上的設計革新,他們關心床單針織的密度、枕頭、和被套枕套,甚至使用芳香機,散放香氣到大廳的空間(例如威斯汀酒店〔Westin Hotel〕的白茶香氣),

並且提供美食（像是雙樹酒店〔Double Tree Hotel〕的巧克力碎片餅乾）。對於其他情況，場景設計師必須先抓住適當的感官環境，再從這裏出發，像雨林咖啡廳提供五種感官的水霧，或是如維京航空在飛機的客艙裏裝設情調十足的燈光。感官的設計就跟設計的其他面向一樣，必須與它的組成元素融為一體。

第三，不要被習慣所束縛：你自己制定自己的規則！就像倫敦中央藝術設計學校（London's Central School of Art and Design，如今名為中央聖馬汀藝術設計學院〔Central Saint Martins College of Art and Design〕）多年來的劇場設計系主任法蘭西斯·雷德（Francis Reid）所說的：「劇場已經達到一個容納任何實際事物的高度，對這個高度來說，產品的風格不再只是過去的衍生物，也不再只是根據新哲學的邏輯推理。這兒唯一的要求就是內在的一致性……一個產品實際上可以把任何建議看成是它的起始點，只要接下來能夠貫徹執行。」**⑰** 在商業劇場中，這個起點就是體驗的主題，接下來的所有表演都來自這個主題和它的場景設計。

道具管理者（prop manager） 除了場景設計師，一個導演常常需要技術人員來決定〔劇場＝工作〕中使用的合適道具組合。在吸引消費者時，只要能夠巧妙運用道具，就可以發揮極大的效果。道具的運用可以只是為了美感的目的（製造特別的感覺），或者為了某些功能性的目的（幫助一個演員完成某些表演），而美感的考慮實際上也來自對功能的考量。

再來看看法律這個行業。德州加耳維斯敦市（Galveston）有一位陪審團顧問羅伯·賀許霍恩（Robert Hirschhorn），他建議律師事務所應該研究一下會出現在他們表演中的每個實際物品，不僅在舞台上，

還有場景的出口和入口處。賀許霍恩說:「你永遠不會知道陪審員在停車場看見你時,你是在進入你的車裏還是正要走出車外。」[18]所以他建議律師遠離豪華轎車,選用小型廂型車或沒有裝飾的實用車。這是欺騙,還是為了延伸的法庭業務做準備呢?在回答之前,記住汽車對法律以外的行業一樣重要(你可能也使用這個道具)。有一家國際商業機械公司的總部在紐約州的阿蒙克市(Armonk),它要求它的業務人員在拜訪底特律三大汽車廠的時候只能開美國製的汽車。更有甚者,一家總公司位於俄亥俄州辛辛那提市的消費性商品公司,堅持號召其五十個州的所有子公司使用本土的汽車。很明顯,一家公司對汽車的選擇,其意義遠超過交通工具。為了他們的搭配式劇場,全球一些最大的公司專門使用一些商品做為純粹的道具。

　　有時在舞台上的演員同時也是自己的道具管理者。公事包、記事本,甚至是書寫工具的選擇都可能有利於他的表演。但是,不管誰選擇了這個道具,要記住削減負面的影響,誤用或選錯道具可能失去它的作用。在與一位潛在客戶的會議中,不要話說到一半停下來檢查你的文件;如果必須那樣做,就要用即興的表演方式將這個中斷變成一個加分的機會(如果這樣可行,就把它加入當作你的祕密武器)。最重要的一點是要關掉行動電話,它有可能使得客戶覺得整個銷售團隊都很討人厭,因為在人與人交往過程中,電話鈴聲已被證明是對演出的一種干擾。

　　陳述用的材料提供了另一個教訓:絕對不要把道具當拐杖使用。塞滿文字的簡報檔案會變成一場災難(回憶一下第7幕中琳達在準備簡報時的情形),再完美無瑕的劇本,也不能讓演出的時段超出預定時間太長。不要指望道具——即使是設計良好的道具——可以掩飾表

演中的瑕疵。而且，道具管理者應該注意到：演員會使用道具來使一齣戲更能實現或強調某個特徵，而沒有道具的話演出就會大打折扣。有疑問的時候，就先幫助他們了解怎樣避免使用道具，至少是少用。

服裝設計師（costume designer）　今日的演出，需要能夠熟練地設計和選擇服裝的技術人員。在商務活動中，工作者的服裝向來很重要，特別是在特定的服務行業裏：航空公司的飛行員和空服員、旅館職員、餐廳服務生、快遞公司的司機、安全警衛等等。在大多數例子裏，這些工作人員的服裝由適合他們的制服組成，那是舞台上所有演員的標準服飾。制服向消費者傳遞一種看得見的暗示，幫他們確認公司的成員。有誰不能馬上認出一位UPS的司機，他的棕色裝扮（更別提他正在駕駛的棕色道具）太令人熟悉了。

一些衣著的原則幾乎對工作的任何部分都有幫助。[19]首先，**依角色的不同而穿著不同的服裝**，就像在即興喜劇中的角色一樣，他們能透過與眾不同的服裝和面具立即讓人認出來。這也就是將戲劇中的元素融入表演，航空業在這方面做得很好，例如，在登機處的人穿著一種制服，飛行員是另一種，地勤人員又另一種（在英國航空公司，乘客排隊管理員穿著紅色的外套）。如果一個搬運工從後台走到前台的走道上，他的護膝和耳塞就會讓人一眼看出他所扮演的角色是什麼。

第二，服裝設計師必須確保每一件服裝都傳遞一種訊息，這種訊息和導演想描述的角色的個性，以及體驗的主題是一致的，[20]比如「雜耍特攻隊」的滑稽服裝。這就解釋了為什麼西南航空公司廢除傳統的航空服裝而採用更隨意的服飾（但是運輸安全管理局〔Transportation Security Administration〕走的卻是不同的方向；傳統服飾傳遞出一種權威的氣氛，特別是如果這種服裝設計是為了軍事的動

機）。而西南航空公司的polo衫和輕便的服裝說明了什麼？我們帥氣得很！而且我們已經準備好帶你們（以四個相連的航班）到加州，就像參加一次運動會一樣。不要被這個例子誤導：相對於隨意的服裝，制服的設計更重要。服裝設計者會利用服飾來做為引導表演的面具，鼓勵人們做出合宜的行為。當公司用上了吉祥物，這種面具的效果就會變得很明顯；但是你不需要把員工裝在一個密閉的戲服裏，也可以造成相同的影響。

第三條服裝規則是要求導演和設計師允許演員將他們的服裝個性化，充實他們的個性，即使只是很小的細節。例如，卡爾森公司（Carlson Companies）的一個事業單位星期五連鎖餐廳（T.G.I. Friday's），在員工紅白紋襯衫的基礎上允許他們選擇自己喜歡的帽子，並鼓勵他們用口號和各種所能想到（但不能褻瀆）的符號裝飾自己的帽子和襯衫（甚至包括懸掛物、短襪和褲子）。這些簡單的服裝特徵，強化了顧客在星期五餐廳用餐時的視覺和聽覺感受，形成獨特的用餐體驗。

在許多商業角色裏，傳統上用來表現男性服裝個性化的唯一方式是領帶。然而，在過去的四十年裏，這種狀況已經改變。現在我們在工作場合看見各種顏色和風格的襯衫和領子——更不用說短襪、鞋子和皮帶。甚至連守舊的IBM和寶鹼大廳也已經放鬆了它們的要求。但是公司放鬆了服裝的標準之後，往往就會發生差錯，那麼，誰來整理這些服裝，確定這些角色的穿著完全符合每一場景呢？沒有正式服裝的角色——比如在東傑佛遜綜合醫院的小組，它用服裝書《EJ Look》詳盡規範了醫院在服裝上的要求，但是這些要求經常達不到。

因為服裝設計不只是正式／隨意的問題，所以對服裝和飾物的選

擇要比速成的「成功穿著」研究包含更多的東西。服裝設計包括對服
裝細節的選擇、迅速變化服裝、和演員運用服裝強化他們角色的能
力。看一下投資顧問公司——傻瓜投資網站（Motley Fool），顧問的
角色是由演員兼導演的大衛和湯姆‧賈德納（David and Tom Gardner）
扮演，他們的服裝只是將一款不尋常的物件加在值得信任的投資專家
的傳統服飾上——他們戴了兩頂搞笑小丑的帽子。年長的大衛解釋這
帽子的意義：「這是一場金錢的戰爭。我越研究它，就越意識到那些
穿著細條紋西裝的傢伙——你永遠搞不懂他們衣服上的複雜圖案和數
字——不在我這一邊，也不在你那一邊。其實，如果這些傢伙聰明
——他們老是在電視上和饒舌的財經雜誌上老王賣瓜——那我們寧願
是傻瓜。」**㉑** 再看看財務顧問吉姆‧克萊默（Jim Cramer），他是電視
財經節目《瘋錢》（*Mad Money*）的主持人。他不會戴個賈德納兄弟
那樣的帽子，但是他也拋棄傳統的西裝，而且捲起他的袖子——這同
樣是充滿風格的服裝設計。只要看到他用了多少道具和音效，就會知
道他的衣著必然也是刻意的做為。

　　在服裝設計上形象最重要，就和設計的其他技術層面一樣。在工
作場所隨意穿著的潮流，開啟了為迷人的體驗創造獨一無二的〔劇場
舞台＝工作場所〕的機會，比如傻瓜投資網站的一次投資建議。但是
放鬆服裝的標準必須積極地導向精心設計的體驗，以免角色混亂。

舞台工作人員

　　舞台工作人員有一個單純的責任：「確保每個人和每件物品都在
正確的時間出現在正確的位置上。他們記錄著舞台上的任何人、任何
物品在整個過程中的位移，他們必須冷靜面對每一個危機，耐心處理

易煩躁的脾氣，清晰理解每個人的問題。」❷這個團隊必須正確處理設備、道具、服裝，甚至演員何時何地要上場，以使〔表演＝產品〕順利地完成。終究，這個團隊的成員是後勤人員。無論是廠商的一位倉庫人員要發送目錄給一個經銷中心，還是酒店的女服務生鋪一張床，團隊成員都必須在編劇決定的流程中，運用技術人員設計的設備，來取得、維持、運輸和傳送導演開出的資源。

　　為了扮演好這個角色，舞台工作人員的團隊必須同時有戰鬥力和效率，他們必須主動關注每一個細節──就為了提高產出的品質。如果沒有精確的關注，就可能使一場精彩構思的戲劇和一個劇本極佳的策略變成一次糟糕的演出。但是團隊也要注意，不能因為財力、人力和時間的浪費而提高製作成本，他們必須捲起袖子做好那些極容易被忽略的後台工作。

　　舞台監督（stage manager）負責確保所有事情依照計畫進行，他也必須駕馭好演出──從定期報告到監督和駕馭每時每刻的移動。從舞台到相應的劇場，舞台監督和劇組人員都必須記錄、記錄、再記錄──將整個演出制度化，才能了解團隊**如何**經營整部產品的製作，那麼才能夠複製每一場演出。他們還必須評估、評估、再評估，因為，我們都知道的，如果你不評估，就無法管理。他們必須待在**圈子外**，當舞台演員準備進入、表演和最後退場時，他們也必須隨時待命，當某些東西出錯時他們能立即出現。

　　他們的任務可能看起來並不偉大，但是他們應當了解，對整個演出來說，他們具有何等重要的意義。畢竟，舞台團隊推動著生產中所有的操作元素，讓技術上的設計增加了價值。場景設計、道具和服裝的存在，幫助演員將沒有寫下的潛台詞（srbtext）轉化為活生生的表

演。要讓舞台上的演員都能夠表現那些潛台詞，舞台團隊就必須確保每樣東西都在它應該在的位置。

　　來看看舞台團隊是如何幫助美國前總統雷根熟練地利用潛台詞，完成白宮記者會的表演。打開東方房間的門，讓照相機照到遠端房間裏的吉帕（Gipper，雷根從影時曾經飾演過的角色）。他接著刻意走下鋪著紅毯的長走廊到達平台，在那裏人們雀躍地看著他站到講台上。朱利厄斯·法斯特（Julius Fast），一位肢體語言方面的權威如此評價雷根的表演：「這些潛台詞在他發言前就已經傳達出活力、權威、輕鬆。」❷當他發言時，態度和風格與他的講話十分匹配。他的魅力——像所有的好演員一樣——顯示他不是透過如何演說，而是透過他話中的意義在進行演講。舞台團隊為此架設照相機，鋪置地毯，開門，在恰當的時間向雷根發出信號使他登場。沒有這些幕後的舞台團隊，雷根總統的表演將不可能成功。第一線人員——在舞台上表演的演員——不可能只靠自己完成所有的表演。

公司可採納的選角方式

　　為了完全實踐圖8-1中的表演模式，人力資源部門必須成為一個**選角指導**（casting director），為導演、戲劇顧問和編劇所創作的作品提供適當的演員、技術和舞台團隊，而聘用員工意味著選擇演員來扮演〔角色＝責任〕，這意味著人力資源部門的重大變化。任何希望展示舞台體驗的企業，必須停止以面試做為聘用員工的主要方法，而開始用「試鏡」的方式。

　　語言是關鍵，辭彙會影響行為。將你的商品稱為一種體驗，你的

工作是一個舞台，而你透過試鏡來聘用員工，這些都會讓你往正確方向邁進。但是不要誤會：要持續發展，光是這樣還不夠。人力資源部門和他們雇用的製作人和導演，必須合力籌備真正的試鏡，只有透過這種方式才能鑑定演員真正的演出能力如何。

　　許多從傳統面對面的面試蒐集來的資訊，都是將演員看做一個人而已；他的表演能力（也許他也渴望演出這個特別的角色）只能透過試鏡表現出來。必須事先進行資訊蒐集，但這只是為了篩選出有抱負的演員來參與試鏡。巴比森學院（Babson College）校長李歐納德‧史勒辛格（Leonard Schlesinger）曾經在速食業擔任高階主管，他描述現在的速食店如何進行試鏡：「連鎖餐廳Au Bon Pain的應聘者在最終的面試之前，必須在店裏帶薪工作兩天，這是整體篩選過程的一部分。透過這一項經驗，應聘者和速食店可以進行雙向選擇。」[24]

　　試鏡有幾個原則。[25]首先，也是最重要的，公司必須為這種模擬、角色扮演或實地測試找個專用的場所，來進行真正的試鏡。當應聘者不再在面試者辦公室裏進行談話時，就需要一個新的地點——人力資源部門內部的舞台體驗。許多顧問公司已經將應聘者放到真正的辦公室和小組房間裏進行角色扮演，其他公司也應當這樣做。如果你正在面試一個採購部門的採購員，就讓他打電話給虛擬的賣主。如果是面試一個銀行櫃台人員，就建立一個虛擬的銀行櫃台，讓應試者進行存款、簽付支票和檢查帳戶餘額等動作。如果客服中心需要更多客服人員，建立虛擬的電話服務來測試應試者的處理方式。每一種情況都必須建立一個地點——甚至真正面對顧客，就像在Au Bon Pain所做的——這樣你能觀察到應聘者擔任這個角色時的表演情形。應聘者不需要在所有觀眾面前表演整個節目，只需在主試人員面前演出一些

重要的場景。

　　接下來，如果你正在創建這麼一個特殊的地點，那就把它簡化，剩下必要的部分，縮減道具，去掉在日常工作中的某些特質，而且將主試人員放在應聘者清晰可見的地方。透過這些刻意的動作，觀察應聘者在沒有幫助的狀況下的處理方式。例如在銀行櫃台人員的崗位上，清除那些工作說明書、和一些貼在電腦螢幕旁的「小抄」。僅僅用一支電話和固定畫面的電腦來成立客服中心即可。畢竟，芭芭拉‧史翠珊的例子證明，道具是否真實並不重要，只要這個表演能夠切合角色。觀察每個人怎麼樣個性化這個角色並且融入角色，以鑑定出合適的人員。

　　迪士尼是更早開始使用這種面試環境的企業。迪士尼聘請了羅伯‧史騰（Robert A. M. Stern）這位著名的後現代建築師，他曾經設計過許多迪士尼的設施（包括新的慶祝生活體驗），並創造了迪士尼用於面試演職員的角色分配中心（Disney Casting Center）。迪士尼專案對此的描述是：「史騰的角色分配中心告訴我們，在迪士尼工作意味著什麼，或者，像史騰所說的：『澄清迪士尼的聘雇過程，並且給它一個建築學上的尺度。』透過給應聘者一個管道，史騰向他們展示了迪士尼世界的效果，人們了解到主題公園的祕密：所有的一切都是幻覺。」❷❻它也是迪士尼觀察每個演員是否能適應大型幻想世界的一個微觀世界。

　　無論需要演出的體驗為何，都不要單獨指定一項你認為符合這個角色的特性。由於存在著各種可能性，所以，在選擇過程中不要預設正確或錯誤的標準。我們必須接受這樣的事實：並非每一個人都有足夠的機會去建立一次完善的〔個性化＝表現〕（角色分派後會有很多

時間可以建立），相反地，我們應考慮每個人是怎樣發展這個角色的。

再來看棒球界的球探，他們不停地透過真實的比賽進行充分的面試，即使是在這種理想的情況下，也有許多規則可循。東尼‧盧卡迪洛（Tony Lucadello）是舉世公認棒球界最優秀的球探，他五十年來不斷訪問俄亥俄、印地安那、密西根等州的優秀高中，以發掘大聯盟的未來明星。在此期間他簽下的球員成為明星的，比其他球探多出五十個之多，包括棒球名人堂的球星麥克‧史密特（Mike Schmidt）。盧卡迪洛提出一般球探用來評價球員能力的四種方法，他稱之為4P。㉗低能的（Poor）球探，他不是一個計畫者，也從來沒做準備，只是根據球員在舞台上的表現來判斷，而不是去發掘明日之星。透過這種能力評價，很多人會很快發現他們不適合這個角色。下一類的星探，挑剔者（Picker），他們只要挑出球員的一點缺憾就放棄他，儘管該球員有其他顯著的能力。基於表現（Performance-based）的挑選方式，占很大的比例，它根據候選人在面試中的表現做出結論。這樣的方式存在著明顯的缺憾，就是過分強調在某個情境中的表現，比如一位高中明星球員面對較弱對手時的表現。最後是投影機式（Projector），這是盧卡迪洛自己的方法，其他了解面試本身並不重要的球探也會採用這種方法。這名演員有沒有表演的基本技能？扮演角色時是不是能夠進行超乎尋常的演出？面試時，必須讓這些答案浮現出來，並投射到未來的表現。

那麼你該如何挑選出適合角色的正確人選呢？嚴格說來，根本不是在尋找「理想」的候選人，至少不是根據某個已經確定的特徵標準，而是應該根據候選人表現出來的天賦和敏銳度。這樣，你就能找到理想中適合這個角色的人——就像沙特利夫找到芭芭拉‧史翠珊，

盧卡迪洛找到麥克・史密特一樣。

隨著面試本身變得不再重要，那麼你這原本應該面試演員的人，應該問你自己一些問題，比如說：

- 演員怎樣溝通？特別注意他是怎麼傾聽的。

- 演員如何與其他人建立聯繫，又如何結束？注意在面試中他怎麼和其他的演員對話，在什麼情況下他需要或不需要協助。

- 透過每一次的互動，他想要什麼？觀察那些能激勵演員的訊號。

- 演員怎樣處理不熟悉的情況？被打岔或打擾時的表現又是如何？在事情超乎他控制的時候，他如何尋求自我定位？

- 他的節奏感能跟上觀眾嗎？對試鏡者使用一些事件來考察他對各種後果、快節奏的反應，以及在看似平靜的時刻的表現如何。

- 她是否有幽默感？這個演員認為什麼是有趣的，他如何透過即興的方式表現出自己的智力和學習的意願。

- 這個演員是否有一些非常有創意的表現？在面試過程中，尋找屬於他們自己的獨特的選擇組合（不僅看他們的選擇，如何組合更重要）。

- 他們能否帶來正面的驚喜？這個演員如何面對觀眾的期望？

現在設計一個可以為上述問題提供答案的試鏡。不要在面試中放入任何既定標準：試鏡，畢竟只是人為的布置。實際上應該去評價演員對於創造整個〔個性化＝表現〕過程中的〔角色＝責任〕的表現。

你不應該在完成所有試鏡之後立即做出選角的決定，而是應該在

篩選出一些可能的人選之後，打電話給他們，這樣的對談（面試）可以獲得寶貴的資訊（今天的人力資源部門所做的恰恰相反）。現在開始注意每個人在舞台下的表現，記住，那些保有很多生活經驗的人，在試鏡後會做出最有意思的選擇。最後，在做出這些選角決定時，考慮一位導演建議過的，你是在「建立角色之間的關係，而不是只挑選單獨的角色。」❷任何新的演員，不管如何適合演出，只有在演員的〔整體＝組織〕中有加分效果，才是合格的。

　　再強調一次，選角指導不應該將他對角色的理解做為聘雇的標準，這不是他的職責。選角指導應該協助製作人和導演去找到能夠分別扮演這些角色的人。

確認劇中人名單

　　很多人看過《節目單》（*Playbill*）雜誌上刊登的戲劇演職員表，或者是電影結尾的字幕，卻不知道它真正的名稱是劇中人（dramatis personae）。根據《NTC戲劇術語辭典》（*NTC's Dictionary of Theatre and Drama Terms*）的解釋，該詞：「源於拉丁語，指的是劇中的角色；也可以指他們的名單。在電影開始時或節目單上出現。可以只列出角色和演員的名字，也可以包含簡單的描述。這個詞也可以用來幽默地指涉參與任何事件的人」。❷在體驗經濟中應該更進一步思索這個詞，以及更廣泛地應用它。

　　在偶爾的情況下，企業會用書面方式將員工名字公開。年度報告中列出高階主管的名字，有些值日卡上列有當班的職員名字，比如計程車司機。我們拿到的提示卡說明保管我們外衣的是七號服務員，這

個數字代表的可以是任何人。你的顧客也不可能知道與他們的商品和
服務相關的所有人。為什麼？因為只有舞台上的表演才有可能讓劇中
人揚名，所有的體驗提供者都應該扮演其中的一個角色。當然，客戶
也許不關心服裝設計者的名字或那位幫助提供體驗的人到底是誰（因
為在電影結尾字幕出現時，只有少數觀眾會留下觀看）。沒關係，因
為劇中人不僅僅是為了顧客而存在，他們也是表演者；不只是為了明
星而存在，還為了那些從沒踏上舞台一步的工作人員、戲劇顧問、編
劇、技術人員及舞台工作人員（更別提那些星探）。劇中人名單將他
們和那些舞台上的演員、製作人及導演一起呈現出來。當然，後者除
了字幕以外還會獲得名聲和收益。這個名單藉由感謝之前的參與者，
而為下一齣戲設置了舞台。

　　就像商業演出可以從表演藝術中透過長期的實踐獲益一樣，藝術
也可以從商務中學習。在《票房行銷》（*Standing Room Only: Stategies
for Marketing the Performing Arts*）一書中，西北大學凱洛格管理學院
的行銷學教授菲利浦·科特勒（Philip Kotler）和他的同事瓊安·雪芙
（Joanne Scheff）倡言，藝術的管理者應該更強化商務原則以保持藝術
的活力。❸❰ 他們提議將「以藝術為中心」的方法和「以市場為中心」
的方法結合起來。鋼琴演奏家和教育家大衛·歐文·諾里斯（David
Owen Norris）對音樂演出的看法也類似：「我們必須讓觀眾對體驗產
生共鳴，或滿足他們或使他們獲得期望以外的驚喜」。科特勒和雪芙
認為，應該把這種看法運用到每一次表演中，不管在哪裏，也不管是
如何進行，無論在劇場的舞台上或是在工作場合。❸❶

　　那些在農場上和工廠裏工作的人，他們的生產向來都是戲劇演出
的結果，而創造出許許多多與我們日常生活截然不同的世界。《李爾

王》（*King Lear*，莎士比亞四大悲劇之一）兩小時的演出和聯邦快遞隔夜送達的演出同樣是在壓縮時間，兩者幫助我們從不同的角度看這個世界，人們一直認為其中一個比另一個更有價值，但是你確定嗎？今天，成功的商務活動，就像好的藝術一樣，必須吸引觀眾。如果企業將顧客看成和平常的事務沒有兩樣，就不能提升經濟的價值。

　　體驗經濟將劇場從舞台領域引入商業活動。舞台上的演出，包括政府出資的表演廳、社區劇場、電影工作室和主題公園，都會繼續面對各種競爭，這些競爭甚至可能來自意想不到的領域——不僅是從餐廳和咖啡館、電腦遊戲和虛擬世界，還有銀行和保險公司、航空公司和旅館，還有來自每一個街角，重新裝潢的購物中心。因為，各行各業都是一個舞台。

第9幕

顧客就是你的產品
The Customer Is the Product

體驗不是最終的經濟產物。當你為某人客製化體驗，滿足他的需求時，你勢必「改變」他。當你客製化體驗時，體驗就會自動變成「轉型」。轉型是經濟價值遞進的最後一步。在這個意義上，顧客就是你的產品。

　　每一個行業都可以是體驗經濟的舞台。企業必須體認：無論它把
商品和服務賣給個人還是團體，現在的顧客就是需要體驗。但他們要
的是什麼樣的體驗呢？體驗可以帶來趣味、知識、轉變和美感，而帶
動體驗經濟的，是超越這一切的一些永恆的特性。因為並不是任何體
驗都有樂趣，都具有啟發性，令人為之狂熱或興奮。

　　為什麼人們願意忍受身體疼痛而花大錢上健身中心？為什麼付給
心理醫師每小時二百美元，結果只是又一次地經歷心靈折磨？基督教
組織「信守諾言者」（Promise Keepers）的宗旨是改變男人的行為，
為什麼有成千上萬的男性繳費參加由它舉辦的活動？為什麼年輕的經
理人寧願放棄高薪工作，拿著昂貴的學費去唸商學院？所有這些問題
似乎只有一個答案：希望體驗能對自己有用。

　　體驗決定了我們是誰，我們能做什麼，我們將去哪裏。我們將逐
漸要求企業推出體驗，來改變我們。人類總是在尋找刺激人心的新體
驗，來學習、成長、發展、進步、修正、改革。當世界進步到體驗經
濟，以往在非經濟活動中獲得的東西，如今也能在商業領域內發現，
這代表一個意義重大的轉變：過去免費的東西，現在也要收費了。

　　這種模式出現在文化的各個領域。我們看到守舊的地方限制人們
的信仰，人們就在這個限制之外尋求心靈成長，「信守諾言者」就是
一例。另一例是心靈導師的崛起，有位作家稱之為「心靈的私人教
練」。❶有問題的家庭不再只是求助同信仰或同社區的成員或朋友，他
們經常在廣播節目中，向類似勞拉・斯萊辛格博士（Laura Schlessinger）
或菲爾・麥克勞博士（Phil McGraw）之類的人尋求建議，或是去找

些標榜自我改善的書籍和錄音帶。在教育方面，不再只依靠那些公立學校，企業不斷創建自己的學院。同樣地，更多的家庭擔心唸公立學校無法找到工作，而把子女送到私立學校。工作性質的轉變也引發對新型經濟體驗的需求。伴隨著工農業經濟的退化，靠沉重體力勞動維生的人數大量減少。很多人在工作之餘到健身中心消費，以獲取或保持良好的身體狀況，然而，下班後光顧健身中心的大都是坐辦公桌的人，而不是屠夫或水泥工人。

　　人們選擇這些，他們真正想追求什麼？沒錯，就是體驗；不只是體驗，還希望重塑自我，讓自己與眾不同。體驗比服務更能夠維持長久，而參與體驗的個人則是希望它能夠超越持久的記憶，超越商品、服務或體驗所能提供的。成為健身中心的會員，購買的不是痠痛，而是做運動以增強體魄，幫助他們把鬆垮的身材變得精壯結實。同樣的，人們如果發現自己的精神或情緒狀態有所改善，就會去找心理醫師回診。人們進商學院是因為他們想要得到專業與財務上的幸福。規律運動、討論會、學習課程和信仰的探索，引發出比體驗更令人嚮往、更有價值的一切。❷

　　在醫療業，病患除了需要醫藥產品、醫療服務和住院體驗之外，他們更想要遠離病痛，得到健康。企管顧問也是一樣，垂死掙扎的企業除了需要資訊化產品、顧問服務，甚至教育體驗，它更想要的是成長。企業重視它們提供的產品、服務和獨立的體驗，但更重視可以帶來成長的方案，這形成大多數顧問業發展的基礎。

　　經濟活動距離商品和服務越來越遠，那些推出體驗的公司，如果沒有考慮體驗對參與者的影響，也沒有用類似創造完美轉型的方法來設計體驗的話，那麼他們最終逃不了體驗被商品化的命運。第二次的

體驗不如第一次有趣，第三次又更遜了，如此下去，最後你會發現體驗不再像過去那樣吸引你。歡迎進入體驗商品化的時代，最具有代表意義的是這樣一句話：「去過那裏，做過那些事」（been there, done that）。❸

再論經濟價值遞進

　　體驗不是最終的經濟產物。企業可以透過適用於所有經濟產物的方法——客製化，來避開商品化的陷阱。當你為某個人客製化體驗，供給他的迫切需要時，你勢必會**改變**他。當你客製化體驗時，你自動把體驗轉化為**轉型**（transformation）。企業可以在體驗之上建構轉型，就像在服務之上創造體驗一樣。如圖9-1所示，轉型是獨立的經濟產物，是經濟價值遞進的第五個，也是最後一個方案。身體不好的

圖9-1　完成經濟價值遞進

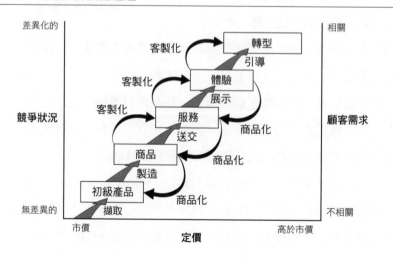

人、感情受挫的人、年輕的經理人、醫院的病患和垂死掙扎的企業，都渴望轉型。

企業推出一套體驗，比單一事件更能使購買者產生持久印象。體驗了獨特而且一連串的事件之後，轉型就會出現。大量體驗的出現滿足了顧客需求，推出體驗的公司將會意識到，任何體驗都能成為引導轉型的新產品的基礎。

回到一個我們喜愛的體驗：慶生會。越來越多公司加入遊戲工廠（Gameworks）、察克乳酪（Chuck E. Cheese's）、戴夫與巴斯特（Dave & Buster's）的競爭行列，提供生日活動──更不用說像在新龐德農場（New Pond Farm）特有的體驗──這類體驗將承受商品化的後果：為一場單一的生日活動降價。終究，一些體驗提供者會意識到，生日轉型將可以增加顧客價值。想推出「生日轉型」的公司可以怎麼做呢？不光只是專注今年的生日，要引導家長陪著孩子度過好幾個生日；而且它的任務不光是舉辦慶生會，還包括禮物的選擇，親朋好友的邀請和會後事宜。例如，禮物要符合孩子成長的需求；在孩子感興趣或父母希望孩子接觸的領域──或是在父母希望鼓勵他的領域──親朋好友都可以扮演專業的模範。感謝函、貼好郵票的信封，可以是轉型的生日方案的補充物，使孩子學著更懂事、更感恩。❹最重要的是：每年的慶生會，只是孩子的整個成長過程中的一部分。這種生日指導方案，不一定要來自提供生日體驗的企業，也可以來自玩具製造商（促成孩子成長）、親子雜誌（了解養育孩子是家長的任務）、運動管理公司（可以做為孩子的模範）、或是補習服務（建立自己客製化的課程）。

武術老師也許是體驗提供者中最早領悟到轉型力量的。許多家長

鼓勵、甚至強迫子女參加空手道、中國功夫和跆拳道訓練，他們大部分是因為自己缺乏這方面的技能，或想要灌輸下一代適當的尊重和自制能力，也有人認為這是他們應盡的責任。武術學校的校長向家長承諾，不僅會教授傳統的搏擊技巧，還會要學生遵守一套生活準則。某個事業部經理說，當家長為孩子報名時，他們會說「改造我的孩子」。❺然而，許多家長希望不要太過火。《富比士》雜誌有位作家指出，一些家長會考慮基督教和猶太教的武術學校，「以避免學校教給孩子東方的神祕主義」。❻

在更物質的層面，食品業和餐飲體驗（例如主題餐廳提供的體驗）也可以發展為轉型的產業。營養管理可能是下一個轉變，藉著主題化製造出有趣的、令人興奮的健康食品，諸如珍妮克雷格（Jenny Craig）、體重監控者（Weight Watchers）等，目標在改善顧客的營養攝取的四個體驗領域：娛樂方面可以使吃變得更有趣，教育強調適當的吃，飲食美學提倡正確的用餐速度和數量，而在設施方面，則是可以提供一個逃離舊飲食習慣的場所。一切要素，包括食品本身、餐飲服務、美食體驗，都由一個轉型誘導者來管理，不僅要對提供的食品收費，對圍繞食品展開的服務收費，還要對以食品和服務為內涵的體驗收費，因為，透過這類體驗，消費者的膽固醇、脂肪、體重等健康指標都會有顯著改善。也有一些餐廳的轉型目標是提升人們的品味或增進夫妻關係。對於今天從事食品生產和服務的企業，這些都是可行的策略。

同樣地，當所有書店都附設咖啡廳，甚至閱覽室——人們在特別設計的場所付費閱讀，因為可以豐富閱讀的體驗——書店可以為提供閱讀轉型而鋪路。有了好書和值得閱讀的材料，人們將願意付費，接

受這樣的引導，進行知識的追求。這不是傳統學校的感覺，而是嶄新的學習變革，保證人們可以獲得新東西。書店和出版商都在掙扎著和亞馬遜之類的線上商家競爭（還有跟正在商品化的電子書競爭）。為什麼不收費，讓企業的員工可以吸收到他們需要的知識（透過大量客製化的建議讀物），用聰明的方法提升組織整體的智慧，而使得這個方案具有轉型意義呢？

　　另一個有潛力進行轉型的行業是高等教育。拿哈佛商學院來說，它擁有龐大的智識資源：教授、大學或研究所學生、行政管理人員教育專案、《哈佛商業評論》、哈佛商業評論出版社，以及種類繁多的電子報、錄影製品、部落格、網站和其他教學資源，這些構成完美的組合──使每個人得以轉型為高階主管，有能力迎接任何挑戰。為達到這個目標，哈佛不只是銷售書籍、雜誌、資訊服務和教育體驗，而是著眼於改變消費者。所有在報導中名列前茅的學院和大學，要維持和鞏固其領先地位，這是必須要走的路。有個認識到這點的高等教育學府是倫敦商學院（London Business School），該校的前任校長約翰·奎爾奇（John Quelch）曾經跟《快速企業》（Fast Company）雜誌說：

　　我們並非置身於教育產業，而是在轉型產業（transformation business）。我們期待每一個來到倫敦商學院上課的人──無論是來上三天或兩年的課──都能夠受到這些學習經驗的轉化。我們要每一個人在回頭看這段求學時光時，會覺得它對他們的事業造成了重大的影響，甚至影響了他們的一生⋯⋯我們認為自己是屬於轉型產業，因為這裏的每一個人──從清潔工到校長──都變得比較有動力。我們都急著要去影響來到這裏的學生。❼

這種心態將會出現在任何行業，只不過今天他們還自認是服務業的一份子。醫療服務人員將改變依服務收費的觀念，而是在創造和維持健康的基礎上收費。建築師不只是像安娜‧克寧曼（Anna Klingmann）在她的《品牌地景》（*Brandscapes*）一書中所說的「從『如何設計』跳到『如何感覺』」，而且還會全心「改變自己對建築的認知，認為深入探究的重點是靈感，而不是建築物。」[8] 航空公司和旅館的任務是把旅客轉型為休息充分的戰士，以備投入第二天的戰鬥。旅行社一樣會進入個人與家庭的轉型事業，正如心理學家傑弗瑞‧卡特勒（Jeffrey A. Kottler）指出的：「旅行比任何人類的其他努力都更能夠讓你有比較多的機會去改變你的人生。」[9] 要讓這份清單更完整，就再加上電腦服務公司和系統業者，他們把購買並擁有良好設備的客戶轉型為善用設備、妥善經營的企業。

他們為什麼不這樣做呢？他們的競爭者──管理顧問公司和外包廠商──已開始轉型了。大家都知道，顧客不再需要有形的報告或無形的分析，也不再依賴研討會來告訴他們下一步該如何做。有一位分析師說，聘用顧問就像「去脊椎按摩一樣，去了182次以後你還是得去」。[10] 聘用顧問的企業渴望更好，他們希望所接觸的顧問能為公司帶來持續的成果。如一位《資訊周刊》（*Information Week*）的編輯所說：「資訊長們都說他們全心開放，希望塑造這種『以成果為主』的夥伴關係，在這種關係裏，當他們執行大型的資訊升級時，他們的供應商將和他們一同承擔風險與成果。」[11]

或是想想生命連線（Philips Lifeline）的醫療警示系統，它包含了商品、服務、體驗和轉型。它的核心產品是「個人反應產業」，這項產品使用了各式各樣的設備（監視器、觀察員和拉鈴）；使用者只要

按下按鈕，訊號就沿著電話線傳輸到24小時監控中心。在監控中心，訓練有素的監控人員回電查明事件性質，如有必要，就會分派合適人選（朋友、家屬或公共急救人員）處理特殊情況。需要救援的電話不超過5%，大多數人打電話是因為感覺寂寞，找中心的人聊聊天。但最後的統計顯示，大部分的顧客（付費給生命連線的人），是使用設備者的親屬，他們真正購買的是心靈平靜。

人們真正希望在醫院裏得到的，就是病痛得以療癒。位於奧瑞岡州達勒斯市（The Dalles）的中部哥倫比亞醫學中心（Mid-Columbia Medical Center，簡稱MCMC）在這方面的表現就很出色，它吸引了來自二十幾州的民眾來到它的瑟利洛癌症中心（Celilo Cancer Center），它在這個地方提供一系列的醫療服務，以五種療癒方式為之：生物上、社會上、智識上、環境上與精神上。生物上它提供最頂級的治療法，它是第二個提供強度調控放射治療（intensity-modulated radiation therapy，簡稱IMRT）的醫院。社會上，它有一座療癒花園，還有許多社交活動，讓病人可以跟他們的家人共度美好時光。智識上，MCMC提供一座醫學圖書館，讓病人和他們的家屬可以得到一切他們所需的資訊，以了解自己的罹癌處境，包括其他另類醫療的資訊。環境上，它在地面上設立一座雕塑公園，可以遠眺喀斯開山脈（Cascade Mountains）。在精神上，它在室內增設一間靜思房，外面還有一座迷宮，讓人們可以在裏頭打坐或禱告。MCMC有三分之一的空間是用在這類「無功能」的地方，它這麼做的原因是病人如果能夠釋放壓力，就會對病情有所幫助，因為它發現，許多研究顯示，大多數健康問題都是來自壓力。因此它創造了一個最沒有壓力的環境來輔助它的治療，包括大廳裏的豎琴音樂、放鬆的課程、按摩，以及蒸氣

浴。它真的認為自己在做的是轉型事業。❷

　　監獄也應該要這麼做。位於納許維爾的美國矯正公司（Corrections Corp. of America; CCA），為地方、州和聯邦政府提供祕密監禁和矯治服務。官僚的典獄長可能會認為他們的任務只是使罪犯在服刑期間遠離人群。當《執行長》（*Chief Executive*）雜誌請該公司的前任執行長克蘭特博士（Doctor Crants）介紹公司「產品」時，克蘭特回答說，CCA生產的是品德矯正，除了禁閉犯人，還創造了「某些正面影響，使他們離開我們的管訓以後，有機會獲得更好的生活，讓他們不再步入歧途……對我們而言，品德矯正是指我們會教入獄者讀寫，大約一半入獄者沒有高中文憑，所以我們開設高中同等學歷測驗班（GED）和教學課程……對於那些已經有高中文憑的，我們為他們安排各類工作訓練課程。我們會傳授他們技能，例如引擎機械工和汽車機械工……而且我們設計了應該是世界上最好的藥物治療計畫，比貝蒂・福特診所（Betty Ford Clinic）的更棒，這個計畫需要七個月的時間。」❸

　　克蘭特承認CCA的措施對20%有精神障礙的入獄者發揮不了作用，至少現有的方法不能使真正的精神病患者成為社會的生產貢獻者。❹克蘭特進一步解釋，把監獄託付給CCA管理的政府機構，大約可節省10%的成本，因為「符合成本效益意味著帶給每個犯人希望。犯人早晨起床後，會樂於從事一些出獄後有機會讓他重生的活動。」❺

　　它也許只是一個機會，真正使頑固的罪犯或初犯者不會再犯才是獨特的產品。這個原則同樣適用於人生需要第二次機會的人，包括那些不適合傳統學校的人——例如位於匹茲堡的彼得維爾培訓中心（Bidwell Training Center）裏的烹飪課學生。正如社會學家比爾・史崔

克蘭（Bill Strickland）談到這些學生時說：「他們是能透過有效方法適應環境的人……那就是成果，就是我們的產品。」❻

轉型和體驗的差異，續集

　　就像體驗一樣，有些人一定會說，我們所稱的轉型實際上是服務的一種。但是吃麥當勞和上健身房鍛鍊，提供資訊簡報和參與合夥經營，洗衣服和淨化靈魂，這中間都有很懸殊的差異，不應該歸為同一種經濟產物。如表9-1描述的，轉型是真正與眾不同的經濟產物，它有別於體驗，正如體驗不同於服務一樣。定義這個新的產物需要使用與商業和經濟產出較不相關的詞語。今天我們熟悉的服務經濟術語——如**無形產品、客戶、依需求配送**等——也是經歷好幾年時間才令人熟悉的，同樣，體驗和轉型方面的詞彙也要一段時間才能自然應用。為了辨別五種經濟產物，請考慮以下幾點：

表9-1　各種經濟形態（從初級產品到轉型）

經濟產物	初級產品	商品	服務	體驗	轉型
經濟模式	農業	工業	服務	體驗	轉型
經濟功能	採掘提煉	製造	提供	展示	引導
產物的性質	可替換的	有形的	無形的	難忘的	有效的
主要特徵	自然的	標準化的	客製的	個性化的	個人獨有的
供給方式	大批儲存	生產後庫存	按需求配送	在一段期間內展示	持續一段時間
賣方	交易商	製造商	提供者	展示者	誘導者
買方	市場	使用者	客戶	客人	有志者
需求要素	特點	特色	利益	獨特的感受	特質

● 如果說初級產品可以替換，商品有形，服務無形，體驗令人難忘，那麼可以用「**有效**」來形容轉型。其他經濟產物除了消耗，沒有持久的結果，甚至連體驗的記憶也會隨著時間褪色。而購買轉型的人還希望被引導到某個特別的目的地，轉型必須能觸發這個預期效果。這就是為什麼我們稱轉型的購買者為有志者（aspirants）——他們追求不同凡響。沒有態度、舉止、性格等方面的改變，就沒有發生轉型。不只是程度和功能上的轉變，而是種類和結構上的轉變。轉型對購買者影響甚大。

● 企業如果想真正抓住有志者，就必須長期堅持轉型。一種變化——以個人來說，例如減肥、改掉壞習慣或使財務狀況更好；或從企業體來說，減少固定支出、停止浪費、不受匯率波動影響——如果只是暫時的而不是長久的，那它就不是真正的轉型，只是在舊軌道上一時的進步而已。

● 最後，初級產品是自然的，商品是標準化的，服務是客製化的，體驗是個性化的，而轉型則是**個人獨有的**；除了有志者渴望變化的那個主題之外，沒有其他事物，它就是變化本身。個人對體驗做出反應，然後產生記憶；轉型則更深遠，它確實改變了購買者的**存在**，無論他是個人或企業。因為體驗根深柢固是個性化的，沒有兩人能具有相同的體驗。因此其作用就在於過去的體驗和現在的心智狀態的不同。同樣地，沒有人能忍受兩次相同的轉型——第二次嘗試時，他就不再是以前的他了。比起任何其他經濟產物，人們更重視轉型，因為它是所有其他需求的最主要根源：為什麼消費者想要購買初級產品、商品、服務和體驗。

　　事實上，做為企業的一種經濟產物，轉型使個人或團體發生改變。有了轉型，**顧客就是你的產品！**。轉型的個人購買者簡單明瞭地說：「改變我吧。」企業的經濟產物既不是它使用的材料，也不是它製造的實物；既不是它執行的流程，也不是它安排的事件。當一個企業引導轉型時，**它所提供的是非常注重個體的東西。**

　　這意味著，任何特殊的轉型產物，你都必須認真考慮它的精確形式和內容。無論透過生理、感情、智識還是精神層面，轉型誘導者都要了解顧客需求，才有可能產生影響。這種顧客需求當然和他的期望有關，但是這期望不是針對外在的商品和服務，而是以顧客自己和他理想中的自我為中心。**❼**

　　一旦體驗經濟邁開步伐，**轉型經濟一定會跟進。**成功的基礎在於領悟客戶和企業的需求，並引導他們全面認識這些需求。

　　保險業是一個明顯的例子，讓我們看看它如何透過一連串的過程來實現轉型。正如我們在第4幕所見，先進保險公司的理賠程序，提供給顧客穩定情緒的時間和方法，而讓該公司步入體驗經濟。深入現場的實地檢查，讓顧客在面對特殊狀況時，不會不知所措。傳統的保單只是**保險**，客戶在經歷損失時才得到賠償，如圖9-2所示；也就是說，意外事故發生，他們才拿得到錢。但是，先進保險的體驗**保障**了投保人，讓他們找回自信、勇氣、信任或滿足感。當意外發生時，投保人不僅獲得先進保險的理賠，而且可以對整個不幸泰然處之。

　　在轉型經濟下，做到上面所說的還不夠；保險公司還必須**確保**投保人的安全，也就是說，公司必須確保真正的事件、情況或結果為何。例如，2007年位於西雅圖的Safeco保險公司開始提供「青少年保險」（Teensurance），它的廣告詞是「鼓勵責任感。讓你更安心。」這

圖9-2 「保險業」的經濟產品演進

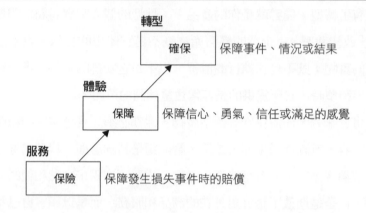

也正是該公司的保險產品可以做到的事。面對青少年，它設立了一個網路上的駕駛評估，旨在加強他們的駕駛技術，外加全年無休的道路救援，以防任何狀況發生——當然不止限於車禍，還包括任何車況的問題。面對家長，Safeco為他們孩子的汽車安裝GPS監視系統，不僅追蹤地點，還有車速、距離及開車時間。每當孩子的速度超過預設的車速，超出安全駕駛的區域參數，超過宵禁的限制，或是有比較多不同尋常的抵達及離家時刻，「安全指標方便與保護系統」（Safety Beacon Convenience and Protection System）就會立即送出警訊給家長。線上的工具也讓家長和他們的孩子可以根據實際的資料，討論合宜的駕駛習慣與行為，讓孩子可以成為比較好的駕駛人，因而贏得他們父母的信任。

　　位於荷蘭賽司特（Zeist）的Achmea保險公司，它的重點不在汽車，而是健康保險，當然也有其他的金融產品。它知道這類保險是薄利的產品，因此在2006年轉型成為一家保健公司。它開創了自己的

健康中心，不僅幫助自己的保險人變得更健康，也強化他們對營養的攝取，協助改正他們的姿勢，以及避免發生意外等等。它還創立了一個只限會員的網站，該網站是個醫學的百科全書，外加協助診斷、生活資訊和心理諮詢。它從單純的保險服務轉型，附帶提供雜誌與通訊，還有保健課程、教育、旅遊、以及聘有醫生從事健康檢查。

如果你是服務提供者，想想你所在的產業，與保險（insure）、保障（assure）、確保（ensure）相當的是什麼呢？你很難用簡單的詞語描述從服務到體驗再到轉型之路（你可能得發明一些用詞），但如果我們可以運用創意去思考新的經濟產物，從體驗經濟大步邁向轉型經濟，則必然能夠得到額外的利益。

製造商可以做什麼？體驗經濟出現時，我們已經看見他們將自己的產品體驗化——也就是專注於顧客**使用**他們商品時所產生的體驗，活化事物。在轉型經濟中，製造商當然是使他們的產品**轉型化**——即設計和銷售個性化商品，讓顧客和以前不一樣。這裏的重心從正在使用轉移到**使用者自己**：使用產品時，個人怎樣**改變**。自習課本、教學軟體、健身錄影帶和器材都可以協助我們達成目標，但它們還不是徹底的轉型產品。[18]如果真要使運動器材具有轉型功能，廠商不可以把自己看做是**賣健身器材**的產業，而是**發展更好體格**的產業——而且有人會不時地檢查成效！

有些公司正在開疆拓土。在賀卡行業，賀軒卡片公司（Hallmark Card）有一種商用卡（BusinessExpressions），這種卡片旨在加強員工士氣和對工作單位的忠誠。賀軒的設計團隊幫助各公司評估他們的需求，確定用於特殊部門和個人之間交流的合適資訊，然後規畫出客製化的可適用於不同場合的卡片。由於目標是改變員工的工作態度，賀

軒不再把它們當成普通商品銷售，而是做為主管和人力資源部門增進
員工情感交流和企業文化的工具。

　　再來看汽車業。關車門的聲音已經成為當今汽車設計中一個重要
環節（三十年前，這根本是一件微不足道的事）。在轉型經濟下，人
們不會輕易買一輛車，除非這能使他們自己──或他們的子女──成
為更好的駕駛人。就這點來說，過去一、二十年來，汽車製造商新增
了許多配備，如防撞雷達系統、倒車感應器和攝影機，以及分道警示
系統。這些配備幾乎都是包含在車價裏，通用汽車在它的車子裏裝設
了一套特別的轉型產品：向星（OnStar），這是一套安全診斷系統，
確保駕駛人可以安全地駕駛一輛跑起來安穩妥當的車子。[19]

　　或者看一看醫藥業。葛蘭素史克藥廠（GlaxoSmithKline，簡稱
GSK）長久以來都在銷售戒菸尼古清咀嚼錠（Nicorette gum）、尼古
丁貼片（NicoDerm CQ patches）、戒菸含片（Commit lozenges）等
等。但是它發現，人們真正達成他們的渴望，戒菸成功的人並不多
──只有區區24%。[20]因此該公司設計了一種個人化的戒菸活動，名
為「全心戒菸」（Committed Quitters）。這項活動一開始，是由公司的
業務人員打電話給吸菸的人，並了解此人的吸菸習慣，一天吸幾根
菸，最想吸的時間，以及他面臨的困難等等。接著GSK會寄出客
製的信函──信件、手冊、祕訣等等──接著再以打電話、電子郵件
與網路互動的方式追蹤。該活動進行幾個星期之後，GSK發現，參與
全心戒菸活動的人，達成願望的可能性高過50%──也會購買更多的
戒菸產品。[21]

　　製造商能夠用來幫助人們轉型的商品中，有個龐大的領域就是健
身產業。這類產品包括Nike+，這是應用GPS，將你的鞋子和iPod連

接，來追蹤你跑了幾哩；還有愛迪達的miCoach，那是可以在網路上進行的個人訓練系統。另一個轉型的產品是Fitbit，那是位於舊金山的Fitbit公司所開發的夾帶型感測器。這個產品可以幫你測知你每天走了多少步，你總共步行的距離，燃燒了多少熱量，甚至你的睡眠品質。菲力普公司（Philips）的DirectLife會透過它的網站追蹤你所有的活動（睡眠除外），然後提供你個人的健身與營養的教練建議。Under Armour公司則是提供能夠壓縮肌肉的衣物，讓你可以在外頭工作時，增進你的新陳代謝。

　　當今許多製造商利用體驗經濟的概念，生產可以讓購買者回憶起當初的體驗的紀念品；而在轉型經濟初期，廠商也可以生產一些象徵物，讓有志者慶祝他們的轉型。戒指、十字架、旗幟、戰利品、運動錦旗、獎章、徽章、紀念章、勳章等象徵物，體現了佩戴者在某個方面的轉型，從單身到結婚，從隊員到冠軍，從平民到士兵，從士兵到英雄等等。這些象徵物可以使人們更意識到，並結交具有同樣經歷的人，從而相互交流，形成社群。

引導轉型

　　有些專家遺憾地斷言，一個人在經歷嚴重創傷時，會產生一連串體驗：震驚、沮喪、困惑、罪惡感和憤怒，然後才會復原。有牧師、朋友或諮詢人員的開導，比單獨一個人更能應付這些情形，更快走出悲傷，步入正常生活。同樣地，所有的轉型誘導者，也要引導有志者經歷一連串的體驗。

　　經濟價值遞進會組成一個「經濟金字塔」，高層的經濟產物建立

圖9-3 經濟金字塔

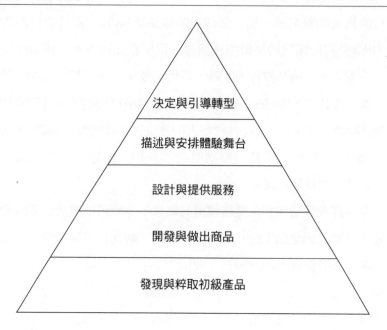

在低層經濟產物之上,如圖9-3所示。轉型誘導者必須決定可以使生活轉型之體驗的正確組合,引導有志者達到目標(以商品做為慶祝轉型成功的象徵物);體驗提供者必須描述誘人的服務,然後推出該服務,像是創造一個值得回憶的事件一樣(以商品做為紀念物);服務提供者,必須設計合宜的商品外形(如速食店的桌子和自動販賣機,乾洗店的掛勾、塑膠袋和洗衣設備),以方便客戶進行活動;當然,商品製造商必須開發合適的初級產品來源,做為它生產有形產品的原材料;初級產品交易商必須開發原材料產地,並提取原材料以供應市場。

所以,轉型只能被引導(guided),不能被提煉、製造、提供、

或甚至展示。古諺有云：「你能把馬牽到河邊，但不能強迫牠喝水。」任何人都不能被強迫改變。有了顧客，才有轉型機會，因此轉型一定要由顧客來做。已經退休的馬克·史考特（Mark Scott）曾任中部哥倫比亞醫學中心的執行長，他說：「我們發現，有些病人在接受癌症治療時，就是無法輕鬆地紓解壓力，這也許是可以理解的。這時候我們就會嘗試把他所有的家人找來，讓他們協助引導病人。當效果出來的時候，就會非常有效。」

轉型誘導者最好拿出一些可以導致變化發生的正確的情境，也就是推出包含優質服務的良好體驗……好，這意思你明白了，但光是這樣還不夠。如圖9-4所示，轉型這種經濟產物的建立需要經過三個階段：分析志向、推出體驗和貫徹執行。

分析志向

顧客追求什麼？顧客哪些地方與這種志向有關？從哪些面向進行，轉型才能成功？沒有適當的分析，顧客不能實現轉型。而且——有一種情況是，面對眾多的商品和服務——顧客不知道或說不出他們嚮往什麼。[22]有志者也一樣，甚至可能產生錯誤的嚮往——對自己有害的目標。就像金融服務機構有責任去阻止顧客做出錯誤的投資決策，主題公園工作人員有責任監督維護顧客的安全，轉型誘導者對防

圖9-4　引導轉型的各階段

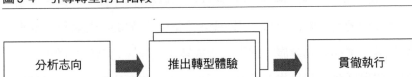

止有志者做出不當或不道德的行為也是責無旁貸。當然,結果如何,還要仰賴個別誘導者的良知和世界觀。

了解顧客真正的志向和客觀現實之間的距離,對任何轉型都至關重要——即使顧客沒有意識到或者是迷失了方向。顧客真的有能力實現願望嗎?如果能,怎樣把他們引導到正確的轉型之路上?有些情況下——而且這可以說明為什麼必須先分類再分析——個人或團體可能缺乏實現轉型的能力。在這種時候,即使踏上轉型之路也感覺不到,除非有些轉型前的活動能讓有志者在面對困難的時候,加強他們的信心。

拿健身中心來說,在分析階段,先了解顧客對體重、肌力和體型的要求,評估目前的狀態,然後針對各項目標,設計有效的鍛鍊計畫。同時還要了解顧客的健康狀況,確保計畫不會造成傷害。查明精神和心理狀態,以免鍛鍊中途遭遇障礙。在醫療界,醫師(包括心理醫師)認為,所有的病患都希望身體(心理)健康,但是他們的願望卻可能因人而異,有的想完全康復,以便投入工作,有的希望盡早離開醫院,回家靜待死亡到來。與其他轉型誘導者一樣,醫師可能認為有些目標訂得太低,有些太理想化,應該放棄,但他們制定治療步驟時,無論如何要關注病患的最大利益(保留一線生機)。同樣地,管理顧問在規畫行動方案之前,必須掌握企業的策略需求和現在的能力水平,並了解公司和顧問兩邊都是有偏見的。

如果你想要協助轉型,就必須以一個實質的「從……到……」的方式去思考應該如何分析。想一想我們已經用過的一些說法:從鬆垮到健美;從病痛到健康;從壓力到放鬆;從吸菸到無菸;從單身到已婚;從團隊到勝利;從悲傷到正常生活;從想要盡速出院返家到想要

安寧死亡。這些陳述顯然都可以做為通用而廣泛的轉型方向；你必須
更進一步，將這樣的分析應用在個人的志向上。

推出轉型體驗

什麼樣的體驗，或者一般而言，有哪些體驗可以導致必要的「從
……到……」的轉型？顧客如何從現狀轉變到他們的志向所在？轉型
理所當然建立在體驗之上，尤其是那些可以讓顧客意識到自己的願望
的、使人生改變的體驗，無論他們是否能夠說出那些志向是什麼。

比如說，心理學家為病患舉行一系列的討論會，每次會議的動機
不同，但都是要漸漸影響病患，讓他們從心理生病的狀態過渡到心理
健康狀態。（儘管人們指控大部分的心理醫師都認為所有人都有心理
問題，或者認為他們是在「治療」健康的人。）一些教育機構，包括
商學院，提供了一系列體驗，有深有淺，目的都是教育、修飾、塑造
學生成為有一定能力和知識的畢業生。高爾夫和其他運動教練為了幫
學員提升技巧，必須把身體活動與知識理解、情感激勵結合起來。就
像其他的轉型一樣，職業選手不會把擊球練習看成是體驗的全部；為
使學員從笨拙變得靈活，教練從許多方面輔導：首先是心理準備、技
巧、擺幅；其次是熟悉木桿、鐵桿、切球、開球、推桿入洞；最後是
規則、球路、進洞技巧等等。

轉型誘導者可以選擇體驗的四個領域中任何一個，做為轉型的基
礎。娛樂的體驗改變我們的世界觀，教育的體驗驅使我們重新思考如
何適應這個世界。[23] 逃避現實的體驗把個人能力和品質提升到新的境
界，而審美的體驗則是讓我們驚喜，增進對美的感受與鑑賞力。四個
領域中，都有眾多元素可形成美好的出發點，大多數生動的人生轉型

體驗以此為中心展開——不管轉型的最終目標為何——因為在這一點上，體驗最誘惑我們，最吸引我們對轉型本質的關注。

貫徹執行

體驗為轉型打造了舞台。一旦發生，怎樣堅持下去？怎樣保證轉型不退步？只有經過時間考驗的轉型，才算是真正的轉型。高爾夫選手得有明顯的弧形動作和擺動，才能實現成功的一擊，高爾夫教練也不例外。沒有人能經過一次練習就立刻進步。「匿名戒酒協會」和其他自助性組織在轉型的實施階段表現卓越，他們了解：放棄一次飲酒是可能的，但每一次都放棄卻很難。同樣地，婚姻調解者使夫妻在不倫事件發生後重新溝通，也許還能達到相互原諒的地步，但重建破碎的信任則是艱鉅而漫長的工作。

轉型誘導者認為貫徹執行是最難的階段，也是很多人做不到的。管理顧問如果不透過有利的轉型指導顧客，只提出策略性分析，就只能算是服務業，不屬於轉型業。教育者傳授知識，沒有確保學生學有所用，頂多算是體驗業。醫師不管病患的精神需求，只治療肉體疾病，只能算完成了一半工作，醫療業在這一點上正逐步達成共識。

綜合行動

1994年9月，英國醫學雜誌《刺胳針》（*Lancet*）有一篇文章，提出這樣一條原則——「醫師的工作是演出」，使得醫療界勃然大怒。在〈醫療行為中的演出〉一文中，西安大略大學的希爾·費斯通博士（Dr. Hillel Finestone）和大衛·孔特博士（Dr. David Conter）主張，

醫師必須被訓練成演員，並遵守上面有關轉型三個階段的方法，才能真正改變病患。他們說明了醫師和轉型誘導者在每個階段應該如何實施：

醫師必須能夠評估病患的心理需求（對人的整體分析），並針對這些需求採取有效措施（一系列體驗），如果他們欠缺這些技巧，就沒有做好他們的工作。因此，我們認為醫學培訓應包括一項表演課程，針對病患的心理需求做合適的回應。

在我的實務經驗中……我經常碰到受慢性病煎熬的病患。我發現，向病患傳遞鼓舞人心的、有希望的、甜美的資訊（實施階段），不僅表達了你對他的關心，而且，對病患本身的進步更重要。❷

我們只補充一點：既然工作是演出，內科醫師應該總是以表演來傳達回饋和關注，而不只是在不得不為的情況下才這麼做。

許多醫師對「醫師必須是演員」的觀念抱持不贊同、貶低或嘲笑的態度。一名幽默的醫師說，戲劇是「醫學院正式課程的一部分」，我們會看到這樣的情景：「問題：肥胖。老方法：醫師開出節食處方。新方法：美好的夕陽下，音樂響起，醫師淚水湧出，立下動人心魄的誓言『上帝見證，你將再忍饑餓！』」❷ 但是適當的表演，可以幫助病患說出更多困擾他們的因素，選擇更好的治療方法，決定最適合病患的體驗；最後，更能充分掌握療程和其他措施，並堅持轉型。還有，醫學研究也支持「醫師必須是演員」的論點。大量調查顯示，這些醫師更關懷、更有同理心來對待病患，簡言之，是具備更好的臨床態度，不僅少有官司，而且治療成效更好。❷ 以前人性化關懷的醫

師並沒有落伍，這仍然是每個醫師必須扮演的角色，對轉型誘導者來說也是一樣。

轉型的三個階段：分析志向－推出體驗－貫徹執行，不僅把這種經濟產物和體驗區分開來，而且顯示轉型比體驗對每個消費者的利益負有更多的責任。轉型誘導者必須夠小心，提出預先剖析，為消費者轉型推出大量活動，並且貫徹執行。知名的哲學家米爾頓‧梅洛夫（Milton Mayeroff）寫過一本最貼近這個主題的書《關懷的力量》（*On Caring*），這是任何真正對轉型事業有興趣的人必讀的書籍。梅洛夫說：「關懷就是幫助他人成長並實現自我，因此它是一個過程，並且與他人的成長發展產生連結，而且透過互相信任，關係的品質改善而且深化了，友誼也才會滋長。」[27]如梅洛夫所說，這個「過程」就是一連串的體驗不僅得以體現，而且能夠**發展出**關懷。（你最好的朋友，就是那些跟你共享你最深刻的體驗的人，不是嗎？）

更進一步，要想和需要轉型的有志者維持長遠關係，企業經理人就必須放棄以「每月業績」為最高目標，轉而擁抱「長期的」營運原則。梅洛夫描述關懷時用了大量詞語：**認識**、**耐心**、**誠實**、**信任**、**謙遜**、**希望**、**韻律**、**勇氣**等。為什麼我們在企業的使命聲明裏頭找不到更多類似的語彙呢？別忘了，轉型誘導者還要留意關懷的持續性。如果沒有關懷，「一次性」的體驗幾乎不可能產生轉型。要確保有志者可以達到目標，通常就表示你必須在恆常不變的原則之下，推出一系列的體驗。

在轉型事業中，對員工的第一個要求是他們必須懂得真心關懷。因此，在員工對顧客造成負面影響之前，轉型誘導者首先要訓練員工，學會透過工作對他人表示關懷。服務大師公司（ServiceMaster

Company）董事長威廉・波拉德（C. William Pollard）提醒我們：「人們在服務和工作的時候，精神和心靈也得到充實，自己也在過程中進步。」❷❽ 在他的著作《企業的靈魂》（*The Soul of the Firm*）中，波拉德提到服務大師公司如何培訓員工，不是把服務「提供出去」，而是要「呈現給對方」。這需要領導者自願為員工的需求而犧牲自己，同時，員工也必須為了不讓顧客犧牲而放棄自己的需求。波拉德還提到，蘇格拉底說「認識你自己」，亞里斯多德提倡「控制自己」，「而另一位偉大的思想家用祂獨特的方法去經營有意義的人生，因而改變了歷史，和人的心靈──『奉獻自己』是耶穌所說的話。」❷❾

　　現在，在一本商業書中提到耶穌，你有什麼想法？它給你的感覺是什麼？在即將到來的轉型經濟中，有志者只會把他們的未來託付給那些世界觀相同的人。轉型誘導者必須明白，轉型的精髓是變化──這也是企業提倡的價值──它最終導向以**全球視野進行市場區隔**的企業。企業不再用無知的態度看待道德上的是非對錯，不能在商品和服務的庇護下逃避敏感事件。許多企業──就像服務大師──無論是否具備這樣的意識，都已經提升了世界觀。絕不能逃避轉型這個議題：人們提煉初級產品的行為，使地球變成一個「為人們服務的」地球，這影響了我們每一個人。商品會把它的購買者轉型為使用者，不管是因為病痛或從中得益。服務使客戶轉型為接受者，無論是貶低還是啟發。體驗將客人轉型為事件的參與者，不管長期效果好壞。轉型使有志者變成「一個全新的你」，這中間有道德、哲學、宗教的啟示在裏頭。一切交易都涉及道德選擇。

第10幕

尋找你在現實世界中的角色
Finding Your Role in the World

大部分的企業只把他們的產品看做是服務，是最終的結果，因此他們無法引導轉型的發生，也不能獲取更高的價值。更重要的是，很少有企業就轉型本身收費。做為一個轉型企業，它收費是因為完成了顧客渴望的目標（轉型），而非因為公司所做的任何事情。

　　《工作之終結》（*The End of Work*）這本書說，農業、製造業和服
務業工作數量的流失都是因為技術創新，該書的作者，也是悲觀的經
濟學家傑瑞米‧雷夫金（Jeremy Rifkin）指出：「我們正進入世界史
的一個新階段，在此階段只需要越來越少的工作者為全世界的人提供
商品和服務。」❶雷夫金承認有「第四」經濟領域的存在，他稱之為
知識產業，但他同時認為知識產業只會「吸收一小部分人口，而導致
大量人口失業」，❷儘管他承認「有理由相信，意識的轉型和對社群
的新承諾將會實現」。❸

　　的確，這個願望的實現可能性相當大：因為經濟模式正從商品和
服務走向體驗和轉型。正如圖10-1（針對圖1-3的修訂）所示，從
1959～2009年這五十多年之間，農業和製造業都確實有失業的情形。
在就業和名目國內生產毛額（GDP）的成長率上，較高的和最低兩種
經濟產物的差距極為可觀，而轉型業甚至也遠遠超過體驗業。❹

　　同樣地，圖10-2是針對圖1-2美國消費者物價指數統計的修訂，
以醫療保健服務業做為可以和「服務業」清楚區分的轉型產業，而且
是從聯邦政府的服務部門統計數字中分離出來。醫療業膨脹速度之
快，不止超過服務業，而且（如預期的）比體驗經濟成長還快。❺不
只是醫療業，管理顧問的費用在過去的二十年間也急劇成長。在今
天，大顧問公司的基層職員一天就可為公司帶來超過5,000美元的收
入，是八〇年代收入水平的5～8倍，專案的收入可達數千萬美元以
上。而在教育產業，從1976～1977到2008～2009年度的大學學費、
學生住宿費和伙食費成長了四倍，遠遠超過通貨膨脹率。❻

圖 10-1　經濟產物的就業成長率與名目GDP成長率

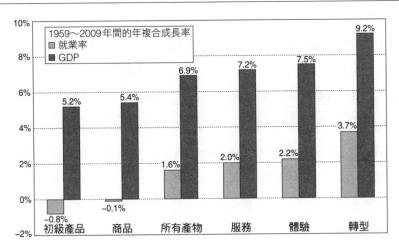

資料來源：美國經濟分析局；策略地平線顧問公司；以及Lee S. Kaplan（隸屬Lee3Consultants.com公司）的分析。

圖 10-2　經濟產物的消費者物價指數

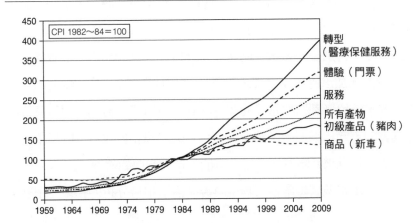

資料來源：美國勞工局統計數字；以及Lee S. Kaplan（隸屬Lee3Consultants.com公司）的分析。

　　簡而言之，就像體驗提供者一樣，轉型誘導者正在迅速增加他們在經濟大餅中的占有率。今天在經濟地位上，唯一領先體驗經濟的就是轉型經濟，兩者都在經濟中占有很大比例，而且已經成為經濟成長的發動機，創造了大量就業機會和產出，並彌補低層經濟部門的衰退。這個事實將使人們對某些事物習以為常，正如《理性》（Reason）雜誌前任編輯維吉尼亞‧帕斯楚（Virginia Postrel）明確指出的：「實際上我們生活在一個越來越無形的經濟體系中，大量的財富來源不以實物的形式存在。我們還沒有習慣將美、娛樂、注意力、學習、愉快甚至精神滿足視為真實的經濟價值，就像鋼鐵或半導體一樣。」❼正是如此，因為在新的經濟部門中，財富的來源是知識而非物質。

將智慧融入工作中

　　為了更滿足人們的需求，我們想到一個很少在商業上提到的詞：智慧（wisdom）。在《牛津英文辭典》裏，智慧的定義是：「具有聰明的特徵，特別是在做選擇的時候；經驗和知識的結合，並有能力、有判斷力地加以應用；合理地判斷，謹慎地做事。」❽在轉型的三個階段裏，誘導者都需要這樣的智慧。在分析階段，他們需要智慧以區分真實的志向和虛假的願望、高不可攀的目標和自我迷惑的渴望，他們更需要智慧來判斷有志者是否有能力達成想要的轉型。

　　在推出轉型體驗階段，轉型誘導者需要根據分析的結果，用智慧決定以正確的「選定的意義」達到「選定的目標」。接下來，同樣運用高水準的判斷、行動方案的選擇，以及對進行轉型以來的體驗和所需知識的運用，與開始時一樣不可或缺。如果不借助智慧，人們會發

現所渴望的目標很難達成。

　　再回想一下上述對智慧的定義，看看如何透過智慧將經驗和知識結合起來。如圖10-3，經濟價值遞進，每一級都有與之相對應、也許可以稱為高價智慧遞進（Progression of Valuable Intelligence）的部分。❾在底部，初級產品和雜訊相對應，面對大量沒有經過組織、不具任何含義的原始資料，原料提煉企業需要花很大力氣才能發現有價值的東西（如金礦或石油）。經過編碼，這些原始觀測值成為有用的資料，實體與金融資料的蒐集使工業革命成為可能。工業革命有賴勞動分工、標準化、專業化、效率的提高等等。實際上，工業革命的高

圖10-3　經濟價值遞進 vs. 高價智慧遞進

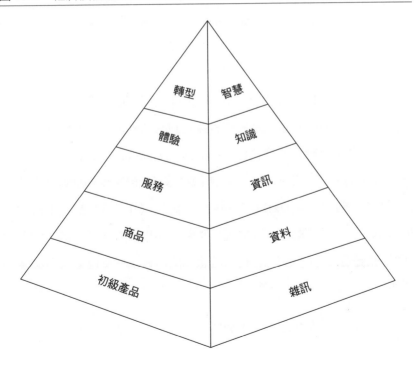

潮就是以前被視為資料處理工具的電腦的誕生。在當時，資料如此之多，遠遠超過了人們的處理能力。❿

　　若回到1960和70年代，**資料處理**這個術語是正確的，今天再用就落伍了，因為我們現在稱之為**資訊科技**。這準確反映出從工業經濟轉向服務經濟的轉型，因為資料傳遞給他人（這是一種服務）而成為資訊的時候，需要一定的環境和架構。商品可以單獨地生產、分配和銷售，本質上是預先制定的一系列規格標準。而服務則不能單獨提供，供應商必須和顧客交流才能清楚顧客到底想要什麼。將商品大量客製化，當然就會以資訊取代存貨。

　　當我們從服務經濟轉向體驗經濟時，**資訊科技**這個術語又顯得過時了。現在人們談論的是以知識為基礎（knowledge based）的事務、知識管理（knowledge management）、知識基礎建設（knowledge infrastructure）等等。⓫知識是一種**經驗資訊**，智慧則源於經驗，也借助於經驗而得到應用。⓬剛才提到的術語都不是可嵌入電腦系統中的智慧，而是指人們掌握的可以立即應用的正確知識。⓭當然，要提供體驗，需要具備的知識就是人們對接收到的刺激會有什麼反應。

　　我們遲早會聽到**智慧科技**（wisdom technology）這個術語，這是不可避免的。我們知道第一本以超越知識的企業為主題的著作是約翰‧科斯塔（John Dalla Costa）所寫的《工作智慧》（*Working Wisdom*）。科斯塔認為，智慧既是體驗的結果——通常是痛苦的體驗（就像在健身中心、心理治療或是悲痛的時候）——也是轉型必備的要件：

　　　由於人們有著各式各樣的缺憾，在商務的運作過程中，不可避

免地也會包括一些痛苦的體驗。有些政治、宗教、藝術團體認為痛苦很有必要，認為它是提升到一個更高層次的代價。但是，仍然有很多的企業認為痛苦是不成熟的、應該規避的。

造成這種習慣性幼稚的原因之一是，企業的利潤通常是來自於滿足了顧客希望減少痛苦、不要悲傷的需求。痛苦和悲傷這兩個詞，在過去的50年來，已經從消費文化中被排擠出去，因為大量的初級產品、商品和服務都在試圖減少悲傷，創造便利，帶來自我滿足和立即的愉悅。企業汲汲於提供抵抗痛苦的疫苗，所以自然會盡量減少那些可能會造成顧客痛苦、降低利潤的因素。❶❹

但是那些能夠運用智慧，利用體驗，將商品和服務轉化為轉型的公司會獲得大量利潤，不管轉型對他們的顧客而言有多痛苦。

想做到這一點，就牽涉到圖10-3中的兩種進展模式。每次向新的級別提升時，產品就越來越不可見，但其價值卻越來越具體。經濟學家經常探討商品和服務之間是以「可不可看見」來區別；對於體驗，我們可以用「可不可記憶」來區別；對於轉型，則是可以用「可不可持續」來區別。但通常經濟學家只談經濟產物本身的價值，而不考慮它們給顧客帶來的價值。在第1幕中提到，商品和服務仍然是顧客的身外之物，而體驗則是留在顧客的印象裏而影響著他，也因此大大提升了產品的價值。但是，不管體驗有多深刻，隨著時間的流逝都會淡忘的。而轉型則是指引每個顧客實現自己渴望的目標，並長久保持這種轉型。沒有什麼會比實現自己渴望的目標更具體、更顯著、更有價值的了。

同樣地，在表現高價智慧遞進的圖中，每次向新的級別提升時，

可獲得的智識雖不斷減少（雜訊無處不在，智慧卻總是稀有），但智識本身卻變得越來越實在。為顧客提供轉型時，沒有什麼比智慧更重要，更能為企業創造財富，也沒有什麼是比它更昂貴的了。

在《智價革命》（*The Knowledge-Value Revolution*）一書中，日本作家堺屋太一（Taichi Sakaiya）指出，在所有的社會裏，「人們都傾向於保留稀有的事物，卻理所當然地用光相對豐富的資源」。**⑮** 例如，在美國，原料和能源豐富，所以煤、石油和其他自然資源浪費了不少。富人修建大片豪宅，而且經常燈火通明以顯示他們的富有。在日本，資源一向短缺，所以較為節省；相對地，人力資源卻很豐富，所以富人習慣雇用大量僕人來維護他們的房子、草坪、花園，以證明他們的富足。隨著 20 世紀後半葉的經濟發展，熟練的工人在各國都成為一種稀有資源，而那種大量生產、浪費資源、用後即丟的一次性產品卻達到產量的高峰。

在他稱之為經濟型態轉換的過程中，他發現越來越多的公司以及員工不斷地提升高價智慧，提供一種在日語中稱為 Chika —— 智價（知識價值）—— 的東西，「不光指『智慧的價格』，還包括『智慧所創造的價值』」。**⑯** 最後，他預言智慧本身會變得相對豐富：

> 在我們即將進入的社會中，能夠大張旗鼓地消費智慧的生活方式，會贏得最多的尊重。那些能證明其消費者是「行家」的產品會最暢銷。這些產品，最能表明其主人有最好的知識、最新的資訊、有足夠的智慧擁有我們所稱的「知識價值」。我想說的是，我們正進入一個全新的文明階段，附加在知識上面的智慧成為社會進步的主要推動力。**⑰**

我們認為，最能展現知識價值的「產品」——智慧累積之後產生的經濟產物——就是能夠使顧客轉型的產物。產物當然不是智慧本身，智慧只是一種載體，真正的產物是已經改變的顧客。顧客就是你的產品。

你屬於哪種產業，要看你針對什麼收費：再談關懷

很少有企業在努力改變顧客，或者說，很少有真正的轉型企業。大部分的企業只把他們的產品看成是服務，也是最終的結果，所以他們不能誘導轉型的發生，也不能獲取全部的價值。更重要的是，很少有企業就轉型本身收費。做為一個轉型企業，它收費是因為完成了顧客渴望的目標——即轉型——而不是因為公司所做的任何事情。

如果一家健身中心是真正的轉型企業，它就不會單純地只收取會費，或者只根據會員花在器材上的時間進行收費；相反地，它會就會員滿足健康的目標而收費。如果在一個約定好的期限內，顧客的志向沒有達成，健身中心就不收取任何費用——或只是依照顧客獲得的成果，按比例計算而收取一部分費用。換句話說，企業不應就顧客的消費收費，而應該就顧客獲得的部分收費。

設想一下一個真正的轉型誘導者會怎麼做。首先，他要花更多的時間做先期的準備工作。在同意吸收顧客做為會員之前，需要了解顧客真正渴望的目標，更重要的是，顧客現在的能力——身體上和心理上的。許多人沒有毅力堅持下去，不能朝原訂目標前進。實際上，我們懷疑有許多健身中心都是從那些遇到困難、半途而廢的顧客身上獲取利潤的。吸收這樣的會員也許可以有暫時的利潤，但肯定會導致不

停地流失到期的會員，其代價相當昂貴。同時，對於有毅力堅持下去並達成渴望目標的會員，沒能收取全部價值的做法將使健身中心失去更多的利潤。（對於客戶的診斷活動本身就應該很明確地當成一種體驗，有些也可以當成是轉型，並且明訂合適的收費標準——在某人都還沒成為會員之前，就可以獲取利潤！）

　　一旦健身中心認為顧客的身體和心理均有能力完成其渴望的目標，它就可以開始對這一目標的完成收費，這時就可以不對中期的成果另外收費了。而且這種收費不僅是目前器材使用費的2～3倍，也許是10倍。保證能減重30磅，增加5吋胸肌，仰臥推舉達到250磅，或更客觀一些，在跑步機上運動，使臀部收緊，誰不肯多付些錢？一旦做出承諾，健身中心就必須準確設計出一套計畫，確保顧客達到自己的目標——也因此而收取全部費用。因此私人健身教練要比健身中心的教練收費更高，因為他們更能夠確保顧客做完預定的訓練。

　　員工同樣需要私人教練，就像加拿大溫哥華的優先管理公司（Priority Management），他們打出了「更好的工作方式」（A Better Way to Work）的口號，幫助人們改變自己的行為——一般公司和個人的效率至少提高20%，還包括其他顯著的成果：他們診斷現有企業的效率——先進行一項生產力測試，診斷目前的生產水平，安排訓練工作室，然後由領有證照的教練追蹤個人的效率。他們成功的關鍵就是：保證做到。當顧客不能達到目標時，就不必付費。該公司位於明尼蘇達州班斯維市（Burnsville）加盟店的老闆羅傑‧旺根（Roger Wangen）告訴我們：「在我們的訓練之下，大多數顧客提高了效率，達到他們的目標。如果顧客可能無法完成我們事先預定的目標，或偏離我們修訂過的計畫，那麼我們會加倍努力，確保顧客能完成他的目

標。」這也難怪超過95%的顧客會繼續這一訓練計畫。儘管它還沒有稱顧客為有志者，但它的確是一個轉型企業。

　　讓我們再來看一個B2B企業的例子。管理顧問公司，也是另一個針對它的服務，而不是針對顧客的真實轉型收費的典型行業。如果一家管理顧問公司自認為是轉型企業，它就應該像上述的健身中心一樣，花更多的時間判斷顧客的策略需求，以及他們是否有足夠的能力轉型。他們將會停止寫那些分析報告（這在今天是唾手可得，而且完全仰賴PowerPoint），而去從事一些可以讓顧客留下印象的活動，由顧客來體驗一下，一旦他們的策略完成，生活和工作將會變得如何，從而真正地創造未來（當然，每當他們得到迥異於今日的體驗時，就必須提供合宜的紀念品）。更重要的是，他們必須確保每個顧客真正完成所訂定的策略目標，否則就有失去部分或全部費用的風險。❸徹底成功的承諾，所得到的收益，將超過現有的服務。

　　我們注意到不少顧問公司以股票選擇權來支付全部或部分報酬的做法。例如，位於倫敦的Celerant顧問公司就認為自己從事的是轉型事業，它的網站首頁就寫道：「我們相信，即使顧問換人，顧問工作所帶來的益處也不會消失。我們設計出來的方法就是要讓你的公司產生正面而持久的改變。」❹因此這家公司常用的口號是「朝好的方面改變企業」，他們也自然會把他們一大部分的顧問費用和對方的績效基準綁在一起，當然也冒著費用少收的風險。如執行副總裁蓋瑞·崔勒（Gary Traylor）說的：「客戶想要得到一點信心。他們聘請顧問時，就是在冒著很大的風險。這個做法可以讓他們看見，我們是會用心投入的。」❹科羅拉多州奇士東市（Keystone）的星際工作室（Starizon Studio）──由蓋瑞·亞當森（Gary Adamson）所創辦，他

明白表示要將製造商和服務供應商轉型為優質的體驗舞台設置商——它顧問費用的四分之一是用來做為「轉型保證」。到頭來客戶可能會支付這全部的費用，也可能免付或只是付一部分，全看他們認為自己是否已經達到原先追求的目標。

你屬於哪種產業，真的要看你針對什麼收費來決定。當應用到不同層次的顧客價值時，我們必須牢記：

- 如果你就原材料收費，你就是初級產品企業；
- 如果你就有形產品收費，你就是商品企業；
- 如果你就你的活動收費，你就是服務企業；
- 如果你就你與顧客相處的時間收費，你就是體驗企業；
- 如果你就顧客所獲得的成就收費，你就是轉型企業。

要成為一家轉型企業相當不容易。從自然界獲取有形產品可能是最需要體力支出的；而誘導顧客轉型可能最需要智力支出，有時也需要龐大的體力支出（比如健身中心）和情感付出（比如醫院）。

工作就是劇場：第2幕，第1場

轉型誘導者仍然要展示體驗，提供他們精心設計的主題、印象、暗示，甚至是值得記憶的事件。這是為了讓消費者朝著自己渴望的目標邁進，而不僅是為了展示體驗。因此，工作仍然是劇場，但是在轉型的情況下，重要的角色變換在賣方和買方之間發生了。在體驗的情況下，展示體驗的公司的員工就是舞台上的演員，他們創造角色，塑造形象，確保顧客獲得娛樂、教育、逃避和審美的享受。而在轉型的

情況，則是在所有這四個體驗領域安排好舞台，幫助**顧客**學習表演。社會學家艾文·高夫曼率先提出將戲劇做為工作的一種模型，他描述軍營是如何把一個憤世嫉俗的人轉型為真誠的士兵，因為「一個新兵一開始就要遵守軍隊禮儀，以免受罰，最終習慣了這些規矩，組織才不會因此蒙羞，他的長官和同事也才會尊重他」。[21]

　　再想想生日會的轉型。選擇禮物、邀請客人、晚會後的感謝函等等，會幫助孩子學會「表演」。起初，他只是裝出感激的樣子，以後他就會利用以前表達感激的體驗，使自己表達感激的行為更合宜。這種經濟產物是對父母基本角色的一個補充，它幫助孩子學會獨立，自己演好自己的角色。轉型誘導者只扮演這樣一個角色：指引顧客做新的表演。（記住這個「後設劇場」的觀念：這樣的指引仍是一項工作，而工作仍是劇場！）（譯注：後設劇場的原文是 metatheatre 或 metadrama，意指「跟戲劇本身有關的戲劇」〔drama about drama〕，也就是一齣戲劇不但表現外在的主題，同時也反映了戲劇本身的問題，和劇作家對於該劇本身的自覺以及思考。通常的表現方式是讓演員在戲劇的開場白、收場白或序幕中，直接對觀眾說話，談到戲劇本身或劇場的現狀。「旁白」也可以達成類似的效果。）

　　導演哈洛德·克魯曼（Harold Clurman）說過：「對戲劇技巧的評價，必須依據它對人類需求、渴望、關注和哲學理念的貢獻如何而定，而這些問題都指向觀眾所扮演的角色……觀眾是戲劇的泉源，是重要的演員。這不是比喻，而是歷史事實。」[22]觀眾這一角色逐漸變成戲劇本身的一部分，因此，在還沒開始演出之前，觀眾就已經不只是觀眾了。如果顧客沒有變得不一樣，那麼就沒有發生轉型。轉型誘導者不能代替顧客做改變，只能指引顧客去改變，而且還要顧客樂於

接受指引。一家公司如何才能贏得顧客的信任而承擔上述責任呢？

　　首先：**客製化**。任何人都不會將他的全部或一部分人生委託給一個尚未建立一對一關係的公司。大量生產、大量銷售、大量流通的產品給潛在購買者這樣的訊息：我們並不在乎你們每個人的個性或特點。購買者很自然的反應是：既然你不願了解我，你又怎能幫助我轉型呢？請立刻行動，大量客製化你的產品，與顧客建立聯繫，表明你關心他們。

　　第二：**提供真正吸引人的體驗**。與顧客建立聯繫的目的是要聽到顧客說，當你們一起合作時，他們能發現一些以前不懂的東西。再進一步：顧客只有在與你進行互動的時候，才會對自己的某一部分有更深層的了解。讓顧客與你共處的體驗充滿回憶，這樣你與顧客之間就建立起聯繫，有助於你了解顧客的最終渴望。

　　第三：**創造一個環境，讓演員可以排練新的行為**。應用你所掌握的顧客資訊，精心設計合宜的劇情，以誘導轉型發生。把具有相同渴望的顧客聚在一起，讓他們不只是向你學習，還可以相互學習。將他們組織成一個連結緊密的角色網，使他們相信個人的志向是正確的，而不是讓他們各自孤立，變成匿名者。

　　羅伯‧魯西德博士（Dr. Robert Lucid）是賓州大學已故的英語榮譽教授，他做為希爾之屋（Hill House）宿舍的舍監，很了解新生的心態。他說：「剛剛跨進校門的新生，幾乎都特別有種功利的動機——找份工作或其他原因——但同樣令他們感興趣的是，在大學這座舞台上他們將扮演自己特定的角色。他們思考了很久，一有其他演員出現，他們就馬上準備表演，而且幾乎是迫不及待地在搜尋其他表演者——因為他們已經把劇本記得爛熟；他們只是想確定自己是在正確

的位置。」❷響鼓要用重槌敲，大多數表演——特別是轉型的表演——必須與其他人共用舞台，以便使每一個角色融入這整齣戲的架構。演員之間的互動，經常是推動轉型的最重要因素。

最後：**指導演員**。如果顧客可以自己做到，他就不會購買你的轉型產品，或者委託外人。他們自知需要指導，但不希望僅僅被告知怎麼做。在輔助和干涉之間達到微妙平衡是導演的責任，導演就是引導者！經驗豐富的導演會身兼兩個看似矛盾的角色：合作者和指揮者。引導當然有合作的含義，與演員同心協力，與演員溝通怎樣才能將角色演得更好。但是在轉型中的某些時刻，導演必須強制決定並口述某一特定的行動過程，幫助演員認識他們自己渴望達到的目標。導演時時刻刻引導著主題、印象、給予暗示。

別的東西都只是支援轉型的道具。任何商品（和它包含的原料）必須能夠幫助顧客「表演」，就像教練用面具和其他器材來減低學習的困難一樣。任何一種服務都必須要能夠促進這種學習。同樣地，任何一次體驗也都必須有助於提升顧客的總體個人價值。

在即將到來的轉型經濟中，可以保持最大價值的較低階經濟產物，是那些具有意圖（intent）的產品，那些為了將顧客轉變成他們希望的樣子的產品。產品對顧客的影響效果，將決定客戶的購買決策。現在，體驗經濟中的公司必須面對這樣的事實——一直都存在，但是被以前以商品和服務為主流的經濟所掩蓋的事實——針對誰設計的產品就會影響誰。各公司必須徹底反省自己的意圖，反省的結論將會決定哪些公司能興盛，哪些將走向衰敗。

滿載而歸

企業想要擁有更遠大的意圖,應當聚焦在四種普世皆然的要素上,這些要素共同構成了公司創造價值的方法:

- **開始**:從某些新事物中創造價值的工作
- **執行**:從生產成品中創造價值的工作
- **修正**:從改進過的事物中創造價值的工作
- **應用**:從使用過的事物中創造價值的工作[24]

最終提供為商業用途的事物,都必定有它的來源。初級產品,早在企業出現之前就存在了,是從動物、植物或礦物等物質中提煉出來的。經濟活動一開始,這些物質就是商品和服務的泉源——現在是體驗和轉型的泉源。

所有形式的經濟產出,都需要供應商執行一些關鍵的行動以創造產出。任何一種行動,不管它做得多麼漂亮,都會有失誤(我們畢竟是人,不是神),公司必須修正產品的所有缺陷。正如亨利・派特羅斯基(Henry Petroski)指出:「功能無法決定形式;而應該說,我們現有的形式,往往是從另一種形式的失敗所衍生出來的」。[25]改進產品——或加或減或修改——直到它可以**適用**於某一特定的個人或企業客戶。直到這時,產品才能換取金錢。而讓某種產品發揮作用的這一行為,和最初顧客有個個人需求想要滿足是息息相關的。

每個企業都需要一種策略來管理上述這四個產生價值的面向(這反映了如圖7-1所示的劇場的四種形式,而這四種形式也回頭反映了四種商業模式,如第7幕的註釋24中的圖N-1所示)。如同圖10-4所

示，公司必須從所表演的工作類型（開始、執行、修正或應用）向特定種類的購買者（市場、用戶、客戶、客人或有志者）描述它們的經濟產物（初級產品、商品、服務、體驗或轉型）。為了有系統地考察這一新的競爭前景並且注入公司所獨有的意圖，每個公司必須定義它自己的產品、核心活動、修正機制，以及為了策略優勢而先去探索、進而去開拓與消費者的關係。

圖 10-4　新的競爭前景

	初級產品 產物是材料 →	商品 產物是產品 →	服務 產物是營運流程 →	體驗 產物是事件 →	轉型 產物是個人
開始	發現 新材料	開發 新發明	策畫 新產品	描繪 新劇本	決定 新目標
執行	提煉是交易商的核心活動	製造是製造商的核心活動	提供是提供者的核心活動	展示是展示者的核心活動	引導是誘導者的核心活動
修正	貧乏之處引發其他探索	一個問題引發對失誤的修補	一個反應引發一個回應	遺忘引發對記憶的保存	一次復發引發更強的決心
應用	連接市場的貿易	連接用戶的交易	連接客戶的互動	連接客人的事件	連接有志者的持續不懈

原材料供應商阿齊・丹尼爾・密德蘭（Archer Daniels Midland）和卡吉爾（Cargill）證明他們在低層次經濟中的競爭是可以取勝的，有時把重心放在提供原材料上是正確的策略。根據剛才討論的四種要素，以初級產品為基礎的公司必須：

- 發現新材料
- 更有效率地提煉原材料
- 探勘其他地點
- 在市場上交易

交易	發現
提煉	探勘

　　只有極少數農產品、礦產品公司在激烈的競爭中生存下來。絕大部分原材料透過固定的市場交易，但是一旦發現了新材料，那麼提煉過程、探勘和交易就會形成一個新的市場。進入這些真實的市場依然是成功的關鍵，錯誤地選擇來源市場和目標市場，對這類公司來說，就意味著災難。

　　但對於以商品為基礎的行業，地點的理論和實務就不再那麼重要了。公司依舊可以優化廠房、倉庫、經銷管道，但這些設施並不是維持策略優勢的主要因素。實際上，價值是這樣創造的：

- 開發新產品
- 有效率地製造產品
- 改正錯誤
- 與用戶交易

交易	開發
製造	改正

　　這些導致成功的因素，和以初級產品為基礎的公司大不相同。研發必須針對舊問題持續推出新的解決方案，因為產品生命週期越來越短了。效率與品質是成功的關鍵，不管你是手工生產，還是採用先進技術。與用戶打交道就必須滿足他們的需求。

　　高品質的商品生產過程日益重要，它導致新企業的誕生，而終致產生全新的服務業。這些服務提供者設法推出高價值的活動，而這些

活動原本是製造商留給用戶自己來完成的。他們的任務包括：

- 設計新的流程
- 有效率地配送
- 提供回應
- 與客戶互動

服務的創新無法由研發中心獨力完成，而是要透過與顧客面對面的互動。雙向溝通——真實的對話——是至關重要的，它會把例行業務轉化為優秀的服務。

同樣地，在提供體驗時，單純的服務是不夠的，工作必須精心設計。把例行事務轉化為值得回憶的演出，需要透過以下方式：

- 撰寫新的劇本
- 有效地展示事件
- 保存記憶
- 與客人接觸

任何一個企業，修理廠也好，停車場也好，都可以從單純提供服務轉化為提供體驗，只要它表明將躋身於體驗產業，並利用本行業中傳統服務固有的缺口，設計一個夠豐富的事件來收費。

必須認清的是，體驗的確是一種經濟產物，這是未來經濟成長的關鍵。傑瑞米‧雷夫金推測：未來需要的服務人員將越來越少，就像過去技術革新大大減少了生產商品所需的工廠、工人，以及更早的收穫農產品的農場工人。在這一點上他是正確的。但是雷夫金和新路德派（neo-Luddite）的柯克帕特瑞克‧塞爾斯（Kirkpatrick Sale），以及

政治權威帕特・布坎南（Pat Buchanan）等人的抱怨，說自動化將會降低整體勞動力需求這一點卻是錯誤的。將來的經濟成長會有許多機會創造財富，也創造新的工作機會。實際上，那些認清並創造體驗的公司將會吸納大批勞動力——他們會學著做得更好。

能獲得高薪工作的，將是那些能夠將企業有效轉化為體驗提供者的人，而他們又進一步確保能夠將富含體諒和引導的體驗轉化為轉型。相對於其他層次的顧客所需要的，讓一位有志者轉型的過程顯得更加嚴格，令人難以捉摸。這需要包括：

- 決定新目標
- 引導個人
- 強化決心
- 讓有志者堅持下去

企業當然會發現轉型是最難提供的，因為轉型誘導者必須有意圖地處理自身的流程，還要幫助顧客學著有意圖地表演。顧客會珍惜這些產物，因為它們針對的，就是一切需求的根源——為什麼購買者想要這些東西。

所以，你打算怎麼做呢？

讓顧客轉型所需的能力，和讓整個行業轉型的能力大致相同：首先，他必須渴望帶來一種想要的改變，但不是為改變而改變，而是為了其他事物，否則會導致漫無目的的行動，經常會懷疑自己的方向。他必須將意圖納入策略之中。

策略大師蓋瑞‧哈默爾和Ｃ‧Ｋ‧普哈拉，是倡導**策略意圖**（Strategic intent）的人，他們認為「很多使命聲明未能澄清使命的含義，因此我們更注重能夠真正改變顧客一生的目標」。他們特別鼓勵組織抱著熱情與憐憫之心，他們指出，策略意圖「在指出方向的同時，對員工也創造了意義。」他們甚至讚頌耶穌的存在，「到世界各地傳福音也許是我們見過的最富野心、最令人敬畏的策略意圖了」。❷⁶

我們相信哈默爾和普哈拉是在談論某種深刻的事物：策略意圖是一個組織的力量與抱負的基礎，它為原本平淡的一切賦予深刻含義。然而，僅僅認識到策略意圖的重要性，還不足以建立一個企業的使命，還有一個仍待解決的問題：意圖是什麼？

任何企業的使命聲明的意圖、策略規畫和行動等等，都必須以企業自身的獨特性為依歸，而不是只依著競爭對手的一舉一動而進行修正。不是公司只要能夠差異化就好，而是要去發現自身還沒有察覺的部分，因競爭所帶來的差異化只是副產品而已。公司的自我檢查是創新的泉源（就像哈默爾和普哈拉經常提到的，檢查顧客的獨特性，才能發現顧客自己難以清楚表達的需求）。當公司員工從思想上或從內心深處體會，公司是如何用心地想要去改變世界時，公司的策略才有意義。企業的行為必須是**為了**促進外界的改變，如此，公司就能主動地贏取未來——而不是為未來競爭——而實現他們的策略意圖。❷⁷唯有深刻思考自己真正處在什麼位置，企業的目標才可能實現。

我們並不希望這個分析架構只是用來爭論他們今天是在提供服務，還是提供體驗，或者是轉型。這不是我們的意圖。任何這類的辯論都應該是為了發現獲取價值的方法。經濟價值遞進表明了一個競爭的現實，為當今的企業提供策略上的選擇。機會很多，但是挑戰也不

少。隨著體驗經濟的到來，製造業和服務業者會逐漸看到他們的產品越來越商品化，因為更多的收費已明顯地集中在難忘的回憶上。同樣地，由體驗經濟進化到轉型經濟時，就連體驗提供者也會發現他們的產品也越來越商品化，因為收費已經集中到轉型活動上了。

　　你必須找到自己在這個世界上應該扮演的角色。你的公司到底處在什麼級別？五種經濟產物——初級產品、商品、服務、體驗、轉型——導致五種不同的可能，它們對你的公司、員工和顧客都會產生極大而不同的影響。

意猶未盡
Exit, Stage Right

轉型之後是什麼呢？

　　我們的顧客和同事經常問說：「轉型之後是什麼呢？」當人們開始關心轉型產品是否會和之前的其他經濟產物一樣，最終走向商品化時，這個問題尤其受到重視。畢竟，醫療業就跟過去的二十年一樣，始終在壓力之下而必須透過統一服務範圍來壓低成本，以較低的價格提供例行治療。同樣的壓力也開始適用於各種學習費用。網上學習課程將很快侵蝕大學教育領域，並且衝擊它的成本。管理顧問公司會發現他們必須跟商學院的企管碩士競爭，因為他們的收費低廉得多。❶他們還必須面對來自印度的競爭，以及越來越多的網站運用網際網路為中小企業提供顧問服務──它的成本只有傳統顧問業的幾分之一。這是否算得上是轉型產物的商品化呢？也許是吧！

　　記住，在轉型經濟的初期，顧客就是產品，轉型可以幫助購買者改變其行為方式。這些有效的轉型同時也會避開商品化，因為經過轉型的人，他們的差異是最大的。當然，競爭對手也可以複製這些分析的方法和經驗，並採用相同的設備。但是，沒有人能複製轉型最重要的層面：引導者與被引導者之間建立的獨特的關係。這就是綁在一起的結。

　　較高層級的經濟產物可以取代較低層級，但是能夠取代轉型的只能是另一個轉型──針對自我的另一面向，或者用不同的世界觀來看待同一面向。世界觀，我們指的是以一種特定方式──常常帶有哲學或宗教色彩──來詮釋人的存在。我們已經發現，企業和他們的顧客會逐漸意識到，各種不同的世界觀──或者說意識形態──才是真正的企業角力場，也是不同經濟產物的差異所在。「接下來呢？」這個

問題就會變得高度個人化，要回答它，我們必須與你一起分享我們的世界觀。考慮每一種經濟產物的基本屬性：

- 初級產品只是進行商品生產的初級原料
- 商品只是它們所提供的服務的物質載體
- 服務只是它們所展示的體驗的無形操作
- 體驗只是導向轉型的令人難忘的事件❷

接下來是我們自己認為的：

- 轉型只是為了創造更壯麗的永恒的暫時狀態

　　所有經濟產物的作用都不只是眼下的價值交換，它們也多多少少促進了某種特定的世界觀。在充分發展的轉型經濟中，我們認為購買者會購買那些符合永恒原則的轉型，這也是那些販賣者所聲稱的——他們認為可以永續的存在。❸

　　像是其他的經濟產物一樣，轉型也會受到仔細的審視、考察以及批評——卻不會被商品化，它們必須以客製化保持差異性。想像一下最有可能被客製化的轉型。對於一個人來說，如何才能達到他需要的狀態而不再需要轉型？做為產品的消費者，他們的極致狀態將會是什麼模樣？那將會是**完美**，完美的人類。根據我們的世界觀，不會存在第六種經濟產物，因為完美的人類是上帝的產物，而不在商務領域之中。正如使徒保羅（Apostle Paul）說的：「你們得救是本乎恩，也因著信，這並不是出於自己，乃是神所賜的。」❹我們相信在商務領域，沒有人可以延續這種產物；那是**免費**的禮物。它無法由人類提供而形成一種經濟產物，它是上帝所提供的救贖。所以我們主張，轉型

是第五種也是最後一種經濟產物形態。

　　當轉型終究囊括了經濟商務中的所有優勢時，許多企業和個人都會宣稱將提供這種終極形態的產物，同時對揭開這個祕密而收取費用。透過這樣的舉動，他們將禮讚那些他們認為是最終的產物。因為所有的商務都是一種道德選擇，每一個行業都是禮讚某些東西的舞台。你的公司禮讚的是誰或什麼東西？你的答案或許能，或許不能幫助你接受未來的事物，但是它毫無疑問將引導你今天的所做所為。

專文推薦

　　1999年4月間，這本書初版的時候，給當時關注「新經濟」的讀者留下深刻印象。時隔兩年，在「網際網路狂潮」煙消雲散之後，一個偶然的網上機會，讓我重拾這本書，不免又是一番感慨。如果你恰好拿起這本書，如果你恰好翻到我寫的這頁序言，那麼我勸你讀下去。因為，恰好在煙消雲散之後，這本書的價值才顯現出來。至少，做為與你一樣的讀者，我馬上要告訴你一些重要的理由，希望你讀完這本書。

　　我們人類的經濟生活，從「穴居時代」結束以來，按照這本書作者的觀點，經歷了四個發展階段：農業經濟、工業經濟、服務經濟、體驗經濟。前面的三個產業或許仍然被我們叫做「產業」，但這第四個發展階段——「體驗經濟」，已經不可以再稱為「產業」了，因為它所追求的最大特徵就是消費和生產的「個性化」。有些經濟學家把它視為「第四產業」，但我要立即補充說，這個「第四產業」的產業特徵是「大量客製化」（mass-customization）。但如果僅僅為說明上述的看法，我就不會向讀者推薦這本書了。

　　經濟活動是滿足人類衣食住行和更高需求層次的活動之一，不同的經濟發展階段為我們提供的衣、食、住、行，表現出實質性的差別。例如，火柴盒式的住房和T型車是工業經濟為我們的住和行提供的典型解決方案，而「體驗經濟」提供給我們的典型解決方案，則是

高度個性化的「超現實主義住宅」和「表現主義服飾」。在這一視角下，五光十色的網際網路運動只不過是即將到來的「體驗經濟」的準備階段。再過10年，網上長大的一代人，被稱為「e-generation」（e-世代）將主導我們的社會，他們當中許多人接受過網際網路狂潮的洗禮，經歷了眼下的幻滅和冷漠，磨練出更成熟的思考與信念。他們的經濟社會文化，被概括為「e-文化」。能夠適應e-文化的企業，將取代無法適應e-文化的企業，這是剛剛對全世界785家企業進行過深入調查的哈佛教授坎特的看法（R.M. Kanter, *Evolve!: Succeeding in the Digital Culture of Tomorrow*, Harvard Business School Press, 2001，中譯本《e變》機械工業出版社出版）。為保持閱讀的連續，不喜歡數學的讀者應當跳過下面的兩個段落。

農業經濟的基本單位是「家庭」，它既是生產者，又是消費者，它從土地（投入勞動）提取出各種用於消費的作物的「特徵」。典型的農業經濟是自足的，其理性選擇過程可以由廣義的芝加哥學派「生產者—消費者」模型刻畫：

$$\max_{\left\{\left(\check{L},\ \check{x},\ \check{w}\right)\in\Omega\left(\check{\theta}\right)\right\}}\left\{U\left(\check{y},\ \check{L},\ \check{w},\ \check{\theta}\right)\right\}$$

$$y_j = f_j\left(\check{y}_j,\ \check{x}_j,\ \check{L}_j,\ \check{\theta}\right)$$

$$\sum_{j\in J}\check{x}_j \leq \check{x}_0$$

$$\sum_{k\in K}L_{ki} \leq L_{i0}$$

$$\sum_{i\in I}w_{ij} \equiv 1$$

$$j \in J$$

$$i \in I$$

公式中，U是家庭福利函數；$\check{\theta}$是參數向量；w_{ij}是家庭成員 $i\in I$ 在產品$j\in J$中占的份額；$\check{L}$是家庭成員的勞動投入向量；$\check{x}$是土地資源投入向量；$\Omega(\check{\theta})$ 是由參數向量決定的可選擇集。

分工、交換、專業化，逐漸導致了「工業經濟」，這裏，基本的生產單元不再是家庭，而是企業，前者則蛻變為單純的消費單元。因此，我們可以用經濟學教科書裏常見的廠商模型來刻畫生產過程的理性選擇，用常見的消費者選擇模型來刻畫消費選擇。更進一步，家庭經濟演變為由一般均衡模型刻畫的消費與生產分離的完全競爭市場經濟。在這一高度簡約的世界裏，每個人都有自己的主觀效用函數（消費單元），生產職能從消費單元分離出去，勞動、資本、土地，這些「要素」被特定制度安排給每個人，並在要素市場上獲得競爭性價格。因此，刻畫這一時期的消費者理性行為的最廣義模型，是貝克（Gary Becker）的「全收入」（full-income）消費者選擇模型：

$$\left\{ \left(\check{x},\ l\right)\in\Omega\left(\check{\theta}\right)\right\}^{\max} \left\{ U\left(\check{y},\ \check{x},\ l,\ \check{\theta}\right)\right\}$$
$$\check{x} \leqslant \check{x}_0$$
$$l \leqslant L_0$$
$$\check{p}_y\check{y} \leqslant \check{p}_x\left(\check{x}_0 - \check{x}\right) + w\left(L_0 - l\right)$$

式中，l是投入消費的閒暇時間；$\check{p}_x$、$\check{p}_y$、w分別是消費投入品$\check{x}$, $\check{y}$和勞動時間的價格。

那麼，隨著分工、交換、專業化進入更高的發展階段，即所謂「服務經濟」的階段，消費與生產的行為發生了怎樣的變化呢？貝克

的「家庭經濟學」告訴我們，在上面的理性選擇模型裏，當工資不斷成長時，家務勞動逐漸被機器和具有規模經濟效應的專業化公司提供的家庭服務替代。換句話說，分工和專業化的邏輯，要求消費者不斷把消費活動中的「生產行為」轉移到生產部門中，而成為純粹的消費者。例如，習慣了自己買菜、做飯、打掃衛生的消費者，鑒於這些生產行為的內部成本（以工資水平度量）不斷上升和家庭服務公司的規模效益不斷提高，會逐漸習慣於到餐廳吃飯和請小時工打掃衛生。因此，宏觀經濟學教科書上明確定義「初級產品」（commodities）為「商品」（goods）與「服務」（services）的總和，換句話說，現代商品經濟包含了曾被馬克思排除在物質財富生產部門之外的「服務」部門。而這一「服務」部門更在當代社會裏發展成為主導的、被人們叫做「virtual economy」（被誤導性地翻譯為「虛擬經濟」）的價值創造部門。

　　觀察表明，對以「服務經濟」為主導的社會而言，嚴重的問題是兒童撫養和教育問題。畢竟，兒童最需要的，不是服務公司提供的照料，而是親生父母的撫愛。經濟發展使得父母的撫愛變得越來越昂貴，儘管在鮑莫爾（William Baumol）看來，這一現象屬於「財務幻覺」（fiscal illusion）。也是基於父母對孩子的撫愛的價格上升，貝克等人從1990年代以來大力推動教育部門的經濟學研究，用他自己的話說，「教育」是生產「人力資本」的部門，這一部門在未來的「知識社會」中必將成為經濟的主導部門。當然，今天的宏觀經濟統計師仍然把「教育」納入服務經濟的範疇。

　　鮑莫爾在2001年接受採訪時指出一個有趣的「現代經濟」現象：當勞動力從生產率較高的部門轉移到生產率較低的部門時，整個

經濟的成長率上升。反之，則經濟成長減緩（Alan Krueger, 2001, "an interview with William J. Baumol", *Journal of Economic Perspectives*, vol. 15, no. 3, pp. 211-231）。說這是「現代經濟」的現象，因為它不適用於例如勞動力從傳統農業轉移到現代工業的情況。大約在 20 世紀後半葉，成熟市場社會的勞動力開始從生產率較高的工業向生產率較低的服務業轉移，今天，這些經濟中服務業的就業人數占總就業的 70% 左右。服務業的勞動生產率成長緩慢，因為在服務業，規模經濟受到極大的限制。例如，我們很難想像一家高檔餐廳可以經營到麥當勞這樣的規模。基於同樣的理由，我們都同意孔子的「因人施教」而不喜歡大規模的「教育產業化」。在這一意義上，標準化、規模經濟、大眾化商品，這些事情與服務的品質幾乎不相容。也就是說，在服務經濟內部蘊含了體驗經濟的萌芽，即客戶要求提高服務品質而導致高層次服務業的發展。一旦網際網路革命把客製化的費用降低到允許大規模經營的程度，我們便進入「大量客製化」的體驗經濟時代。這就是 1995～99 年期間在服務經濟裏面發生的事情。

　　英國一家顧問公司最近在為企業經理人舉辦的學習班裏，在實驗室條件下，把學員帶進 2010 年的社會。在模擬的未來社會中，學員體驗到未來的生產、未來的需求、未來的日常生活和未來的文化。這一場景具有雙重意義，它既是管理顧問的培訓，又提供了「體驗經濟」的體驗。《體驗經濟時代》的作者這樣描述體驗經濟的理想特徵：在這裏，消費是一個過程，消費者是這一過程的「產品」，因為當過程結束的時候，記憶將長久保存對過程的「體驗」。消費者願意為這類體驗付費，因為它美好、難得、非我莫屬、不可複製、不可轉讓、轉瞬即逝，它的每一瞬間都是一個「唯一」。

　　雖然我們都知道馬斯洛的「需求層次」理論，知道「衣食足而後知榮辱」的道理，但應當說，《體驗經濟時代》的作者第一次讓我們看到，現實經濟發展已經進入能夠普遍地、大規模地滿足馬斯洛所論的最高需求層次——「自我實現」（self-actualization）的階段。在體驗經濟中，企業不再生產「初級產品」（commodities），企業成為「舞台的提供者」（stagers），在它們精心製作的舞台上，消費者開始自己的、唯一的、從而值得回憶的表演。在體驗經濟中，勞動不再是體力的簡單支出，勞動成為自我表現和創造體驗的機會，典型如「網頁製作」，勞動者需要發揮極大的想像力和藝術探索精神（因為要從千百萬各具特色的網頁中凸顯出來），需要深入理解閱讀的視覺（以及「多媒體」感受）、語言、心理過程，需要洞悉社會文化風土人情，需要盡可能豐富的各類知識，於是網頁製作便轉化為自我表現和創造體驗的機會。

　　我手邊恰好有兩本2001年出版的著作，它們試圖論證，在經濟不景氣的時期，競爭最激烈的，是爭奪「熟練勞動者」的人力資本市場（E. Michaels, H. Handfield-Jones and B. Axelrod, *The War For Talent*, Harvard Business School Press, 2001; R.W. Griffeth and P.W. Hom, *Retaining Valued Employees*, Sage Publications, 2001）。在爭奪人才的戰爭中，企業寧可重新塑造自己的形象以吸引新型人才，企業要求各級經理人把累積人才做為首要的生存策略。招聘不再是購買「要素」，招聘是品牌兜售，是公共關係，是尋求文化繼承人。在企業內部，人事管理正演變為對每一位「勞動者」客製化其個性全面發展的規畫，在職培訓和研發交流是開發個性的一部分，新型企業的所有制正悄悄地轉變為知識勞動者的「合夥人」制度。

　　事實上，在任何經濟活動內部，都包含著體驗經濟的種子。在競爭市場裏，我們常見到同類商品按不同價格出售，那件索取高價的商品或許加工得更細緻，拿在手裏更舒適，看上去更結實，造型更有品味，甚至，它讓我們心情不一樣……我們說得出千百個理由來為那些別致的商品支付高價，只要它有「個性」。這就是「體驗」。兩年前一個仲夏夜，我偶然看見熱鬧的街邊小攤上隨便扔著一隻布質小恐龍，它的神態讓我想到電影《在時間之前》裏那只父母雙亡的小恐龍，一步一回頭，孤獨地走向未知世界。這感受恰好與我當時的心情發生共鳴，讓我願意以兩倍的價格購買這只小恐龍。當然，那位年輕的看攤兒人懵然不知我的心境，因為那是「唯我莫屬」的體驗，這只小恐龍幫助我永久性地保存了這一體驗。對那些玩具來說，這只被我偶然看見的小恐龍被我賦予了「個性」，它再也不是一般的動物玩具了，它對我而言具有「意義」。通常為獲取規模經濟效益的生產，同時也是標準化過程扼殺了物品的個性意義的過程。後者被《體驗經濟時代》的作者稱為「商品化過程」(commoditization)，而個性凸顯的過程則被稱為「客製化」（customization）。注意，與經濟學教科書的定義稍有不同，《體驗經濟時代》的作者是在「標準化」、「福特主義」、「大眾化生產」這類意義上使用「商品化」這個辭彙的，從而才有了另一概念「客製化」，以及作者用以超越這兩種生產形態的「大量客製化」（mass-customization）概念。如果你寫過「日記」，你一定理解日記是怎樣替你保存「體驗」的。在日記裏，生活著的你（I）和靜觀著的你（Me）對話。透過日記，你一方面保存生活感受，一方面反省你的生活。體驗的特徵之一是對體驗的回憶可以讓體驗者超越體驗。這被《體驗經濟時代》的作者稱為「轉型」（transformation）。生

存的艱難困苦，多年之後或許我們仍然記得，我們知道，那回憶裏更多地包含著自豪，因為巨大的苦難讓我們顯得偉岸。

體驗經濟，體驗人生。偶在的人，存在哲學家說，無意義地被拋入其所在的特定歷史情境，開始了生活，開始了苦難，同時也開始了創造屬於自己的人生的過程。所謂「自我」，只當自我從事「自我」塑型時才存在，才有意義。缺乏意義的自我，西蒙‧波娃（Simone de Beauvoir）說，至少可以透過「自殺」來昭顯「自我」的意義。這裏，自殺成為一種體驗，殘酷而頗具誘惑。

體驗的舞台提供者必須盡力使體驗超越「體驗」本身，這被《體驗經濟時代》的作者稱為「inspiration」。我們看到，這樣的超越可能性已經包含在任何一種經濟活動中了。唯一需要的，是表演這一超越體驗的「舞台」。哈伯瑪斯說，自我透過「表演」（performance）獲得自我意識。一張照片，一片汪洋，一間祈禱室……任何引發我們感慨的物品都可做為表演的舞台。透過表演，我們洞察自己的靈魂。這正是《體驗經濟時代》的作者看到的「新經濟」的特徵。當然，這本書發表以來，隨著「新經濟」的幻滅，它的作者也開始「體驗」批評。例如，《商業週刊》曾經批評說：這本書完全不討論新經濟的企業如何可以創造利潤，而事實上，它讚揚過的那些提供獨特「體驗」的商業模式（「熱帶雨林」餐廳、「時光旅行」一日遊、「未來模擬」保險推銷……），正面臨虧損轉型的前景。儘管如此，評論界仍然相信「知識社會」即將到來，承認《體驗經濟時代》的作者所刻畫的舞台場景發人深省。更重要的是，評論家公認，知識經濟的核心要素是人的創造能力，而「創造」恰是體驗昇華的產物。做為對諸如《商業週刊》這類批評的回應，《體驗經濟時代》的作者在最近（2002年1

月17日）給我的回信中指出：如果說，他們在1999年發表這本書時只引用了兩個典型的體驗經濟案例，那麼，今天，他們已經蒐集超過20個這樣的典型案例。

最後，我要回到前面的數學模型。因為，「體驗」的數學描述不再是消費與生產截然二分的，體驗是消費的，同時又是生產的過程。這樣，我們就從貝克的「全收入」消費者選擇模型，回歸到更早的芝加哥學派的廣義「生產者—消費者」選擇模型。當然，這是更高層次上的回歸，傳統的「家庭福利函數」轉變為帶有他人效用的外部效果的個人效用函數，勞動投入也不再單純是「負效用」，因為只要足夠戲劇化和個性化，勞動就是體驗。選擇走那條佈滿荊棘的小路上山的人，畢竟知道那是一種快樂。但是，向著「生產者—消費者」選擇模型回歸的體驗經濟模型，要比農業時代的家庭經濟行為複雜得多。因為這裏的每一種「體驗」都要求「個性化」，從而要求在「質」的方面與其他體驗相區分。例如，在服務經濟的基礎上，人們不再滿足於日復一日地自己做飯，人們仍然需要餐飲業的「標準化」服務，但越來越多的人開始享受「個性化」的餐飲服務和個性化的烹調體驗（參加烹調表演、家政學習班、娛樂性「烹調派對」等等）。換句話說，儘管在數學表述方面，我們可以把「家庭生產函數」從上面的那個「生產者—消費者」選擇模型中刪除（轉化為服務型企業的生產函數），但同時，進入個人的效用函數的消費體驗，卻變得無比多樣化起來，甚至每一單位的消費，都要求成為「個性化」的體驗。

於是，體驗經濟對經濟分析提出了修改數學模型的要求。不幸的是，這要求不能被滿足，因為經濟學至今沒有提供解決上面那個廣義「生產者—消費者」選擇模型的數學方法，經濟學也沒有告訴我們如

何刻畫「每一單位的消費都是個性化體驗」的理性行為，特別是當這些行為表現出「體驗」的累積效應時。我把這些問題留給讀者，這也算是我在開篇處希望讀者繼續讀下去的理由吧。

汪丁丁

2002年1月18日於夏威夷海邊

致謝

　　每一個行業都是一個舞台，我們所有的思想和言論只不過是揭示此一現實而已。許多人加入或退出我們的工作，每個人都在這本書的製作中扮演某種角色。就像在奧斯卡頒獎典禮上的許多演說，以下的感謝辭也一定會遺漏某些值得感謝的人。無論如何，我們還是要感謝那些在整個過程中給予幫助，給我們啟發和忠告，以及曾經熱情相助的人。

　　首先，本書理念的雛形是在派恩離開IBM公司大約一年後的某一天出現的，當時吉爾摩還在CSC Consulting & System Integration工作。派恩在IBM的高級商學院（Advanced Business Institute）就「大量客製化」的主題進行演講時，他提到一個常聽到的論點，即大量客製化可以把某一個商品自動轉化為一種服務。有一位反應很快的聽眾舉手發問：「你說企業也可以把服務進行大量客製化，那麼客製化會把服務變成什麼呢？」派恩根據直覺回答說：「大量客製化可以把某一項服務自動轉化為一種體驗。」話說出口之後，派恩意識到他這一即席反應的深遠意義，當晚他打電話給吉爾摩說：「猜猜我今天說了什麼？……讓我們好好思考一下它究竟代表什麼。」在連續數個月的思考、閱讀和討論之後，我們歸納出一個要點：體驗的確是不同於以往的經濟產物，就像商品和服務也是經濟產物一樣。所以對於那位不知名的IBM員工，我們欠他一個人情，如果沒有他的發問，就沒有這

本書。所以從這個意義上說，他的問題需要的不僅是一個即席回答，而是最終催生了這一整本書。

我們還要感謝CSC公司和IBM高級商學院，特別要感謝CSC公司的Dave DeRoulet, Gary Cross和Roger Kallock，IBM公司高級商學院的Al Barnes，對於他們在我們有關大量客製化和體驗經濟的初期研究中所給予的支援（包括知識性和資金方面的支援）。我們在資誠（PricewaterhouseCoopers）旗下的Diamond Advisory Services共事過的一些夥伴，也提供了許多幫助和支援，尤其是Mel Bergstein, Jim Spira, Barry Uphoff, Chap Kistler和Chunka Mui。Diamond的Rachel Parker蒐集查詢了政府統計資料，並且告訴我們各種經濟轉型的數據。在這個新修訂版中，LEE3 Consultants的Lee Kaplan承擔了此一任務，找出了最新的政府單位數據，告訴我們最新的發展。這裏要再次感謝Rachel和Lee，在我們懶得動的情況下去學校蒐集這些資料。

許許多多企業中的人們喜愛這些理念，當他們還在進行規畫時就邀請我們與他們的組織一同工作，並且在他們的顧客關係中應用這些理念。我們尤其要感謝ARAMARK的員工（特別是Lynn McKee），Scudder Kemper投資公司（特別是Mark Casady和Lin Coughlin），Hillenbrand Industries（特別是Fred Rockwood, Chris Ruberg, Brad Reedstrom, Brian Leitten和Rob Washburn等），enable公司（Mort Aaronson），Lutron電子公司（Joel Spira和Mike Pessina），CompuCom公司（Ed Anderson），ChemStation公司（George Homan和Russ Gilmore），加州大學洛杉磯分校高級經理人教育專案（Jim Agen, Grace Siao, Al Barnes）、賓州州立大學高級經理人教育專案（Al Vicere, Gini Tucker, Maria Taylor和Bob Prescott等）和美國商務部的組

織管理學院（Maggie Elgin和Nancy Turnbull）。在初版付梓之後，有許多和我們合作的公司，透過他們，我們更加了解體驗的舞台安排，包括樂高公司（Mark Hansen）、迪士尼公司（Scott Hudgins）、Risto Nieminen（Veikkaus Oy）、Carlson公司（Marilynn Carlson Nelson和Curtis Nelson）、米高梅酒店（MGM Resorts, Felix Rappaport）、微軟公司（Nadine Kano）、Chick-fil-A速食餐廳（Dan Cathy和Jon Bridges）、杜克企業教育中心（Duke Corporate Education, Cheryl Stokes）、會展專業雜誌與會展學習活動（Exhibitor Magazine Group & Exhibitor Learning Events，分別為Lee Knight和Dee Silfies）、Gallery家具公司（Jim McIngvale）、HelmsBriscoe公司（David Peckinpaugh）、君悅酒店（Marriott, Mike Jannini和Steve Weisz），以及惠而浦公司（Whirlpool, Josh Gitlin）。曾在聯邦快遞工作但如今已經過世的Rohan Champion，在他任職AT&T時，曾向其雇主力陳超越商品化服務的好處，並且正是Rohan首先想到以價值遞進的形式來表達體驗和轉型。

有許多人一直堅持把我們的發現往前推進，並且影響到我們如何擴展自己的思想，他們包括了MIT史隆管理學院的Jim Utterback；MIT和Technion大學的Shlomo Maital；芝加哥大學的Marvin Zonis；SAP Labs的David Reed；Land as Art的Mark Dehner；Advance Management Group的Jim Rogers；Experience Engineering公司的Lou Carbone；Adaptive Business Designs的Stephan Haeckel；White Hutchinson Leisure & Learning Group的Randy White；Doblin Group的Larry Keeley；Maxwell Technologies的Dave Wright；GATX公司的David Anderson和Stephen Fraser; The Hartford的Hugh Martin；MicroAge公司創辦人之一的Alan Hald；Diamond Advisory Services的

John Sviokla；之前任職於哈佛商學院的 Jeffrey Rayport；Tim Gallwey（Inner Game 系列書籍的作者）；TechShop 公司的 Mark Hatch。自從初版之後，協助我們更進一步擴展思維的人包括 Robert Stephens（雜耍特攻隊〔Geek Squad〕）、Chip Conley（Joie de Vivre Hospitality）、Waynn Pearson（Cerritos Public Library，已退休）、Don Taranto（TST, Inc.）、Ed Goodman（Spiral Experiences, LLC）、瑪克辛・克拉克（熊熊夢工場）、蓋瑞・亞當森（Starzon Studio）、Sonia Rhodes（Sharp HealthCare）、Jeff Kallay（TargetX）、Steve Dragoo（Service Solutions Consulting）、Doug Johnson（General Growth Properties）、Amy Sanders（American National Bank of Texas）、Mark Greiner（Steelcase）、Albert Boswijk（European Certre for the Experience Economy）、Pat Esgate（Esgate & Associates）、Dave Norton（Stone Mantel）、Rick Worner（Oppenheimer & Company）、Conny Dorrestijn（Shiraz Partners）、Sanna Tarssanen（Lapland Experience Organization）、Ann Marie Fiore（愛荷華州立大學）、Toon Abcouwer and Rik Maes（阿姆斯特丹大學）、Jon Jerde（The Jerde Partnership）、Bob Rogers（BRC Imagination Arts）、Doug Wilson（Hillenbrand Industries）、Chris Voss（倫敦商學院）、John Sherry（University of Notre Dame）、Rolf Jensen（Dream Company）、以及 Gosia Glinska、Jeanne Liedtke、Marian Moore、Phil Pfeifer 和 Elliott Weiss（他們都在維吉尼亞大學的達頓學院任職）。我們各自尊敬的父親 Haydn Gilmore 和 Bud Pine 都審閱了手稿並且提供有價值的鼓勵和回饋，而且 Julie Pine 在把每一經濟產物如何和其他產物區分的初步描述予以形式化方面有所幫助。

我們還必須感激許多思想家和作者，他們在我們所發現的某些趨

勢方面具有驚人的先見之明，其中許多是生活在我們之前很久遠的年代，而我們一直不知道，直到我們開始研究正在浮現的體驗經濟之時。回溯到1970年，未來學家艾文‧托佛勒（Alvin Toffler）在《未來的衝擊》（*Future Shock*）一書中就專門撰寫了「體驗製造者」一章。甚至在此之前的1959年，社會學家艾文‧高夫曼（Erving Goffman）在《日常生活中的自我表演》（*The Presentation of Self in Everyday Life*）書中把戲劇原理應用到工作和社會場景之中。1970年，美國西北大學行銷學教授科特勒（Philip Kotler）預見了教育和旅遊將如何變得越來越具有體驗性。1995年，Gerhard Schulze在《*Erlebnisgesellschaft: Kultursoziologie der Gegenwart*》一書中著有〈體驗式社會〉（Experience Society）這篇文章（我們盼望哪天有人能把這本書翻成英文）。比較晚近的是，亞利桑那州立大學的Mary Jo Bitner、德州州立大學的Raymond Fisk和Clemson大學的Stephen Grove已經在學術圈內就體驗性的環境（Bitner博士稱之為「服務地景」〔servicescapes〕）的理念，做了大量的研究和推動，並且採用一個與服務相關的戲劇觀點。還有許多傑出的作者以各種方式就服務向體驗的轉換進行闡述，最引人注目的有Chris Hart, Christopher Lovelock, Leonard Berry, Earl Sasser, James Heskett和Leonard Schlesinger。加州藝術學院（California College of the Arts）的Brenda Laurel，在她的《電腦如同劇場》（*Computers as Theatre*）一書中把戲劇原理應用到電腦的互動上。全球商業網絡（Global Business Network）的共同創辦人Jay Ogilvy，1985年為SRI國際公司寫了名為《體驗產業》（*The Experience Industry*）的報告，指出對於「生動體驗」的需求已經帶動了美國經濟的邊際成長。當然還有其他我們應提及的人物，我們希望他們在預見和描述體驗經濟的興

起方面的貢獻，得到適當的肯定。

有許多人並沒有寫過，或與我們討論過與本書主題直接相關的觀點，卻影響我們對一些相關主題的思考極深，這些主題在我們寫作時不禁流露出來。這些充滿智慧的人包括 Stan Davis, Edward de Bono, Joel Barker, Don Peppers and Martha Rogers, Michael Schrage, Peter Drucker, George Gilder, James Brian Quinn, Taichi Sakaiya, Virginia Postrel, Larry Downes and Chunka Mui（再次提到他），Donald Norman, David Gelernter, Joel Kotkin, Grant McCracken, R.C. Sproul，已故的 Henry Morris 和 James Boice。我們還盡可能地學習了戲劇知識，並把這些戲劇原理從一些表演藝術著作中應用到工作中，這些作者包括 David Mamet, Peter Brook, Richard Schechner, Richard Hornby, Michael Kearns, Michael Shurtleff, Eric Morris, Thomas Babson, Anthony Rooley, Charles Marowitz, David Kahn and Donna Breed, Harold Clurman, Sally Harrison-Pepper，透過他們的作品，我們對於街頭式劇場有了更廣泛的了解──這類型的劇場是吉爾摩自少年時代以來就相當敬重的表演形式，這源於他早年觀看羅伯·阿姆斯壯（Robert Armstrong）在舊金山街頭扮演「蝴蝶人」（Butterfly Man）的表演。

當然，如果沒有一些人跨越諸多學科分際的貢獻，這本書的觀念可能早就被遺忘了。我們的經紀人 Rafe Sagalyn 幫助我們找到適合的出版社，並且在寫作的重要環節上提供指導。哈佛商學院出版社的許多人從一開始就熱情地支援我們，Nick Phillipson 首先發起對該專案的熱情。我們出色的編輯 Kirsten Sandberg 指出最初手稿中的許多瑕疵，並且對我們循循善誘，讓我們一次又一次地不斷改進。另外，Sarah Merrigan 和 Morgan Moss 認真細緻的編輯工作，大幅改進了全書完稿之

後的品質。出版社的負責人Carol Franco從多年前介入《大量客製化》（*Mass Customization*）的出版工作時開始，就始終是我們想法的堅定支持者。我們的許多想法都是先在《哈佛商業評論》上發表的，我們應當感謝與我們長期合作的編輯Steve Prokesch，還有Tom Richman, Cathy Olofson, Regina Fazio Maruca, Nan Stone。為我們的手稿和產業分析提供個人編輯協助的分別是自由撰稿人Robin Schoen和Chris Roy，克利夫蘭Word Plus Project Support在繪製圖表上貢獻很多；我們還要感謝Petra Haut, Tim McCluskey，和已故的Ruthanne Fait。我們在撰寫這個修訂版時，更是要感謝Courtney Schinke Cashman的鼓勵與支持。

　　當然，如果沒有我們的執行夥伴Doug Parker，沒有他打點我們如此繁多的日常事務，並承擔更多沒有回報的任務，替我們省下寫作所需的時間、精力和注意力，我們將沒有圖表、沒有手稿、沒有生意甚至沒有一切。他還安排了所有維持營運的行銷活動，我們對於Doug真是感激不盡。我們在策略地平線公司（Strategic Horizons LLP）的同事Scott Lash，完成了許多重要任務，包括研究一些我們強調且重視的企業。

　　還要感謝我們的家人：Julie, Rebecca和Elizabeth Pine，Bath, Evan和Anna Gilmore，他們在生活中給我們摯愛，並且慷慨給予我們寫作的時間。感謝我們的父母—— Bud Pine和已故的Marilou Burnett Pine與Norman Burnett；以及Haydn and Marlene Gilmore，以及已經去世的Jean Gilmore ——感謝他們充滿慈愛的支援和貫穿我們生活歷程的指引。最後，我們要感謝上帝，祂將所有這些人安排到我們的必經之路上，並且給予我們充分的好奇心和探索能力，以發現祂為我們澄清的一切。

注釋

第1幕

❶ 有關華特・迪士尼世界的技術背景考察，可參考 Scott Kirsner, "Hack the Magic: The Exclusive Underground Tour of Disney World," *Wired*, March 1998, pp.162-168, 186-189。

❷ 這類主題餐廳發展得非常迅速，以至於在1998年4月15日，網上的諷刺雜誌《洋蔥》(*The Onion*，www.theonion.com) 刊出了題為〈最後一家無主題餐廳關門〉的文章。描寫的明顯是愛荷華州 Dubuque 的 Pat's Place 被該鎮開張的第七家「Paddy O'Touchdown's 愛爾蘭運動酒吧和好時光網路烤肉店」取代的故事。

❸ Steven E. Prokesch, "Competing on Customer Service: An Interview with British Airways' Sir Colin Marshall," *Harvard Business Review* 73, no. 6, November-December 1995, p.103。約瑟夫・派恩發表了文章回應 Steven 的觀點，並第一次將「體驗做為獨特的經濟產物」的概念公諸於世。參考 B. Joseph Pine II, "Customer Service on British Airways," Letter to the Editor, *Harvard Business Review* 74, no. 1, January-February 1996, pp.162-164。

❹ Howard Riell, "Upscale Grocer Chain Grows," *Stores*, March 1995, p.26.

❺ Russell Vernon, "Fighting Back—A Small Retailer Takes on the EEOC," *Retailing Issues Letter* 8, no.2, Center for Retailing Studies, Texas A&M University (November 1996): p.2。也可以參考 Leonard L. Berry, *On Great Service: A Framework for Action* (New York: Free Press, 1995)，特別是第90-92頁。

❻ 例如 Louise Palmer, "There's No Meetings Like Business Meetings," *Fast Company*, April-May 1996, p.36, 40。

❼ Tibor Scitovsky, *The Joyless Economy: The Psychology of Human Satisfaction*, Revised Edition (New York: Oxford University Press, 1992), p.67.

❽ 美國勞工局的統計數字中的〈2009年家戶平均資料〉，http://bls.gov/cps/cpsaat18.pdf。同時請見 Julian L. Simon, *The Ultimate Resource 2* (Princeton, N.J.: Princeton University Press, 1996), p.416, 109。這本書涵蓋了人類在地球上所發現的所有產品的龐大（也許是最終的）資料。

❾ 關於「美國製造系統」以及大規模製造系統的內容，可以查閱 B. Joseph Pine II, *Mass Customization: The New Frontier in Business Competition* (Boston: Harvard Business School Press, 1993), Chapters 1 and 2.

❿ （聖經）《申命記》（舊約中的一卷）28: 11（金・詹姆斯版本）：「上帝會為你提供富足的物品，透過你的身體，運用你的牛群、你的農田和你的土地，上帝以聖父的名義發誓給你財富。」其中，工作（身體的果實）被明顯視為是從動物（牛）、蔬菜（農田）以及礦產（土地）中提煉出產品。

⓫ W. W. Rostow, *The World Economy: History and Prospect* (Austin: University of Texas Press, 1978), pp.52-53, 在 Alfred D. Chandler, *Scale and Scope: The Dynamics of Industrial Capitalism* (Cambridge, Mass.: Belknap Press of Harvard University Press, 1990), p.4當中引用。

⓬ David A. Hounshell, *From the American System to Mass Production, 1800-1932: The Development of Manufacturing Technology in the United States* (Baltimore: Johns Hopkins University Press, 1984), p.228.

⓭ 美國勞工局的統計數字中的〈2009年家戶平均資料〉，http://bls.gov/cps/cpsaat18.pdf。

⓮ Demian McClean, "Farming Ousted by Service Sector as Top Employer,"

Cleveland Plain Dealer, October 21, 2007，引用聯合國國際勞工組織出版的 "Key Indicators of the Labor Market"。

⑮ 關於在製造中將服務捆綁於商品之上的原則和架構，可以參考 Christopher Lovelock, *Product Plus: How Product + Service = Competitive Advantage* (New York: McGraw-Hill, 1994).

⑯ 例如，"Big Mac Currencies," *The Economist*, 12 April 1997, p.71。

⑰ Suzanne Woolley, "Do I Hear Two Bits a Trade?" *Business Week*, 8 December 1997, p.112. Patrick McGeehan and Anita Raghavan 在 "On-Line Trading Battle Is Heating Up as Giant Firms Plan to Enter Arena," *The Wall Street Journal*, 22 May 1998 中說，當 Ricketts 這樣說的時候，網上佣金急劇下降，「很可能陷入荒謬的結局」。

⑱ 在 *Blur: The Speed of Change in the Connected Economy* (Reading, Mass.: Addison-Wesley, 1998，中譯本《新商業革命》時報出版) 一書中，Stan Davis 和 Christopher Meyer 證明了商品和服務的市場，其運作越來越趨向於金融市場的方式，它們已經商品化了。然後作者提出了在這樣的「模糊」世界中生存的策略，請特別參考 pp.96-110。

⑲ 如 Davis 和 Meyer 所提到，服務商品化與製造商圍繞其商品的捆綁服務的雙重力量，已經使得兩者之間的界線模糊起來。又見 Michael Schrage, "Provices and Serducts," *Fast Company*, August-September 1996, pp.48-49。

⑳ Adam Smith, *An Inquiry into the Nature and Causes of The Wealth of Nations*, Modern Library Edition (New York: Random House, 1994，中譯本《國富論》先覺出版), p.361.

㉑ 這也是為什麼最好的娛樂業經營者可以獲得天文數字的利潤。參考 Robert La Franco and Ben Pappas, "The Top 40," *Forbes*, 21 September 1998, pp.220-246。

㉒ Travis J. Carter and Thomas Gilovich, "The Relative Relativity of Material and Experiential Purchases," *Journal of Personality and Social Psychology* 98, no. 1 (2010): pp.146-159. 這是來自 Leaf Van Boven and Thomas Gilovich 早先的作品："To Do or to Have? That Is the Question," *Journal of Personality and Social Psychology* 85, no. 6 (2003): pp.1193-1202.

㉓ "Economics Discovers Its Feelings," *Economist*, December 23, 2006, p.34.

㉔ "Relative Importance of Components in the Consumer Price Index, 2009," *Bureau of Labor Statistics*, www.bls.gov/cpi/cpiri2009.pdf.

㉕ 較高級經濟產物的價格升高的趨勢，不僅是因為消費者對其需求更大，也因為在一段時間內生產這些商品的企業的相對生產力較低，以至於產出的效率較低。因為生產力和效率與商品化的力量緊密相關，這一點是可以預期的。直到競爭變得更激烈，提供體驗的商家才會有將成本降低的誘因。

㉖ 可以參考晚近的經濟學家 Julian Simon 和馬爾薩斯主義者 Paul Ehrlich 的著名對賭，關於地球是否正在耗盡所有的自然資源；Simon 在 *The Ultimate Resource 2*, pp.35-36 曾提到這一點。Ehrlich 和他的兩名同事選擇五種初級產品，並且打賭在1990年這五種產品的價格之和將會比1980年時為高。結果他們輸給 Simon，因為 Simon 清楚知道初級產品的價格相對於商品和服務的價格是逐漸走低，就像那些已經商品化的商品和服務的價格會低於那些沒有被商品化的商品和服務，當然對於體驗也是如此。

㉗ 採用名目 GDP 是因為它使用的是實在的物價，並沒有將通貨膨脹因素考慮在內。正如在前面已經提過的，剔除通貨膨脹就不能準確反映出從商品到服務的過渡（更無法反映到體驗的過渡）。因此，採用實質 GDP 不能準確地反映出服務和體驗的成長。同時，也像前面提到的，高層次商品的高價在某種程度上反映出更高的需求，而不只是更高的投入成本。

㉘ 體驗產業的就業率和 GDP 計算方式如下，而做出有根據的估計，以反映某一特定產業的比率：零售貿易（NAICS code 44-45；年產值的20%）；

資訊（51；50%）；專業、科學和技術服務（54；20%）；公司與企業管理（55；33.3%）；藝術、娛樂與休閒（71；100%）；居住與飲食服務（72；30%），以及除了公共行政之外的其他服務（81；20%）。如要進一步了解體驗經濟成長的資料，可以參考具有驚人先見之明的James A. Ogilvy（目前服務於Global Business Network）的 "The Experience Industry: A Leading Edge Report from the Values and Lifestyle Program," *Business Intelligence Program Report* No. 724, Fall 1985。

㉙ 經濟學家Stanley Lebergott在*Pursuing Happiness: American Consumers in the Twentieth Century* (Princeton: Princeton University Press, 1993) 中提到，「消費者在琳琅滿目的街頭市集採購，他們只是為了最終獲得各種他們所需要的體驗」（p.3）。他接下來顯示大量資料，說明這一類的商品和服務已經使消費者的體驗在20世紀當中有顯著的成長。同樣參考Virginia I. Postrel, "It's All in the Head," *Forbes ASAP*, 26 February 1996, p.118。

㉚ Peter Guttman, *Adventures to Imagine: Thrilling Escapes in North America* (New York: Fodor's Travel Publications, 1997) 描述了這類探險活動，Guttman親身經歷了每一種探險活動並且留下照片。書中同時還列出從事每一種探險所需的物品清單。

㉛ 引自Tim Stevens, "From Reliable to Wow," *Industry Week*, 22 June 1998, p.24，其中增加了一些強調。其他一些實例包括Paul Levesque, *The Wow Factory: Creating a Customer Focus Revolution in Your Business* (Chicago: Irwin Professional Publishing, 1995)；Tom Peters, *The Pursuit of Wow! Every Person's Guide to TopsyTurvy Times* (New York: Vintage Books, 1994)；以及雖然有一些小出入，但是仍然具有代表性脈絡的Ken Blanchard and Sheldon Bowles, *Raving Fans: A Revolutionary Approach to Customer Service* (New York: William Morrow and Company, 1993，中譯本《顧客也瘋狂》哈佛企管出版）。

㉜ Bernd Schmitt 和 Alex Simonson 在 *Marketing Aesthetics: The Strategic Management of Brands, Identity and Image* (New York: Free Press, 1997，中譯本《大市場美學》新雨出版) 一書中提供了經營體驗性的品牌的大量素材。

㉝ 「體驗化」和「感性化」都不是十分悅耳的詞語，但是正如 Stan Davis 和 Bill Davidson 對「資訊化」的注解：「我們使用這個詞語，因為它更完整而且具有自我解釋力，儘管存在著一些阻礙的因素。我們懷疑『體驗化』在剛開始出現的時候聽起來也是一樣的不自然。」參考 *2020 Vision* (New York: Simon & Schuster, 1991，中譯本《2020─六八》時報出版), p.207, n.1。

㉞ Christian Mikunda 探索了製造商如何創造體驗，詳見 *Brand Lands, Hot Spots & Cool Spaces: Welcome to the Third Place and the Total Marketing Experience* (London: Kogan Page, 2004).

㉟ 郊區和城市的孩子脫離農業經濟的環境已經很久了，以至於到農場就是一種體驗。事實上，提供農場體驗是農業市場的第二次浪潮。參考 Julie V. Iovine, "A New Cash Crop: The Farm as Theme Park," *The New York Times*, 2 November 1997；以及 Rick Mooney, "Let Us Entertain You," *Farm Journal*, March 1998, H-8, H-9。

㊱ 術語「價值遞進」及其含義最早來自 Rohan Champion，他當時擔任 AT&T 新服務策略部副總裁，現任聯邦快遞策略與聯盟委員會副總裁。

㊲ 當然，每一種經濟產物都相應於自己的邊際貢獻有特定的成本消耗。如生產初級產品的農場，生產商品的工廠，提供服務的辦公室和銷售點，還有為提供這種特定的體驗所經營的農場。

㊳ 參考 Eben Shapiro, "Discovery Zone Slides into Bankruptcy Court," *The Wall Street Journal*, 26 March 1996.

第2幕

❶ 例如可參考 Colin Berry, "The Bleeding Edge: If You're Looking for What's Next in Online Technology and Commerce, Just Follow the Gamers," *Wired*, October 1997, pp.90-97。

❷ 也可以參考 Amy Jo Kim, "Killers Have More Fun," *Wired*, May 1998, pp.140-144, 197-198, 209。

❸ *The New Shorter Oxford English Dictionary*, vol. 1, A-M, s.v. "entertainment."

❹ Stan Davis and Jim Botkin, *The Monster Under the Bed: How Business Is Mastering the Opportunity of Knowledge for Profit* (New York: Simon & Schuster, 1994，中譯本《企業推手》天下文化出版), p.125.

❺ Judith Rodin, "A Summons to the 21st Century," *Pennsylvania Gazette*, December 1994.

❻ 儘管她沒有採用「教育娛樂」這個詞，科特勒（Philip Kotler），西北大學凱洛格管理學院行銷學教授，第一次將教育與娛樂連結在一起。參考 "Educational Packagers: A Modest Proposal," *The Futurist*, August 1978, pp.239-242。其中他提到「將教室比喻為劇場」，以及鼓勵教育的包裝者（有別於出版者）像好萊塢的製作人一樣提供「多媒體的體驗」，這樣「學生既被教育也獲得了娛樂」。

❼ 心理學家 Mihaly Csikszentmihalyi 將這一類最適體驗稱為「生命完全融入的過程，我稱之為暢流（flow）」。參考 *Flow: The Psychology of Optimal Experience* (New York: HarperPerennial, 1990，中譯本《快樂，從心開始》天下文化出版), p.xi。我們在這裏將它和逃避現實的領域畫上等號，但是這種做法有待商榷，因為它比較像是包含了四種領域中的最美好部分。

❽ Michael Krantz 稱那些以影片效果吸引顧客的做法及其同類為「體驗產業」，參考 "Dollar a Minute: Realies, the Rise of the Experience Industry, and the Birth of the Urban Theme Park," *Wired*, May 1994, pp.104-109, 140-142。

❾ 來自 William Irwin Thompson 的陳述，只是稍加改動。參考 *The American Replacement of Nature: The Everyday Acts and Outrageous Evolution of Economic Life* (New York: Doubleday Currency, 1991), p.35。應該指出的是，Thompson 非常反對展示體驗，因為他認為這取代了自然的體驗。

❿ 科特勒教授也有相同的看法，他曾在相關文章中探討過逃避現實的體驗。參考 "Dream' Vacations: The Booming Market for Designed Experiences," *The Futurist*, October 1984, pp.7-13。Tibor Scitovsky 在 *The Joyless Economy: The Psychology of Human Satisfaction, Revised Edition* (New York: Oxford University Press, 1992) 中指出，許多有錢的富人為了更加舒適的生活付出金錢，實際上是降低了日常生活可獲得的愉悅。在這種環境中長大的人「習慣於從事危險的體育運動，捲入無休止的冒險。因為生活過於舒適，無法獲得一般的樂趣。難道他們只能在刺激和威脅中尋找快樂嗎？也許這就是為什麼富人階層的暴力傾向不斷加強的原因」（p.74）。

⓫ John Ed Bradley，「SWM，29歲，高大英俊的職業美式足球員，尋找漂亮聰明的年輕女士幫助設計夢幻之家並且建立和美國隊（America's Team）一樣的家庭。必須喜歡在家度過安靜的夜晚，或者喜歡逛美國線上，或者醉心於觀賞熱帶魚。必須樂意在達拉斯牛仔隊比賽的看台上度過星期天。最好不喜歡49人隊和紅人隊，但不強求。」選自 *Sports Illustrated*, 15 January 1996, pp.80-90。

⓬ Steve Hamm, with Amy Cortese and Cathy Yang, "Microsoft Refines Its Net Game," *Business Week*, 8 September 1997, p.128.

⓭ 麻省理工學院教授 Sherry Turkle 在 *Life on the Screen: Identity in the Age of the Internet* (New York: Simon & Schuster, 1995，中譯本《虛擬化身》遠流出版) 中，討論了電腦媒體的發展趨勢，鼓勵人們在網際網路上扮演不同的角色。有些人沉迷到認為現實生活不過是「多開一個視窗」（p.14）。

⓮ Frank Rose, "Keyword: AOL," *Wired*, December 1996, p.299.

⓯ 請參考 William Powers, *Hamlet's Blackberry: A Practical Philosophy for Building a Good Life in the Digital Age* (New York: HarperCollins, 2010)，這是一個好例子，說明各種能夠避免受到數位生活干擾的方法。

⓰ Ray Oldenburg, *The Great Good Place: Cafés, Coffee Shops, Community Centers, Beauty Parlors, General Stores, Bars, Hangouts and How They Get You through the Day* (New York: Marlowe & Company, 1997).

⓱ 在 *The Theming of America: Dreams, Visions, and Commercial Spaces* (Boulder, Colorado: Westview Press, 1997), p.115 中，Mark Gottdiener 指出許多主題式的環境實現了「對於社區和公共交往的渴求，以及將枯燥乏味的日常生活變為節日的需求。人們似乎刻意追求這種市井型的親密關係。在當代社會中，由於郊區化和對於都市犯罪的恐懼，公共交往的空間遭到破壞，因此，人們更加緬懷那種形式的交往」。

⓲ 暢流（flow）體驗的概念曾被 Mihaly Csikszentmihalyi 和 Rick E. Robinson 應用於美學方面。參考 *The Art of Seeing: An Interpretation of the Aesthetic Encounter* (Malibu, Calif.: J. Paul Getty Museum and the Getty Center for Education in the Arts, 1990)。

⓳ 在第一家原型商店展示的活蝴蝶曾經不幸飛落到客人的碟子裏。

⓴ 引自 Chris Niskanen, "Big Big Business," *St. Paul Pioneer Press*, 29 March 1998.

㉑ Michael Benedikt, *For an Architecture of Reality* (New York: Lumen Books, 1987), p.4.

㉒ 同上，p.48。然而，我們認為，建築的經典之作也是類似的「非現實」，因為它們是我們自己創作出來的作品而已。如果細究 Benedikt 的定義的話，那麼真正的審美體驗只能發生於上帝的創造物。

㉓ Ada Louise Huxtable, *The Unreal America: Architecture and Illusions* (New

York: New Press, 1997), p.75.

㉔ 更進一步了解體驗經濟與真實的關係，見James H. Gilmore and B. Joseph Pine II, *Authenticity: What Consumers Really Want* (Boston: Harvard Business Press, 2007，中譯本《體驗真實》天下雜誌出版)，尤其是第六章。

㉕ Huxtable, *The Unreal America*, p.58.

㉖ Tom Carson, "To Disneyland," *Los Angeles Weekly*, 27 March, 2 April, 1992。Carson也從Charles Moore著的*The City Observed*書中關於迪士尼世界的一章中引用了下面的話，「人們往往將迪士尼世界視為是靈巧膚淺與偽造的同義詞，但不能否認：這種環境體驗的令人訝異的綜合體，對整個建築學教育提供了許多有益的成分，在社群與現實、個人記憶與居住、以及親近關係（propinquity）與舞蹈（choreography）方面也很有益處」。

㉗ Charles Goldsmith, "British Airways's [sic] New CEO Envisions a Marriage of Travel and Amusement," *The Wall Street Journal*, 6 November 1995.

㉘ 美國運通公司所提供的其他一些獨一無二的體驗，還有為顧客客製的加州納帕山谷葡萄酒莊之旅（Napa Valley Wine Country Tour）、在紐約的法國廚藝學院練習烹飪技術、鄉村音樂表演，以及赴法國參加香檳節。將這些活動做為體驗，美國運通公司規定要有數量龐大的回饋點數，有時高達50萬美元，這意味著該公司放棄了本來應由美國運通卡持卡人支付50萬美元的機會！

㉙ 在*Performance: Revealing the Orpheus Within* (Longmead, UK: Element Books, 1990), pp.108-109中，Anthony Rooley解釋了圍繞「亮點」的七種表演舞台：「演出必須令人愉悅，以吸引更多的注意和更深層的思考。一場演出中的七個舞台分別為：

(a) 愉悅感官
(b) 引出好奇

(c) 涉及心靈

(d) 鼓勵進一步的研究

(e) 鼓勵有規律的實踐

(f) 擴展愛

(g) 開拓知識

㉚ Witold Rybczynski, *Home: A Short History of an Idea* (New York: Penguin Books USA, 1986，中譯本《金窩・銀窩・狗窩》貓頭鷹出版), p.66.

㉛ 同上，p.62。

㉜ 見 James H. Gilmore and B. Joseph Pine II 為以下著作所寫的前言：*The Power of the 2×2 Matrix: Using 2×2 Thinking to Solve Business Problems and Make Better Decisions*, by Alex Lowry and Phil Hood (San Francisco: Jossey-Bass, 2004), p.xv.

第3幕

❶ 從英語中關於「主題」（theme）的解釋，可以了解主題和地點之間的關係。John Ayto, *Dictionary of Word Origins* (New York: Arcade Publishing, 1990), p.527 這樣描述：「希臘文 *théma* 原指『被安置的某物』，因此是一個『敘述』（它是來自字根 *the-，是 *tithénai*〔放置好〕的字源，也是英文 *do* 的遠親）。在英文中這個字源於拉丁文的 *thêma* 和古法文的 *teme，但很快就變得更接近拉丁文的拼法」。體驗在不同地點發生，那些最佳地點就被主題化。

❷ James Champy, *Reengineering Management* (New York: Harper Business, 1995，中譯本《改造管理》牛頓出版), pp.56-57. 也參考 I. Jeanne Dugan, "The Baron of Books," *Business Week*, 29 June 1998, pp.108-115.

❸ 引自 Bob Thomas, *Walt Disney: An American Original* (New York: Hyperion,

1994), p.11。

❹ 同上，p.13。

❺ 同上，p.247。

❻ 同上，p.246。

❼ 關於雜耍特攻隊的主題，請見Gosia Glinska, James H. Gilmore, and Marian Chapman Moore, *The Geek Squad Guide to World Domination: A Case for the Experience Economy* DVD-ROM (Charlottesville, VA: Darden Business Publishing, 2009)，其中有更詳盡的描述。

❽ 將說故事的藝術應用到如CD-ROM和全球網路——而且通常不限於此——這類的新媒體，有一篇經典論述，請見Brent Hurtig, "The Plot Thickens," *New Media*, January 13, 1998, pp.36-44.

❾ Randy White, "Beyond Leisure World: The Process for Creating Storyline-Based Theming," *FEC Magazine*, November-December 1998.

❿ Mark Gottdiener, *The Theming of America: Dreams, Visions, and Commercial Spaces* (Boulder, Colo.: Westview Press, 1997), pp.144-151。在 *Marketing Aesthetics: The Strategic Management of Brands, Identity and Image* (New York: Free Press, 1997), pp.137-139中，Bernd H. Schmitt和Alex Simonson建議企業將五種文化領域的內容做為主題的來源：自然世界；哲學／心理學概念；宗教、政治和歷史；藝術；時尚與流行文化。他們同樣建議（pp.129-135）企業將主題——他們定義為「內容、意義和所投射的形象（p.124）——與企業的使命、願景、目標和策略相聯繫，與核心能力、傳統、企業或品牌的個性以及價值相聯繫。對於現存的企業來說，我們認為突顯經營的傳統尤其重要。

⓫ Schmitt and Simonson, *Marketing Aesthetics*, pp.128-129.

⓬ 想更了解Mike Vance的「心靈的廚房」（Kitchen of the Mind），參考Mike Vance and Diane Deacon, *Think Out of the Box* (Franklin Lakes, N.J.: Career

Press, 1995，中譯本《跳出箱子外的思考》書華出版），特別是 pp.96-97,
pp.103-109。

⓭ Henry M. Morris with Henry M. Morris III, *Many Infallible Proofs: Evidences
for the Christian Faith* (Green Forest, AR: Master Books, 1996), p.118。
Morris 進一步指出，三維宇宙中每一個都是三位一體：空間具有三維；
事物可以是能量、運動和現象；時間有過去、現在和未來。

⓮ 它現在還在舊金山。Lori's 忠實地再現 1950 年代餐廳的場景，包括酒
類、男侍者的耳環、女侍者的刺青。一切都令人難以置信。

⓯ Schmitt and Simonson, *Marketing Aesthetics*, pp.172-185.

⓰ *Roget's International Thesaurus*, 4th ed., rev. Robert L. Chapman (New York:
Harper & Row, 1977), pp.xvii-xxiv。不要買字典式的百科辭典，分類式的
才好。

⓱ 執行長 Betts 和他的團隊合作演出那樣的體驗，以至於在 1997 年 2 月，迪
士尼公司頒給 East Jefferson 和「奧斯卡」獎相對應的「冒斯卡」
（Mouscar）獎，該獎以前從未頒發給迪士尼以外的成員。Betts 說「以後
再也不怕別人說這是像米老鼠管理的醫院了」。

⓲ 提到機械學（mechanics），關於服務行銷的「服務視野」（servicescapes）
在業內有著激烈的討論，亞利桑那州立大學教授 Mary Jo Bitner 最先使用
這個詞來描述服務提供者周圍的物理環境。這非常像卡邦（Carbone）提
到的「機械線索」（mechanics clues）。參考 Mary Jo Bitner, "Consumer
Responses to the Physical Environment in Service Settings," in *Creativity in
Services Marketing*, ed. M. Venkatesan, Diane M. Schmalensee, and Claudia
Marshall (Chicago: American Marketing Association, 1986), pp.89-93; Mary
Jo Bitner, "Servicescapes: The Impact of Physical Surroundings on Customers
and Employees," *Journal of Marketing* 56, no. 2 (Spring 1992): pp.57-71;
Kirk L. Wakefield and Jeffrey G. Blodgett, "The Importance of Servicescapes

in Leisure Service Settings," *Journal of Services Marketing* 8, no. 3 (1994): pp.66-76；以及結集一些優秀文章的書John F. Sherry, Jr., ed., *ServiceScapes: The Concept of Place in Contemporary Markets* (Lincolnwood, Ill.: NTC Business Books, 1998)。或許該領域的第一篇文章應該是Philip Kotler, "Atmospherics as a Marketing Tool," *Journal of Retailing* 49, no. 4 (Winter 1973): pp.48-64。

⑲ Donald A. Norman, *Turn Signals Are the Facial Expressions of Automobiles* (Reading, Mass.: Addison-Wesley, 1992), p.19.

⑳ Tom Huth, "Homes on the Road," *Fortune*, 29 September 1997, p.307, emphasis added.

㉑ 如同Alvin Toffler很久以前在*Future Shock* (New York: Bantam Books, 1970，中譯本《未來的衝擊》時報出版), p.226中預言的，消費者有朝一日將會「開始像蒐集物品一樣有意識地蒐集體驗」。

㉒ Leonard L. Berry, *On Great Service: A Framework for Action* (New York: Free Press, 1995), p.10.

㉓ 同上，p.91。

㉔ 在*Performance: Revealing the Orpheus Within* (Longmead, England: Element Books, 1990), pp.103-104，Anthony Rooley指出：「五種感官形成兩種截然不同的層面：嗅覺、味覺和觸覺屬於身體，它們是較低層次的感官，主要是功能性的訊息吸收；視覺和聽覺則哺育心靈。」

㉕ 也許有人說，英國航空和其他航空公司都只是因為客戶進入他們的「地方」而收取費用，但這裏「只是」（just）非常重要。儘管他們操縱著整個飛行工具的環境，他們並不「只是」因為客人登機就收取費用，而是因為他們將客人從一地送達另一地。有趣的是，以色列的航空公司埃航（El Al）提供一種「哪裏也不去」（Flight to Nowhere）的服務，組團的話每人費用約85美元，客人可以登機、用餐、唱歌、看電影。埃航發言人

Nachman Kleiman說：「你無須飛到倫敦或巴黎才能享受這樣的服務。」美聯社說：「以色列航空提供『哪裏也不去』的航班。」（*Daily Tribune* [Hibbing, Minnesota], December 29, 1997）相對的，好萊塢星球餐廳和其他主題餐廳遇到困難的一個重要原因是：他們沒有收門票。因此他們提供的體驗只能由客戶支付的用餐費補償，餐點價格提高了，而其餐飲品質卻無法滿足消費者的預期。一個起司漢堡竟然是可怕的8.95美元。如果收取5美元的門票，那麼標價3.95美元的漢堡會變得非常吸引人。當然，這樣做的前提是提供的體驗本身確實值5美元。

❷❻ 在"Malling Society: Mall Consumption Practices and the Future of Public Space"一文中，Ozlem Sandikci和Douglas B. Holt討論了這一現象，並將此稱為「前戲產品」（product foreplay）。他們這篇文章收錄於Sherry, *ServiceScapes*, pp.305-336。他們甚至提議（pp.333-334），「購物中心的演化」將促使購物中心管理者「把空間出售給消費者」，因為「購物中心的發展是由『把社會體驗商品化』（即把它當作某種具有價值的東西而出售）的需求所驅動的」。

❷❼ "Niketown Comes to Chicago,"媒體報導，Niketown Chicago, 2 July 1992，被引用於Sherry, "The Soul of the Company Store: Niketown Chicago and the Emplaced Brandscape," in his *ServiceScapes*, pp.109-146.

❷❽ 在美國幾乎所有的購物中心，開發商都未能收取在每天早上商店開門前出現的體驗收入，比如說老年顧客把該地當作散步的場所，實際上應當向他們收取門票，因為他們已經為這些特定客人創造了逃避喧囂的價值。

第4幕

❶ "Fiscal Year 2010 Financial Charts," Dell, http://content.dell.com/pr/en/corp/d/corp-comm/fy10-financial-charts.aspx.

❷ "Michael Dell Email to Employees," *The HR Capitalist*, http://www.

networkworld. com/news/2007/013107-dell-ceo.html.

❸ 從英語中關於大量客製化（mass customization）的更多資訊，可以查閱 Stanley M. Davis（他創造了這個詞），*Future Perfect* (Reading, Mass.: Addison-Wesley, 1987，中譯本《量子管理》大塊出版），也可以參考同一出版社出版的十週年紀念版。其他相關文章和書籍包括：B. Joseph Pine II, *Mass Customization: The New Frontier in Business Competition* (Boston: Harvard Business School Press, 1993，中譯本《大規模定制》中國人民大學出版社出版）；B. Joseph Pine II, Bart Victor, and Andrew C. Boynton, "Making Mass Customization Work," *Harvard Business Review* 71, no. 5, September-October 1993, pp.108-119；（為製造業而寫的）David M. Anderson, *Agile Product Development for Mass Customization* (Chicago: Irwin Professional Publishing, 1997); and Bart Victor and Andrew C. Boynton, *Invented Here: Maximizing Your Organization's Internal Growth and Profitability* (Boston: Harvard Business School Press, 1998)。

❹ 模組至少具有6種不同的類型（對於每一種類型還有相應的許多操作方法，根據公司的不同環境狀況而定），參考Pine, *Mass Customization*, pp.196-212。關於該主題的其他資料還有：Karl T. Ulrich and Steven D. Eppinger, *Product Design and Development* (New York: McGraw-Hill, 1995，中譯本《產品設計與開發》麥格羅希爾出版); G. D. Galsworth, *Smart, Simple Design: Using Variety Effectiveness to Reduce Total Cost and Maximize Customer Selection* (Essex Junction, VT.: Omneo, 1994); Toshio Suzue and Akira Kohdate, *Variety Reduction Program: A Production Strategy for Product Diversification* (Cambridge, Mass.: Productivity Press, 1990); Ron Sanchez and Joseph T. Mahoney, "Modularity, Flexibility, and Knowledge Management in Product and Organization Design," *Strategic Management* 17, December 1996, pp.63-76; Marc H. Meyer and Alvin P. Lehnerd, *The Power of Product Platforms: Building Value and Cost Leadership* (New York: Free Press, 1997); and Carliss Y. Baldwin and Kim B. Clark, "Managing in an Age of Modularity," *Harvard Business Review* 75, no. 5, September-October 1997, pp.84-93.《大量客製化》（*Mass Customization*）中提到的六種模組類型，是根據Ulrich和他的學生的早期著作。

❺ 派恩在《大量客製化》早先的版本中，曾經搞錯了這一點。

❻ 引自Clayton Collins, "Five Minutes with J. D. Power III," *Profiles*, October 1996, p.23。

❼ 將這些損失加在一起——每一種都假設為平均水平——人們就可以理解為什麼航空公司提供的是如此不愉快的服務。最差勁的莫過於一名旅客本來應該要回到家或到達旅館的時候，他才只是剛下飛機而已。這樣的損失是不可能彌補的。維京航空公司（Virgin Airways）採取諸如用轎車接送高級旅客的做法解決了一些問題。在今後的航空公司發展中，要採取讓客人輕鬆抵達目的地的服務方式——提供在機場的租車服務，以及將行李直接送到最終目的地。

第5幕

❶ Daniel Roth, "Netflix Inside," *Wired*, October 2009, p.124.

❷ Dorothy Leonard and Jeffrey F. Rayport, "Spark Innovation through Empathic Design," *Harvard Business Review* 75, no. 6, November-December 1997, p.104.

❸ 關於羅斯控制公司的更多資訊，可以參考Steven W. Demster and Henry F. Duignan, "Subjective Value Manufacturing at Ross Controls," *Agility and Global Competition* 2, no. 2, Spring 1998, pp.58-65。

❹ 關於學習關係的更多資訊可以參考B. Joseph Pine II, Don Peppers, and Martha Rogers, "Do You Want to Keep Your Customers Forever?" *Harvard*

Business Review 73, no. 2, March-April 1995, pp.103-114. 一對一行銷的詳
細資料可參考 Peppers 和 Rogers 的傑作：*The One to One Future: Building
Relationships One Customer at a Time* (New York: Currency Doubleday,
1993，中譯本《1:1行銷》時報出版)，和 *Enterprise One-to-One: Tools for
Competing in the Interactive Age* (New York: Currency Doubleday, 1997)。所
有的市場從業者，和關注公司如何在互動技術日益發展的今天生存的
人，都應該讀讀這些書。

❺ 當然，和舊的學習關係一樣，實際情況不會像本圖所描述的那樣平滑。

❻ 關於這四種客製化途徑的更多資訊，可以參考以下文章：James H. Gilmore
and B. Joseph Pine II, "The Four Faces of Mass Customization," *Harvard
Business Review* 75, no. 1, January-February 1997, pp.91-101。

❼ 關於朗臣公司的更多資訊和關於適應性客製化的詳細內容，可以參考
Joel S. Spira and B. Joseph Pine II, "Mass Customization," *Chief Executive*,
no. 83 (March 1993): pp.26-29, and Michael W. Pessina and James R. Renner,
"Mass Customization at Lutron Electronics——A Total Company Process,"
Agility and Global Competition 2, no. 2 (Spring 1998): pp.50-57。

❽ 關於適應性客製化優點的討論，可以參考 Eric von Hippel, "Economics of
Product Development by Users: The Impact of 'Sticky' Local Information,"
Management Science 44, no. 5 (May 1998): pp.629-644.

中場休息

❶ 引自 Steven E. Prokesch, "Competing on Customer Service: An Interview
with British Airways' Sir Colin Marshall," *Harvard Business Review* 73, no. 6,
November-December 1995, p.106。

❷ T. Scott Gross, *Positively Outrageous Service: New and Easy Ways to Win
Customers for Life* (New York: MasterMedia Limited, 1991，中譯本《驚讚

服務》智庫出版), pp.5-6。Gross 定義這種「積極大膽的服務」為「隨機
而不可預期的服務……這是一系列難忘的事件，同時因為這些經歷非常
地不尋常，客戶深深受到吸引。」也可以參考 Gross, *Positively Outrageous
Service and Showmanship: Industrial Strength Fun Makes Sales Sizzle!!!*
(New York: MasterMedia, 1993，中譯本《賣場如秀場》智庫出版)，主要
討論了 signature showmanship 和 retail theater。很明顯地，馬克羅尼
（Macaroni's）在發展成為遍及全義大利的連鎖餐廳的過程當中，失去了
使客戶驚喜的精神。

❸ 或許大陸航空公司確實為它的金牌顧客提供了顧客驚喜，只是並未發表
出來（因此，這種獎勵只對那些飛行里程達到標準的常客有點激勵作
用），達美航空（Delta）的做法也類似。參考 Nancy Keates, "The Nine-
Million-Mile Man," *The Wall Street Journal*, 24 July 1998。

第6幕

❶ Michael Shurtleff, *Audition: Everything an Actor Needs to Know to Get the
Part* (New York: Walker and Company, 1978), pp.162-164.

❷ 克利夫蘭印第安人棒球隊公司 1998 年公開上市，其股票推薦書上說：
「球迷被雅各球場的以客戶為中心的服務所深深吸引，他們感受到舒適的
環境和訓練有素的工作人員。」（p.4）

❸ George F. Will, *Men at Work* (New York: Macmillan Publishing Co., 1990),
p.6.

❹ 其他人根據莎士比亞的說法「全世界都是劇場」（All the world's a stage）
而引申得更遠。比如在 *Performance: Revealing the Orpheus Within*
(Longmead, England: Element Books, 1990), pp.2-3 中，音樂家兼雕刻家
Anthony Rooley 說：「從哲學的觀點來看，我們從出生到死亡這 70 多年根
本什麼都不是，僅僅是一齣戲。我們每一個人都在扮演一個角色，或者

一連串的角色，不管情不情願，有沒有意識到，能不能勝任。每一個動作，關係之間的互動都可以看作是表演。」

❺ Preston H. Epps, trans., *The Poetics of Aristotle* (1942; reprint, Chapel Hill, N.C.: University of North Carolina Press, 1970), pp.13-29.

❻ 解釋亞里斯多德的《詩學》的著作有許多，我們主要根據Richard Hornby, *Script to Performance: A Structuralist Approach* (New York: Applause Books, 1995), pp.79-91。

❼ Peter Brook, *The Empty Space* (New York: Touchstone, 1968，中譯本《空的空間》國立中正文化中心出版), p.9.

❽ Brenda Laurel, *Computers as Theatre* (Reading, Mass.: Addison-Wesley, 1993), p.xviii.

❾ 同上，pp.32-33。

❿ 同上，pp.86-87。

⓫ 在人類表演中，「有人在看」的重要性與角色，在Paul Woodruff的著作中有精彩的說明：*The Necessity of Theatre: The Art of Watching and Being Watched* (New York: Oxford University Press, 2008).

⓬ Erving Goffman, *The Presentation of Self in Everyday Life* (New York: Anchor Books, 1959，中譯本《日常生活中的自我表演》桂冠出版), p.18.

⓭ 同上，pp.73-74。關於高夫曼的觀點應用於與顧客無關的勞資協商的討論，參考Raymond A. Friedman, *Front Stage, Backstage: The Dramatic Structure of Labor Negotiations* (Cambridge, Mass.: MIT Press, 1994)。

⓮ 用戲劇觀點來討論服務業的文章很多。儘管通常情況下，劇場是做為一個比喻而不是一個模型而存在，但是這樣的方式提供了更多的有用資訊。參考Stephen J. Grove, Raymond P. Fisk, and Mary Jo Bitner, "Dramatizing the Service Experience: A Managerial Approach," *Advances in Services Marketing and Management* 1 (1992): pp.91-121; S. Grove and R.

Fisk, "Impression Management in Services Marketing: A Dramaturgical Perspective," *Impression Management in the Organization*, ed. R. Giacalone and P. Rosenfeld (Hillsdale, N.J.: Lawrence Erlbaum Associates, 1989), pp.427-438; J. Czepiel, M. Solomon, and C. Curprenant, eds., *The Service Encounter: Managing Employee/Customer Interaction in Service Businesses* (Lexington, Mass.: Lexington Books, 1985); Christopher Lovelock, *Product Plus: How Product + Service = Competitive Advantage* (New York: McGraw-Hill, 1994), pp.86-96; Ron Zemke, "Service Quality Circa 1995: A Play with Many Acts," in T*he Quality Yearbook 1995*, ed. James W. Cortada and John A. Woods (New York: McGraw-Hill, 1995), pp.119-126; Carl Sewell and Paul B. Brown, *Customers for Life: How to Turn That One-Time Buyer into a Lifetime Customer* (New York: Pocket Books, 1990), pp.113-117; T. Scott Gross, *Positively Outrageous Service and Showmanship* (New York: MasterMedia Limited, 1993), pp.89-106; and Sam Geist, *Why Should Someone Do Business with You ... Rather than Someone Else?* (Toronto: Addington & Wentworth, 1997), pp.86-116。

⓯ Richard Schechner, *Performance Theory* (New York: Routledge, 1988), p.30 n.10。當他將分析僅局限於劇場，而降低與宗教儀式、比賽、運動、遊戲、音樂和舞蹈（「人們的七種公開表演活動」，p.10）的關聯時，Schechner引用高夫曼的話並承認「演出可以在任何情形下展開，而非一個不可侵犯的類型……或如同 John Cage 說的，只要把一項活動組織成『像是』演出——至少看起來是——就可以使它變成一個演出。」我們完全同意。

⓰ 同上，p.72。

⓱ 同上，p.72, 70。

⓲ 同上，p.72。

⑲ 所以要了解產品本身與其外在表現，是構成任何產物的基礎，也與我們第5幕討論的四種客製化方式一致。

⑳ Schechner, *Performance Theory*, p.72.

㉑ 同上，p.71。

㉒ *Fish! Catch the Energy. Release the Potential* (Burnsville, MN: ChartHouse International Learning Corporation, 1998). 同時請見改編自該影片的書：Stephen C. Lundin, Harry Paul, and John Christensen, *Fish! A Remarkable Way to Boost Morale and Improve Results* (New York: Hyperion, 2000, 中譯本《如魚得水》經典傳訊出版).

㉓ Michael Chekhov, *On the Technique of Acting* (New York: HarperPerennial, 1991), p.71.

㉔ Eric Morris, *Acting from the Ultimate Consciousness: A Dynamic Exploration of the Actor's Inner Resources* (Los Angeles: Ermor Enterprises, 1988), p.152.

㉕ 同上，p.153。

㉖ Julius Fast在 *Subtext: Making Body Language Work in the Workplace* (New York: Viking, 1991), pp.3-4，提供了更完整的描述：「互動的活動是許多因素組合的結果。具體來說是由每個人的身體語言、姿勢、手勢、眼神等組成，他如何有效地運用空間，以及在合適的時候運用合適的動作的能力。我們的語調也會影響到我們表達的效果。」

㉗ 迪士尼專案 *Inside the Mouse* (Durham, N.C.: Duke University Press, 1995), pp.110-111。儘管是用左派的政治觀點來審視迪士尼提供的各種商品，該書作者Karen Klugman, Jane Kuenz, Shelton Waldrep和Susan Willis提供了迪士尼內部的許多詳實資料。

㉘ 關於「行動的框架」，包括「神奇的好像」（Magic If），參考Sonia Moore, *The Stanislavski System* (New York: Penguin Books, 1984), pp.25-45。

㉙ Michael Kearns, *Acting = Life: An Actor's Life Lessons* (Portsmouth, N.H.:

Heinemann, 1996), p.75.

㉚ Moore, *The Stanislavski System*, p.30.

㉛ 同上，p.83。

㉜ Kearns, *Acting = Life*, p.42.

㉝ 同上，p.45。儘管關於演出的課程都強調要有意圖地演出，我們特別喜歡Kearns在應用方面的直接、簡潔的描述。

㉞ Laura Johannes, "Where a Woman Lives Influences Her Choice for Cancer Treatment," *The Wall Street Journal*, 24 February 1997.

㉟ 使患者正確考慮各種方案，是醫師的職責所在，而不是讓患者去選特定的一個。正如Kearns在*Acting = Life*第43頁中提到的，「許多演員都把意圖和結果混為一談。當我要他們說明意圖的時候，答案全都是關於結果的一些東西：歡樂、憂傷、悲憤、狂喜、嫉妒、憤怒。這些是運用意圖之後的情感結果，而不是意圖本身……當一個演員企圖表演後悔、受傷害、狂喜時，他是在表演一個情感結果，那是糟糕的表演，而且通常太用力（情境喜劇裏經常看得到）。一個有表演意圖的演員應該讓這些情感油然而生，才能得到精湛的演出。」

㊱ 引自Edward Felsenthal, "Lawyers Learn How to Walk the Walk, Talk the Talk," *The Wall Street Journal*, 3 January 1996。

㊲ Richard B. Schmitt, "Judges Try Curbing Lawyers' Body-Language Antics," *The Wall Street Journal*, 11 September 1997.

㊳ Barb Myers在1997年退休，取代她的並不是機器，而是她以前的替補者Joyce Lewis。後者將為新一代賓州學生提供回憶。

第7幕

❶ 雖然在文中並沒有清晰說明，但是對於工作中的表演者的描寫，實際上反映了劇場的以下要素：

- 就好像（As If）
- 製圖
- 服裝
- 削減95%
- 拖延
- 從所有的路徑退出
- 意圖
- 進入角色
- 道具
- 角色與性格特徵
- 潛台詞：身體語言、道具和服裝

注意：有一些技巧（比如道具）多次出現，如果你是先閱讀這個註解的話，我們建議你仔細分辨正文中琳達是如何使用這些要素的。

❷ Anthony Rooley 在 *Performance: Revealing the Orpheus Within* (Longmead, England: Element Books, 1990), p.50 中，力勸表演者在開始演出前使用這樣的技巧：

> 另一種過程就是使用眼睛。將你的視線擴展到遠方的角落，用你的視線掃遍觀眾。進一步地注視某一個或某一群觀眾。也許有的觀眾已經準備好和你在眼神交會時微笑，也許有的演員需要藉由這時候放鬆自己，這一步驟非常重要。然後注視前排的觀眾，因為他們是刻意選擇坐前面的，需要特別的關注——可能還需要一個微笑（這當然比嚴肅以對的效果好）。

❸ John Rudin, *Commedia dell'Arte: An Actor's Handbook* (London: Routledge, 1994), p.51。也可以參考 *Scenarios of the Commedia dell'Arte: Flaminio*

Scala's Il Teatro delle favole rappresentative, trans. Henry F. Salerno (New York: Limelight Editions, 1996)。

❹ 特別參考 Edward de Bono, *Serious Creativity: Using the Power of Lateral Thinking to Create New Ideas* (New York: HarperBusiness, 1992，中譯本《嚴肅思考》長河出版)。

❺ 關於即興演出技巧的介紹，可以參考 Brie Jones, *Improve with Improv: A Guide to Improvisation and Character Development* (Colorado Springs: Meriwether Publishing, 1993)。

❻ commedia dell'arte 也有在（戶外）舞台式劇場的應用，區別是劇本的詳細程度略低。

❼ 有關舞台式劇場最棒的著作之一是導演和劇作家大衛‧馬密（David Mamet）的著作 *True and False: Heresy and Common Sense for the Actor* (New York: Pantheon Books, 1997)。

❽ "Prepping the Chief for the Annual Meeting or Other Event Can Mean Practice," *The Wall Street Journal*, 20 March 1997。也可以參考 Quentin Hardy, "Meet Jerry Weisman, Acting Coach to CEOs," *The Wall Street Journal*, 21 April 1998。

❾ William Grimes, "Audio Books Open Up a New World for Actors," *Cleveland Plain Dealer*, 9 January 1996。也可以參考 Rodney Ho, "King of Audio-Book Narrators Makes 'Readers' Swoon," *The Wall Street Journal*, 10 April 1998。

❿ "California Dream$," *Forbes*, 16 December 1996, p.114。該文注意到大多數電視和廣播節目依賴搭配式劇場，而在工廠則是純粹的舞台式劇場。

⓫ 術語「跳接」（jumpcut）在娛樂業已經變成帶有某種貶低的含義，因為許多導演過度採用剪接來掩飾劇中的不足之處。

⓬ Richard Dyer MacCann, ed., *Film: A Montage of Theories* (New York: E.

Dutton & Co., 1966，中譯本《電影：理論蒙太奇》聯經出版), p.23.

⓭ 引自 Jeffrey M. Laderman, "Remaking Schwab," *Business Week*, 25 May 1998, p.128。

⓮ Thomas W. Babson, *The Actor's Choice: The Transition from Stage to Screen* (Portsmouth, N.H.: Heinemann, 1996).

⓯ Sally Harrison-Pepper, *Drawing a Circle in the Square: Street Performing in New York's Washington Square Park* (Jackson: University Press of Mississippi, 1990), p.140.

⓰ Bim Mason 在 *Street Theatre and Other Outdoor Performances* (London: Routledge, 1992) 中提到，「本書的一個重要目的就是指出在這一類演出中的高超演技」（p.4），他同時也指出（p.5）街頭式劇場在現實生活中的表現，「如果人們認識到他們是在演出的話，那麼就會發現許許多多的表演存在。比如在巴塞隆納的拆房子事件，因為圍觀者甚眾，推土機司機表現得異常冷酷無情」。工作確實就是劇場。

⓱ 更多關於銷售的指引，參考 *Don Peppers, Life's a Pitch: Then You Buy* (New York: Currency Doubleday, 1995)。

⓲ Rudin, *Commedia dell'Arte*, p.23.

⓳ Mel Gordon, *Lazzi: The Comic Routines of the Commedia Dell'Arte* (New York: Performing Arts Journal Publications, 1983), p.29, 43, 18, 23 和 18。有趣的是，這些經過排練的招數現在被稱為 comic stage business（p.4）。

⓴ Tony Vera, 引自 Harrison-Pepper, *Drawing a Circle*, p.xiii.

㉑ Carl Asche, 引自 Harrison-Pepper, *Drawing a Circle*, p.114.

㉒ 關於 Hartford's PLIC 客服中心的更多資訊，參考 B. Joseph Pine II and Hugh Martin, "Winning Strategies for New Realities," *Executive Excellence* 10, no. 6 (June 1993): p.20。

㉓ 對於環境「感知以及反應」的能力，參考 Stephan H. Haeckel and Richard

L. Nolan, "Managing by Wire," *Harvard Business Review* 71, no. 5, September-October 1993, pp.122-132。也可以參考 Stephen P. Bradley and Richard L. Nolan, eds., *Sense and Respond: Capturing Value in the Network Era* (Boston: Harvard Business School Press, 1998)。

❷ 劇場模式的四種形式衍生自大量客製化模式的前置作業,也就是「產品
─流程矩陣」(Product-Process Matrix)。在此矩陣中,坐標軸分別代表
產品〔＝表演〕變化和流程〔＝劇本〕變化。於是,四個象限成為任何
公司都可以擁有的四種商業模式,具體來說就是:

〔發明＝即興式劇場〕
〔大量生產＝舞台式劇場〕
〔持續改善＝搭配式劇場〕
〔大量客製化＝街頭式劇場〕

正如工作的表演者必須在每一個連續的劇場形式之間循環,才能達到
街頭式劇場,公司必須從發明轉換到大量生產(透過開發活動),然後再
到持續改善(透過連結活動),再到達大量客製化(透過模組化的活
動)。當大量客製者面臨「能力失靈」(capability failures)──公司不擁
有顧客需要的能力──時,他們必須轉向發明──透過更新活動──創
造出一種新的能力,正如街頭表演者透過現場即興發揮更新他們的能力
一樣。當大量客製化提供最高水準的顧客價值時,它並非在所有地方都
是適宜的,就像街頭表演並非在所有情況下都是適宜的劇場形式。

這裏顯示的產品─流程矩陣(圖N-1),最初是由北卡羅來納大學的兩
位教授 Bart Victor 和 Andy Boynton 開發出來的,並且進一步與 Joe Pine 合
作,如今已經主要透過 Jim Gilmore 的努力得到提升並應用到劇場中。它
在相當長的時間裏慢慢演化成一種審視商業世界的非常有力的手段。

想追溯這一演化,可以參考 Andrew C. Boynton and Bart Victor, "Beyond

圖N-1　產品—流程矩陣

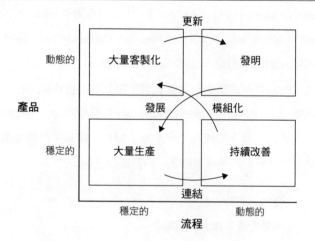

資料來源：Bart Victor, Andrew C. Boynton, and B. Joseph Pine II.

Flexibility: Building and Managing the Dynamically Stable Organization," *California Management Review* 34, no. 1 (Fall 1991): pp.53-66; B. Joseph Pine II, *Mass Customization: The New Frontier in Business Competition* (Boston: Harvard Business School Press, 1993), pp.215-221; Andrew C. Boynton, Bart Victor, and B. Joseph Pine II, "New Competitive Strategies: Challenges to Organizations and Information Technology," *IBM Systems Journal* 32, no. 1 (1993): pp.40-64; B. Joseph Pine II, Bart Victor, and Andrew C. Boynton, "Making Mass Customization Work," *Harvard Business Review* 71, no. 5, September-October 1993, pp.108-119; B. Joseph Pine II, Bart Victor, and Andrew C. Boynton, "Aligning IT with New Competitive Strategies," in *Competing in the Information Age: Strategic Alignment in Practice*, ed. Jerry N. Luftman (New York: Oxford University Press, 1996), pp.73-96; James H. Gilmore and B. Joseph Pine II, "Beyond Goods and Services: Staging

Experiences and Guiding Transformations," *Strategy and Leadership*, May/ June 1997, pp.10-18; B. Joseph Pine II, "You're Only as Agile as Your Customers Think," *Agility and Global Competition* 2, no. 2 (Spring 1998): pp.24-35; and, finally, Bart Victor and Andrew C. Boynton, *Invented Here: Maximizing Your Organization's Internal Growth and Profitability* (Boston: Harvard Business School Press, 1998)。Victor和Boynton的書中，在好奇地消除該框架之座標軸的同時，為一個組織如何學習和借用知識槓桿達成向下一個商業模式的轉型，提供了有力的想法。

❷ 在*Drawing a Circle*一書中，Harrison-Pepper 評論說那些街頭表演者透過「修正、提煉、個性化的過程」來完成新的演出（p.80）──從即興式到舞台式（修正），再到搭配式（提煉），最後到街頭式（個性化）。

❷ 同上，p.117。

第8幕

❶ 我們同意我們的朋友 Stan Davis 和 Bill Davidson 的說法，參考 *2020 Vision* (New York: Simon & Schuster, 1991), p.113。他們在該書中提到：「最佳的尋找組織變革基礎的地方就是未來的商務，而最糟糕的地方就是現今的組織。然而現今的組織可以讓你看到，是什麼阻礙了你的組織向你希望的方向發展。」

❷ 正如 James A. Ogilvy 在 "The Experience Industry: A Leading Edge Report from the Values and Lifestyles Program" (SRI International Business Intelligence Program, Report no. 724, Fall 1985), p.22 指出的，「壞消息是，邊際效用不是唯一不能從產業經濟學帶入到體驗產業經濟學的概念。其他的概念也可能誤導……比如存貨和資本等概念都會充滿矛盾。就像他們在好萊塢說的，『你在這部電影中並沒有進步』。如果在體驗經濟中這種說法是一個能準確表達價值是否產生的指標，那麼像固定資產這類的

概念就必須大幅修改。」

❸ Edward Felsenthal, "Lawyers Learn How to Walk the Walk, Talk the Talk," *The Wall Street Journal*, 3 January 1996.

❹ Jonnie Patricia Mobley, *NTC's Dictionary of Theatre and Drama Terms* (Lincolnwood, Ill.: National Textbook Co., 1992), p.49。對於理解戲劇的術語，該書提供了豐富的資源。

❺ 這和工業的發展導致人與人的服務關係的發展是類似的。

❻ 根據 Charles Marowitz, *Directing the Action: Acting and Directing in the Contemporary Theatre* (New York: Applause Theatre Books, 1991)，導演的角色直到19世紀才開始在表演藝術中出現。最初，這個職位包含了協調配角，簡單地控制上台和下台的活動，他的地位和其他夥伴是一樣的。漸漸地，導演開始指導演員塑造他們的角色。我們今天所熟知的導演工作，「在工具上使力和在演員身上使力一樣多」（p.2），要到1920-30年代才在法國和俄國出現。有趣的是，在這兩個國家，導演在表演藝術裏成為一種專業，與在英國、德國和美國等工業國家的專業管理者的出現，在時間上恰巧重疊。這已經由 Alfred D. Chandler, Jr. 證明，參考 *Scale and Scope: The Dynamics of Industrial Capitalism* (Cambridge, Mass.: Belknap Press of Harvard University Press, 1990)。從此導演進入了劇場世界──只是他們各自選擇了不同的舞台系統。今天的體驗經濟，需要商務與表演藝術的結合。

❼ 如同 Marowitz 在 *Directing the Action*, p.6 指出的，「我們太少去意識到『那個人』的最重要功能，應該是對他周遭材料的重新思考與重新創造。如果導演不能將材料轉化為演出，那麼就應該為他找另外的頭銜。他可以當一個協調者、控制者、領班或交通警察，就是不能將他和劇場的藝術家混為一談。」

❽ Elizabeth Weil, "Report from the Future: Every Leader Tells a Story," *Fast

Company, June-July 1998, p.38。關於這個主題的其他文章,可以參考 Harriet Rubin, "The Hitchhiker's Guide to the New Economy," 該文支持 Douglas Adams的觀點,認為「說故事者的藝術就是新經濟的藝術。」(p. 178)

❾ David Kahn and Donna Breed, *Scriptwork: A Director's Approach to New Play Development* (Carbondale, Ill.: Southern Illinois University Press, 1995), p.20.

❿ Gordon Shaw, Robert Brown, and Philip Bromiley, "Strategic Stories: How 3M Is Rewriting Business Planning," *Harvard Business Review* 76, no. 3, May-June 1998, p.44, 47。也可以參考 Thomas A. Stewart, "The Cunning Plots of Leadership," *Fortune*, September 7, 1998, pp.165-166;還有 Rob Wilkens, "Strategic Storytelling," *Lifework*, 1, no. 5 (October 1998): pp.23-25。

⓫ 關於編劇的有用資料是 J. Michael Straczynski, *The Complete Book of Scriptwriting* (Cincinnati: Writer's Digest Books, 1996), and Syd Field, *Screenplay: The Foundations of Screenwriting* (New York: MJF Books, 1994)。關於如何將腳本做為文學來閱讀並轉化為演出,可以參考 Richard Hornby, *Script to Performance: A Structuralist Approach* (New York: Applause Books, 1995)。有趣的是,Hornby 並不喜歡謝喜納的表演理論,因為「結構不能和內容脫離」。他進一步說謝喜納的作品有時很有見地,有時卻很虛偽。我們要說的是,我們只採用了那些很有見地的地方。

⓬ Michael Hammer, "Reengineering Work: Don't Automate, Obliterate," *Harvard Business Review* 68, no. 4, July-August 1990, pp.104-112.

⓭ 也可以參考 James H. Gilmore, "Reengineering for Mass Customization," *Journal of Cost Management* 7, no. 3 (Fall 1993): pp.22-29,以及他的 "How to Make Reengineering Truly Effective," *Planning Review* 23, no. 3 (May/

June 1995): p.39，和B. Joseph Pine II, "Serve Each Customer Efficiently and Uniquely," *Network Transformation: Individualizing Your Customer Approach*, supplement to *Business Communications Review* 68, no. 4 (January 1996): pp.2-5。

⓮ Gary Hamel and C. K. Prahalad, *Competing for the Future: Breakthrough Strategies for Seizing Control of Your Industry and Creating the Markets of Tomorrow* (Boston: Harvard Business School Press, 1994，中譯本《競爭大未來》智庫出版)。

⓯ 關於加拉丁鋼鐵是如何大量客製化鋼鐵的——一種相似但是並不相同的產品，可以參考David H. Freeman, "Steel Edge," *Forbes ASAP*, 6 October 1997, pp.46-53。關於比爾金頓兄弟公司如何將五步驟的製造玻璃流程改為一步完成，可以參考James M. Utterback, *Mastering the Dynamics of Innovation: How Companies Can Seize Opportunities in the Face of Technological Change* (Boston: Harvard Business School Press, 1994), pp.104-120。所有的流程和產品開發者都應該閱讀此書。

⓰ Bob Thomas, *Walt Disney: An American Original* (New York: Hyperion, 1994), p.264.

⓱ Francis Reid, *Designing for the Theatre* (New York: Theatre Art Books/ Routledge, 1996), p.19.

⓲ Felsenthal, "Lawyers Learn How to Walk the Walk".

⓳ Angie Michael, *Best Impressions in Hospitality: Your Professional Image for Excellence* (Manassas Park, VA: Impact Publications, 1995)，該書提供了很好的資源。

⓴ 在Michael Holt, *Costume and Make-Up* (New York: Schirmer Books Theatre Manuals, 1988), p.7中，談到關於服裝的一些經典概念：「戲服是演員的一部分，幫助他們塑造角色。每一類的戲服都給予觀眾一些資訊。當演

員出現的時候，即使是在開始說話之前，觀眾已經獲得很多資訊。他們可以透過戲服的顏色、款式來判斷角色是讓人歡迎的或是恐懼的。整個畫面由他們意識到或沒意識到的資訊所組成。」

㉑ 引用自 Erik Hedegaard, "Fools' Paradise," *Worth*, June 1998, p.76.

㉒ Pauline Menear and Terry Hawkins, *Stage Management and Theatre Administration* (New York: Schirmer Books Theatre Manuals, 1988), p.7.

㉓ Julian Fast, *Subtext: Making Body Language Work in the Workplace* (New York: Viking, 1991), p.13.

㉔ Leonard A. Schlesinger and James L. Heskett, "Breaking the Cycle of Failure in Services," *Sloan Management Review* 32, no. 3 (Spring 1991): p.26.

㉕ 這部分是從面試者的角度來寫的。參考 Michael Shurtleff, *Audition: Everything an Actor Needs to Know to Get the Part* (New York: Bantam Books, 1978)。我們引用了該書中野心勃勃的演員想在試鏡中一舉成功的例子。

㉖ 迪士尼專案 *Inside the Mouse* (Durham, N.C.: Duke University Press, 1995), pp.214-215。

㉗ Mark Winegardner, *Prophet of the Sandlots: Journeys with a Major League Scout* (New York: Prentice Hall Press, 1990), p.97.

㉘ Robert L. Benedetti, *The Director at Work* (Englewood Cliffs, N.J.: Prentice-Hall, 1985), p.87.

㉙ Mobley, *NTC's Dictionary of Theatre and Drama Terms*, p.4.

㉚ Philip Kotler and Joanne Scheff, *Standing Room Only: Strategies for Marketing the Performing Arts* (Boston: Harvard Business School Press, 1997，中譯本《票房行銷》遠流出版)。

㉛ 同上，p.13。

第9幕

❶ 根據Lisa Miller在《華爾街日報》上發表的關於心靈導師的報導：「在美國，雇用別人來看管小孩、他們的身體和財務，已有很長一段歷史了，現在他們開始雇用別人來當他們靈魂的訓練師。」引自 "After Their Checkup for the Body, Some Get One for the Soul," July 20, 1998。

❷ 關於個人尋求改變，他們所追求的內涵有多少可能性及幅度如何，參考 Grant McCracken, *Transformations: Identity Construction in Contemporary Culture* (Bloomington: Indiana University Press, 2008).

❸ 有趣的是，露營、飛行模擬、商務模擬遊戲和其他的虛擬培訓工具，都是刻意將體驗商品化，來改變人們。透過一次又一次對於現實世界體驗的模擬，他們對於變化的快速反應以及對於生活中壓力的應對能力都得到提升。如同一位培訓主管Tom Orton對 *Industry Week* 提到的，使用該公司半導體工廠之模擬訓練裝置的使用者「感覺好像他們已經『去過那裏，做過那些事』一樣」（ "25 Winning Technologies," 15 December 1997, p.52）。

❹ 我們預期聯邦快遞的包裹、傳真和電子郵件，有一天也能夠成為值得記憶的體驗，更像是一趟農場之旅一樣。

❺ David Bacon引用Susan Warren, "Parents Are on a Kick for Tae Kwon Do as a Disciplinary Art," *The Wall Street Journal*, 3 October 1997。

❻ Tim W. Ferguson, "Let's Talk to the Master," *Forbes*, 23 October 1995, p.142.

❼ 引自Lucy MacCauley, "Measure What Matters," *Fast Company*, May 1999, p.111.

❽ Anna Klingmann, *Brandscapes: Architecture in the Experience Economy* (Cambridge, MA: MIT Press, 2007)，p.313, 323。

❾ Jeffrey A. Kottler, *Travel That Can Change Your Life: How to Create a Transformative Experience* (San Francisco: Jossey-Bass Publishers, 1997), p.xi.

⑩ Mark Wolfenberger, 引用於 Nikhil Hutheesing, "Reducing Sticker Shock," *Forbes*, November 3, 1997, p.151.

⑪ Rob Preston, "Down to Business: Outsourcing's Next Big Thing," *Information Week*, August 31, 2009, p.48.

⑫ 更多關於中部哥倫比亞醫學中心的資料，參考Mark Scott and Leland Kaiser, with Richard Baltus, *Courage to Be First: Becoming the First Planetree Hospital in America* (Bozeman, MT: Second River Healthcare Press, 2009).

⑬ 引自J. P. Donlon, "The P&G of Prisons," *Chief Executive*, May 1998, pp.28-29.

⑭ 凱洛斯國際監獄部（Kairos Prison Ministry International）是位於佛羅里達州奧蘭多的一個非營利基督教組織，專門負責改造監獄犯人的內心世界，而且從犯人裏的「老大」開始。因為了解到這件事的難度，凱洛斯引用舞台式劇場，要求工作人員把三天內要說的每一句話都排練過。

⑮ Donlon, "The P&G of Prisons," p.29.

⑯ 引自Sara Terry, "Genius at Work," *Fast Company*, September 1998, p.176。

⑰ 在此，3-S模型中的4個S仍然適用（見第4幕及中場休息）。第一，與顧客期望有關的顧客滿意：轉型誘導者實現顧客渴望的程度；第二，顧客犧牲：顧客希望得到的和他能夠得到的之間的差距；第三，顧客驚喜：將顧客的渴望透過引導的效果來提升，達到他們想像不到的程度。最後，顧客懸念：激發顧客的好奇心，使他不斷猜測什麼樣的產品和服務會有助於他們的下一次轉型。

⑱ 如同在第6幕所指出的，Brenda Laurel在 *Computers as Theatre* (Reading, Mass.: Addison-Wesley, 1993), p.xviii提過，人機介面應當是「經過設計的體驗」。在 "Interface Design: Diversity in Your Audience," *Interactivity*, February 1997, p.69，身為MONKEY media（一家互動介面設計與製作工

作室）負責人的 Eric Justin Gould，更進一步鼓勵互動介面的設計者思考技術的轉型力量：「當你把新技術帶入某人的生活時（無論是最先進的硬體或只是一種新的互動模式），你就不由自主地對他們產生影響。要尊重一種文化，就是要在設計的過程中考慮到，你的產品對於與它互動的人會產生什麼影響。」的確如此。

⑲ 出現於 Jim Mateja 在《芝加哥論壇報》的專欄，以同時供稿的方式，用 "OnStar Diagnostic System Brings Aid with a Call" 的標題發表於 *St. Paul Pioneer Press*, 25 October 1997。文中 OnStar 的首席工程師 Walt Dorfstatter 指出：「我們認為遠端診斷系統可以給駕駛者帶來即刻的平靜。」

⑳ Britton Manasco, "SmithKline Beecham's Smoking Cessation Program," *Inside 1to1*, August 6, 1998.

㉑ 同上；亦可見 Joyce A. Sackey, "Behavioral Approach to Smoking Cessation," Real Doctors (Life Makers), May 8, 2006, www.real-doctors.com/forums/index. php?PHPSESSID=d7d058b1ee1131ada4d9f0cbc6b5ee80&action=print page; topic=654.0，以及 "These Are the Champions," *PROMO Magazine*, November 1, 1999, promomagazine.com/mag/marketing_champions/.

㉒ Rolf Jensen, *The Dream Society* (New York: McGraw-Hill, 1999).

㉓ 在 *The Experience Economy: New Perspectives* (Amsterdam: Pearson Education Benelux, 2007) pp.19-29 及全書中，Albert Boswijk、Thomas Thijssen 和 Ed Peelen 認為，公司應該要強調較有意義的體驗——來自荷蘭文的 erfahrung ——相對於 erlebnis 所代表的比較情緒化的舞台式體驗。這些觸及到體驗中的教育元素，亦即當「一個人在深思某一特定經驗對他的意義時」（p.24）。這類有意義的體驗至少向轉型前進了半步。針對有意義的體驗，有個很好的模型，即體驗三角（experience triangle），其中包含了不同程度的動機，並以肢體、理性、情緒與心理區分，見 Sanna Tarssanen and Mika Kylanen, "What Is an Experience?" in *Handbook for Experience Tourism Agents*, third edition, ed. Sanna Tarssanen (Rovaniemi, Finland: University of Lapland Press, 2006), pp.6-21.

❷❹ Hillel M. Finestone and David B. Conter, "Acting in Medical Practice," *Lancet* 344, no. 8925 (17 September 1994): p.801.

❷❺ Mark DePaolis, "Doctors Can Act as If All the World's a Stage," *Minneapolis Star-Tribune*, 27 January 1995.

❷❻ 例如，Gregory W. Lester and Susan G. Smith, "Listening and Talking to Patients: A Remedy for Malpractice Suits?" *The Western Journal of Medicine*, March 1993; Jerry E. Bishop, "Studies Conclude Doctors' Manner, Not Ability, Results in More Lawsuits," *The Wall Street Journal*, 23 November 1994; Daniel Goleman, "All Too Often, The Doctor Isn't Listening, Studies Show," *The New York Times*, 13 November 1991; Dennis H. Novack, Anthony L. Suchman, William Clark, Ronald M. Epstein, Eva Najberg, and Craig Kaplan, "Calibrating the Physician: Personal Awareness and Effective Patient Care," *Journal of the American Medical Association*, 278, no. 6 (August 13, 1997): pp.502-509; Eric B. Larson and Xin Yao, "Clinical Empathy as Emotional Labor in the Patient-Physician Relationship," *Journal of the American Medical Association*, 293, no. 9 (March 2, 2005): pp.1100-1106.

❷❼ Milton Mayeroff, *On Caring* (New York: HarperPerennial, 1971), pp.1-2. 中譯本《關懷的力量》經濟新潮社出版。

❷❽ C. William Pollard, "The Leader Who Serves," *Strategy & Leadership*, 25, no. 5 (September/October 1997): p.50.

❷❾ C. William Pollard, *The Soul of the Firm* (New York: HarperBusiness and Grand Rapids, Mich.: Zondervan Publishing House, 1996), p.130。Pollard的21條領導原則的最後一條（p.166），證明了服務態度的重要性：「我們都是在主的形象中被創造的，領導能力的衡量要在超越工作的地方進行。

故事將從人們改變的生活中展開。」別搞錯了：這講的就是一種關懷式的轉型，而不是單純的服務。

第10幕

❶ Jeremy Rifkin, *The End of Work: The Decline of the Global Labor Force and the Dawn of the Post-Market Era* (New York: G. Putnam's Sons, 1995), p.xvi.

❷ 同上，p.xvii。Rifkin的「解決方案」之一是針對「娛樂休閒產業」（這些產業是經濟中成長最快的部門）課徵加值稅。理由是：「一個國家中沒有幾個窮人能夠付得起家用電腦、行動電話以及到主題公園、度假勝地和賭場的昂貴費用」（p.271）。當然，你對什麼部門徵稅，那麼由該部門產出的經濟收益也會減少。當體驗經濟創造新的工作機會時卻對其增加稅收負擔，這將會顧此失彼。同樣可能的是，不信任市場機制的人將會盯著這一快速成長的經濟部門，將它視為更多的政府計畫和管制的收益來源。

❸ 同上，p.247。並參考Rifken, *Age of Access: The New Culture of Hypercapitalism Where All of Life Is a Paid-for Experience* (New York: Penguin Putnam, 2000)，他在這本書裏更明白地討論體驗經濟。該書論點有些矛盾，它大致是說：轉向這種經濟，生活全變成了付費的體驗，這真是一件可怕的事，更糟的是，窮人無法得到同樣（可怕的）機會。

❹ 為了幫轉型分類，我們使用了政府在五大行業中的GDP和就業率的統計數字：專業、科學與技術服務（NAICS Code 54；年價值的60%）；企業管理（55；33.4%）；教育服務（61；100%）；醫療與社會服務（62；100%），以及其他除了公共行政之外的服務（81；20%）。至於體驗產業，當然還會有些轉型性質的行業被歸為服務業，因為它們無法單獨分類。我們相信，如果能夠真正破除這種分類方式，而將這些今天隸屬服務業的產物歸為新興的經濟產物，這些統計數字會更能夠顯示出這些較

高階層的產出。

❺ 實際上，在1994年因政治壓力而暫緩發展之前，醫療支出一直都是以兩位數的速度成長，比其他產業高出很多，而且這種態勢曾保持了整整十年。如今政治方面的壓力已經緩和，這一行業的發展速度又恢復到驚人的水準。

❻ *Digest of Education Statistics: 2009*, National Center for Education Statistics, nces.ed.gov/programs/digest/d09/tables/dt09_334.asp, Table 334. 隨著近幾年醫療服務的價格成長速度放慢，教育統計數字也受到政治的影響。特別是，來自政府部門的各種助學金數額的增加，使得大學院校的學費比較容易隨之調漲。

❼ Virginia I. Postrel, "It's All in the Head," *Forbes ASAP*, 26 February 1996, p.118。為了表明她的全部觀點，Postrel進一步說：「漸漸地，人們購買的不再只是單純的商品和服務，他們購買體驗。」

❽ *The New Shorter Oxford English Dictionary*, vol. 2, N-Z, ed., s.v. "Wisdom."

❾ 關於這一類的智慧進步有其他的觀點，比如海科爾的科層（Haeckel's Hierarchy），因IBM的Advanced Business Institute的Stephan H. Haeckel而得名。在這種觀點當中，Haeckel將智慧理解為資訊和知識之間的一個層次。參考Vincent P. Barabba and Gerald Zaltman, *Hearing the Voice of the Market: Competitive Advantage through Creative Use of Market Information* (Boston: Harvard Business School Press, 1990), pp.37-58。

❿ 「電腦」（computer）這個詞，原本是指那些在第二次世界大戰中進行武器射程計算的人員。

⓫ 舉例來說，關於「知識與企業」的特殊問題，可以參考*California Management Review* 40, no. 3 (Spring 1998)。

⓬ Diane Senese 在 "The Information Experience," *Information Outlook*, October 1997, pp.29-33中，討論了「資訊人員」如何能夠「在公司進入體驗經濟

時發揮獨特的作用」，他們應重新想像自己的角色，幫助顧客「體驗知識」。

⓭ Michael Schrage 在 *No More Teams! Mastering the Dynamics of Creative Collaboration* (New York: Currency Doubleday, 1995) 一書中說，科技和資訊不同，有必要從科技對關係的可能影響的觀點來看待它。

⓮ John Dalla Costa, *Working Wisdom: The Ultimate Value in the New Economy* (Toronto: Stoddart Publishing Co., 1995), p.24.

⓯ Taichi Sakaiya, *The Knowledge-Value Revolution, or A History of the Future* (Tokyo: Kodansha International, 1991，中譯本《智價革命》遠流出版), pp.20-21.

⓰ 同上，p.235。

⓱ 同上，pp.57-58。

⓲ 正如顧問兼作家 Robert H. Schaffer 說的，「對於一個成功的顧問專案，給出一個『提供正確解決方案』的報告或安裝一個新的系統其實遠遠不夠，該專案必須為客戶帶來經濟效益。」參考 Ian White-Thomson and Robert H. Schaffer, "Getting Your Money's Worth," *Chief Executive*, November 1997, p.41. 也可參考 Robert H. Schaffer, *High-Impact Consulting: How Clients and Consultants Can Leverage Rapid Results into Long-Term Gains* (San Francisco: Jossey-Bass Publishers, 1997)。

⓳ Celerant Consulting, www.celerantconsulting.com/index.aspx.

⓴ 引自 Daniel Lyons, "Skin in the Game," *Forbes*, February 16, 2004, p.78.

㉑ Erving Goffman, *The Presentation of Self in Everyday Life* (New York: Anchor Books, 1959), p.20.

㉒ Harold Clurman, *On Directing* (New York: Collier Books, 1972), pp.154-155.

㉓ 引用於 Samuel Hughes, "Lucid Observations," *The Pennsylvania Gazette*, October 1996, p.28。Lucid 博士提到的供學生演員排練的場所之一就是

Hill House Pit Stop，一家由學生經營的便利商店，它的競爭對手包括
WaWa食品超市，同樣位於Hill House，是由當時還年輕的兩位作者之一
在經營。

❷❹ 這一部分是基於下面這篇文章：James H. Gilmore and B. Joseph Pine II,
"Beyond Goods and Services: Staging Experiences and Guiding
Transformations," *Strategy & Leadership* 25, no. 3 (May/June 1997): p.18。
這四個共通要素——開始、執行、修正和應用——從圖7-1「劇場的四種
形式」的架構中衍生出來，以產品－流程矩陣（見第7幕註釋24）為人
所知。這一架構中的「雙四」模式（指四要素及四形式）是一個在任何
分析階段均為不規則的、可偵測的模式。這裏所說的分析階段是最廣義
的。

❷❺ Henry Petroski, *The Evolution of Useful Things* (New York: Vintage Books,
1992，中譯本《利器》時報出版), p.86.

❷❻ Gary Hamel and C. K. Prahalad, *Competing for the Future* (Boston: Harvard
Business School Press, 1994), pp.133-134。注意他們在其中所引用的耶穌
的話不在基督教《聖經‧新約全書》第1章第8節那一段，而是在《馬可
福音》中的第16章第15節。

❷❼ 我們在另一本書中提出一個模型——此時此地空間（Here-and-Now
Space），詳見*Authenticity: What Consumers Really Want* (Boston: Harvard
Business Press, 2007，中譯本《體驗真實》天下雜誌出版) 的第九章，
pp.179-218。

謝幕

❶ Peter Haynes and Dolly Setton, "McKinsey 101," *Forbes*, 4 May 1998,
pp.130-135.

❷ 這一「經濟價值遞進」的表達是受到James Brian Quinn的*Intelligent En-*

terprise: A Knowledge and Service Based Paradigm for Industry (New York: Free Press, 1992) 一書的啟發，作者在該書 p.7 使用了與此處商品（goods）的陳述相同的東西，除了在用詞上的差異（他用的是 product）。

❸ 已經有關於人們尋求永生的案例，參考 Andrew Kimbrell, *The Human Body Shop: The Engineering and Marketing of Life* (New York: HarperCollins, 1993，中譯本《器官量販店》新新聞出版), and Margaret Jane Radin, *Contested Commodities: The Trouble with Trade in Sex, Children, Body Parts, and Other Things* (Cambridge, Mass.: Harvard University Press, 1996)，這些著作預見了一些可能會出現的情形。我們必須指出，他們討論的是什麼東西「應該」被允許買賣，而不是「可以」買賣。即使政府和其他的非市場力量會限制這類交易的供給面，但唯有心靈提升和人心轉變才可能消除這類需求。

❹ 以弗所書 Ephesians 2: 8-10a (English Standard Version)。

經濟新潮社 〈經營管理系列〉

書　號	書　　　　名	作　　者	定價
QB1028	豐田智慧：充分發揮人的力量	若松義人、近藤哲夫	280
QB1031	我要唸MBA！：MBA學位完全攻略指南	羅伯‧米勒、凱瑟琳‧柯格勒	320
QB1032	品牌，原來如此！	黃文博	280
QB1033	別為數字抓狂：會計，一學就上手	傑佛瑞‧哈柏	260
QB1034	人本教練模式：激發你的潛能與領導力	黃榮華、梁立邦	280
QB1035	專案管理，現在就做：4大步驟，7大成功要素，要你成為專案管理高手！	寶拉‧馬丁、凱倫‧泰特	350
QB1036	A級人生：打破成規、發揮潛能的12堂課	羅莎姆‧史東‧山德爾、班傑明‧山德爾	280
QB1037	公關行銷聖經	Rich Jernstedt等十一位執行長	299
QB1039	委外革命：全世界都是你的生產力！	麥可‧考貝特	350
QB1041	要理財，先理債：快速擺脫財務困境、重建信用紀錄最佳指南	霍華德‧德佛金	280
QB1042	溫伯格的軟體管理學：系統化思考（第1卷）	傑拉爾德‧溫伯格	650
QB1044	邏輯思考的技術：寫作、簡報、解決問題的有效方法	照屋華子、岡田惠子	300
QB1045	豐田成功學：從工作中培育一流人才！	若松義人	300
QB1046	你想要什麼？（教練的智慧系列1）	黃俊華著、曹國軒繪圖	220
QB1047	精實服務：生產、服務、消費端全面消除浪費，創造獲利	詹姆斯‧沃馬克、丹尼爾‧瓊斯	380
QB1049	改變才有救！（教練的智慧系列2）	黃俊華著、曹國軒繪圖	220
QB1050	教練，幫助你成功！（教練的智慧系列3）	黃俊華著、曹國軒繪圖	220
QB1051	從需求到設計：如何設計出客戶想要的產品	唐納‧高斯、傑拉爾德‧溫伯格	550
QB1052C	金字塔原理：思考、寫作、解決問題的邏輯方法	芭芭拉‧明托	480
QB1053	圖解豐田生產方式	豐田生產方式研究會	280
QB1054	Peopleware：腦力密集產業的人才管理之道	Tom DeMarco、Timothy Lister	380
QB1055X	感動力	平野秀典	250

経済新潮社 〈經營管理系列〉

書　號	書　　　　名	作　者	定價
QB1056	寫出銷售力：業務、行銷、廣告文案撰寫人之必備銷售寫作指南	安迪・麥斯蘭	280
QB1057	領導的藝術：人人都受用的領導經營學	麥克斯・帝普雷	260
QB1058	溫伯格的軟體管理學：第一級評量（第2卷）	傑拉爾德・溫伯格	800
QB1059C	金字塔原理 II：培養思考、寫作能力之自主訓練寶典	芭芭拉・明托	450
QB1060X	豐田創意學：看豐田如何年化百萬創意為千萬獲利	馬修・梅	360
QB1061	定價思考術	拉斐・穆罕默德	320
QB1062C	發現問題的思考術	齋藤嘉則	450
QB1063	溫伯格的軟體管理學：關照全局的管理作為（第3卷）	傑拉爾德・溫伯格	650
QB1065C	創意的生成	楊傑美	240
QB1066	履歷王：教你立刻找到好工作	史考特・班寧	240
QB1067	從資料中挖金礦：找到你的獲利處方籤	岡嶋裕史	280
QB1068	高績效教練：有效帶人、激發潛能的教練原理與實務	約翰・惠特默爵士	380
QB1069	領導者，該想什麼？：成為一個真正解決問題的領導者	傑拉爾德・溫伯格	380
QB1070	真正的問題是什麼？你想通了嗎？：解決問題之前，你該思考的6件事	唐納德・高斯、傑拉爾德・溫伯格	260
QB1071C	假說思考法：以結論為起點的思考方式，讓你3倍速解決問題！	內田和成	360
QB1072	業務員，你就是自己的老闆！：16個業務升級祕訣大公開	克里斯・萊托	300
QB1073C	策略思考的技術	齋藤嘉則	450
QB1074	敢說又能說：產生激勵、獲得認同、發揮影響的3i說話術	克里斯多佛・威特	280
QB1075	這樣圖解就對了！：培養理解力、企畫力、傳達力的20堂圖解課	久恆啟一	350
QB1076	鍛鍊你的策略腦：想要出奇制勝，你需要的其實是 insight	御立尚資	350
QB1078	讓顧客主動推薦你：從陌生到狂推的社群行銷7步驟	約翰・詹區	350
QB1079	超級業務員特訓班：2200家企業都在用的「業務可視化」大公開！	長尾一洋	300

書　號	書　　　名	作　　者	定價
QB1080	從負責到當責： 我還能做些什麼，把事情做對、做好？	羅傑・康納斯、 湯姆・史密斯	380
QB1081	兔子，我要你更優秀！： 如何溝通、對話、讓他變得自信又成功	伊藤守	280
QB1082	論點思考：先找對問題，再解決問題	內田和成	360
QB1083	給設計以靈魂：當現代設計遇見傳統工藝	喜多俊之	350
QB1084	關懷的力量	米爾頓・梅洛夫	250
QB1085	上下管理，讓你更成功！： 懂部屬想什麼、老闆要什麼，勝出！	蘿貝塔・勤斯基・瑪 圖森	350
QB1086	服務可以很不一樣： 讓顧客見到你就開心，服務正是一種修練	羅珊・德西羅	320
QB1087	為什麼你不再問「為什麼？」： 問「WHY？」讓問題更清楚、答案更明白	細谷 功	300
QB1088	成功人生的焦點法則： 抓對重點，你就能贏回工作和人生！	布萊恩・崔西	300
QB1089	做生意，要快狠準：讓你秒殺成交的完美提案	馬克・喬那	280
QB1090	獵殺巨人：十個競爭策略，打倒產業老大！	史蒂芬・丹尼	380
QB1091	溫伯格的軟體管理學：擁抱變革（第4卷）	傑拉爾德・溫伯格	980
QB1092	改造會議的技術	宇井克己	280
QB1093	放膽做決策：一個經理人1000天的策略物語	三枝匡	350
QB1094	開放式領導：分享、參與、互動——從辦公室 到塗鴉牆，善用社群的新思維	李夏琳	380
QB1095	華頓商學院的高效談判學： 讓你成為最好的談判者！	理查・謝爾	400
QB1096	麥肯錫教我的思考武器： 從邏輯思考到真正解決問題	安宅和人	320
QB1097	我懂了！專案管理（全新增訂版）	約瑟夫・希格尼	330
QB1098	CURATION策展的時代： 「串聯」的資訊革命已經開始！	佐佐木俊尚	330
QB1099	新・注意力經濟	艾德里安・奧特	350
QB1100	Facilitation引導學： 創造場域、高效溝通、討論架構化、形成共 識，21世紀最重要的專業能力！	堀公俊	350
QB1101	體驗經濟時代（10週年修訂版）： 人們正在追尋更多意義，更多感受	約瑟夫・派恩、 詹姆斯・吉爾摩	420

國家圖書館出版品預行編目資料

體驗經濟時代：人們正在追尋更多意義，更多感受
／約瑟夫‧派恩（B. Joseph Pine II）、詹姆斯‧
吉爾摩（James H. Gilmore）著；夏業良、魯煒、
江麗美譯. ── 三版. ── 臺北市：經濟新潮社出
版：家庭傳媒城邦分公司發行, 2013.01
　　面；　　公分. ──（經營管理；101）
譯自：The experience economy, Updated ed.
ISBN　978-986-6031-27-4（平裝）

1.行銷學　2.消費心理學　3.顧客關係管理

496　　　　　　　　　　　　　　　　　102000222